水库地震研究

赵翠萍　陈章立　主编

地 震 出 版 社

图书在版编目（CIP）数据

水库地震研究/赵翠萍，陈章立主编. —北京：
地震出版社，2024. 9. —ISBN 978-7-5028-5688-5
Ⅰ. P315. 72
中国国家版本馆 CIP 数据核字第 2024R7M538 号

地震版　XM5646/P（6514）

水库地震研究
赵翠萍　陈章立　主编
责任编辑：王　伟
责任校对：凌　樱

出版发行：地震出版社
北京市海淀区民族大学南路 9 号　　邮编：100081
销售中心：68423031　68467991　　传真：68467991
总 编 办：68462709　68423029
图书出版部：68721991
http://seismologicalpress. com
E-mail：68721991@ sina. com
经销：全国各地新华书店
印刷：北京华强印刷有限公司

版（印）次：2024 年 9 月第一版　2024 年 9 月第一次印刷
开本：787×1092　1/16
字数：327 千字
印张：12. 75
书号：ISBN 978-7-5028-5688-5
定价：100. 00 元

水库地震研究

编 委 会

主　编： 赵翠萍　陈章立

副主编： 王勤彩　华　卫　陈　阳

编　委： 周连庆　陈翰林　史海霞　和　平

杨卓欣　吕金水　周仕勇　姚　宏

前　言

水库是用坝体拦截江、河，储存水资源的重要基础设施，具有灌溉、防洪、发电、提供民用和工业用水及航运等功能。水库地震是与水库蓄水、库水加卸载直接相关联的地震活动。随着现代社会经济的发展，全球大中型水库迅速增加，水库地震事件不断增多，对社会公共安全和经济活动的影响越来越引起人们的关注，也促进了水库地震研究的深入。

水库地震研究是现代地震学的一个新的学科分支，有关水库地震的许多重要问题至今仍处于探索阶段。作为承担国家重点科技支撑项目《水库地震监测与预测技术研究》的主要研究团队之一，在2007~2011年我们对近几十年来国内外有关水库地震研究所取得的主要进展和存在的主要问题作了较系统的调研，并在新丰江、三峡、龙滩三个库区开展了“高密度”的数字地震观测，对水库地震的主要特征和发生环境条件开展了较为深入的研究，取得以下五个方面的主要认识：

基于水库地震与浅源构造地震震源参数定标关系的差异及库区地震活动对库水加卸载的响应，阐明在水库蓄水的“早期”与“晚期”库区地震发生的机理有别，“早期”水库蓄水发生的“小地震”与中强地震的机理也明显有别。与浅源构造地震比较，M_S<5.0级的水库地震应力降较低，震源尺度较大，且震级越小，两者的差异越大，但$M_S=5.0$级左右时，两者的差异不大。表明在水库蓄水的“早期”，震级较低的水库地震由水库蓄水所诱发，而对中强地震，水库蓄水只起了“触发”作用；在水库蓄水的“早期”，库区地震活动与库水的加卸载总体上呈正相关关系，而“晚期”两者之间没有明显的相关性，且库区地震活动对区域浅源构造地震活动的变化显示一定的呼应关系，表明区域构造应力场的作用对库区地震的发生再度居主导的地位。

基于库水深度和库容是影响水库地震强度的重要因素，对“传统”的水库地震对水库蓄水响应的类型划分作了修正。强调响应的“对象”与“条件”应相适应，指出早期低震级的水库地震活动对水库蓄水多呈现为“快速响应”，水库地震中的最大地震对水库蓄水达到正常最高水位多数也呈现为“快速响应”，分别在水库开始蓄水后1年内和库水接近或达到正常最高水位后2年内发生。“延迟响应”型的水库地震事件为数不多。

水库地震的空间分布具有“双十”特征，即绝大多数地震震中距库岸在10km以内，震源深度在10km以内的范围内。这与库区地壳介质结构三维层析成像及有限元模拟计算给出的库仑应力变化的空间分布图像大致相吻合，反映库水扩散具有“双十”特征，水库蓄水所导致的库区岩石介质孔隙压力增大，介质强度降低对“最大地震”及之前的水库地震的发生起主导的作用。

否定了所谓与浅源构造地震序列比较，水库地震序列 b 值较大，衰减较慢及最大余震与主震震级差较小的“传统”观点。基于水库地震的机理阐明空间分布呈“双十”图像，应力降较低、震源尺度较大是水库地震有别于浅源构造地震的主要特征，是识别水库地震的主要依据。

基于地震发生的物理实质阐明水库诱发地震应是普遍的现象，指出所谓只有极少数水库蓄水后诱发了地震的观点是因大多数水库库区地震监测能力低，甚至缺少地震台站记录等原因造成的误导。

综合研究所得到的上述新的重要认识，强调地震活动的空间分布具有明显的“双十”特征，时间分布多数对水库蓄水是快速响应；地震震源参数的定标关系明显有别于浅源构造地震是水库地震的最主要特征，也是识别水库地震的主要依据；阐明水库蓄水是水库地震发生的主要外力作用，利于库水渗透的地壳结构和库区构造应力场是水库地震发生的构造环境。高坝、大库容且库区存在地震活动断裂带的水库，蓄水后地震危险性较大。依此对水库地震的危险性评估与预测的方法和原理做了简单的讨论。

本书的主要研究内容和成果完成于2013年前，由于种种原因拖延至今。由于我们可取得的资料有限，以上认识仅作为抛砖引玉，与读者共同探讨，不妥之处，敬请予以指正。

作者

2024年1月

目　　录

第 1 章　绪　　论

如果说相对于数学、物理、化学、地质等经典科学而言，地震学是一门年轻的科学，那么水库地震研究作为其中的一个重要的学科分支更为年轻。对诸如水库地震发生的机理、主要特征、发生的环境条件、空间分布、类型的划分及危险性评估等重要问题仍处于探索阶段，几十年来国内外的研究既有共识，又有不同的见解。本章将首先对近几十年来水库地震研究的进展与现状等作简要的归纳与评述，为后几章的论述提供索引。

1.1　水库地震灾害的特点

在地震灾害的研究中通常把各种类型的地震（构造地震、火山地震、水库地震、塌陷地震）所造成的灾害分为直接灾害、次生灾害和间接灾害。但不同类型的地震由于发生的环境等有别，所造成的灾害虽然有不少共性的方面，又有一些独特的表现和特点。水库地震发生的环境和水库固有的功能决定水库地震灾害具有独特的内涵和特点。

1.1.1　直接灾害

直接灾害意指地震时房屋建筑物构筑物破坏、倒塌所造成的人员伤亡和财产损失。至今为止全球 4 次大于 6 级的水库地震，除 1963 年 9 月 23 日赞比亚卡里巴水库 $M_S=6.3$ 级水库地震或许因发生于赞比亚与津巴布韦两国交界、人口稀少的边境地区，未见灾害损失的报道外，其他 3 次地震都造成不同程度的人员伤亡和财产损失。1976 年 12 月 10 日印度柯依那水库 $M_S=6.5$ 级水库地震的发生使下游柯依那加镇在瞬间夷为一片废墟，80%以上的房屋倒塌，死亡 200 人，伤 1500 多人；1962 年 3 月 19 日我国广东新丰江水库 $M_S=6.1$ 级水库地震的发生导致 2000 多间房屋倒塌，6000 多间房屋破坏，死亡 6 人，伤 80 人；1966 年 2 月 5 日希腊克里马斯塔水库 $M_S=6.2$ 级水库地震的发生导致 480 栋房屋倒塌，1200 栋房屋破坏，死亡 1 人，伤 60 人。这里要特别指出的是与浅源构造地震比较，水库地震的直接灾害有以下两个引人关注和担忧的问题：

首先，库区中强地震的发生可能使大坝遭受不同程度的损伤。例如，新丰江水库 6.1 级地震发生于下游，距大坝仅 1.1km，震源深度仅 5km 左右，地震的发生导致刚加固的大坝受损。右岸坝段在 108m 高程的上游面产生 82cm 长的水平裂缝，水沿裂缝渗透到下游面，表明该裂缝是贯通的。在右岸坝段 97m 高程的上游面和左岸坝段 108.5m 高程处也各出现一条水平裂缝。柯依那水库 6.5 级地震发生于下游，距大坝仅 2～3km，震源深度仅 8km 左右。地震的发生导致钢筋混凝土的大坝骨架受损，多处裂缝。克里马斯塔水库 6.2 级地震虽然发生在上游，距大坝约 25km 处，但坝区烈度达Ⅶ度，大坝右侧出现裂缝，库水渗漏。

庆幸的是这三个水库的大坝仅严重受损，没有溃决。特别要提及的是新丰江水库建设时，按烈度Ⅵ度进行设计。1959 年 10 月水库开始蓄水后，迅速诱发了地震，1960 年 7 月 18 日发生 M_S=4. 3 级地震，坝区烈度高达Ⅵ度，这引起了有关部门和科学家们的高度关注，经研究立即按烈度Ⅷ度对大坝进行加固。否则，6. 1 级地震的发生很可能使大坝溃决。

其次，由于后面将论及的原因，有些水库地震，虽然震级不大，但震中烈度较高，往往也造成不同程度的灾害。例如我国丹江口水库 1973 年 11 月 29 日在河南淅川库段库岸附近发生的 M_S=4. 7 级地震，震中烈度 I_0 高达Ⅶ度，1000 多间房屋遭受不同程度的破坏；1993 年 2 月 10 日广西大化水库 M_S=4. 5 级地震，震中烈度 I_0 也高达Ⅶ度，15 间房屋倒塌，2100 多间房屋开裂，伤 10 人；贵州乌江渡水库 1982 年 8 月 16 日震级仅为 M_L=2. 1 级的小地震，震中烈度 I_0 高达Ⅵ度，倒塌房屋 44 间。这种“低震级，高烈度”造成破坏的现象，对浅源构造地震不多见，但对水库地震，则不乏其例。

1. 1. 2　次生灾害

次生灾害意指不是由震时房屋建筑物构筑物的破坏倒塌所造成的，而是由地震动或直接灾害所造成的其他灾害。在国际范围内就各种类型的地震总体而言，其次生灾害主要有崩滑流（山崩、滑坡、泥石流）、水灾、火灾，以及放射性污染、瘟疫等。其可能的次生灾害与地震发生的具体环境条件有关。虽然在多数情况下，直接灾害是地震灾害的主要组成部分，但在某些条件下，次生灾害所造成的人员伤亡和经济损失也是相当严重的，甚至超过直接灾害。在我国的地震历史记载中，这种现象不乏其例（李善邦，1960；顾功叙，1983）。在山区河流地区崩滑流和水灾这两类次生灾害往往是并发的。表层岩石破碎，节理发育的山体，尤其是高边坡在地震动的作用下发生崩滑流，一方面可能毁坏滑坡体上或下方一定距离里的村镇，造成人员伤亡和财产损失，另方面体积巨大的崩滑体可能堵塞山间河流，形成堰塞湖，一旦堰塞湖溃决，便导致严重的水灾。我国四川 1786 年 6 月 1 日康定 7¾级地震和 1933 年 8 月 25 日迭溪 7. 5 级地震所造成的水灾正是这一次生灾害的典型（李善邦，1960；顾功叙，1983）。

水库地震绝大多数发生于山区，崩滑流及与之相关联的水灾是尤为值得重视的次生灾害。水库地震引发水灾既可能由于大坝溃决所致，也可能由于巨大的崩滑体冲入水库使巨大体积的库水外溢所致。尽管目前未见水库地震导致大坝溃决，引发水灾的报道，但这种可能性仍值得高度关注。如前所述，如果没有及时对新丰江大坝进行抗震加固，6. 1 级地震发生时，大坝很可能溃坝，100 多亿立方米的库水一涌而下，必然使珠江三角洲地区蒙受巨大的灾难。后一种可能性则已有先例：意大利瓦让水库坝高 266m，库容 1. 5×10^8 m^3。水库于 1960 年开始蓄水，1960、1962、1963 年库水水位的三次升高之后都伴随有地震活动的增强，尤以 1963 年 9 月诱发的地震活动水平最高，库区地震台网在几天内就记录到大约 400 次的水库地震，最大地震为发生于大坝附近的 M_S=4. 0 级地震。当时大坝并未受损，但大量的地震震动使库岸附近山体岩层更加破碎，并处于不稳定状态。约 1 个月后，即 10 月 9 日在库岸发生特大的滑坡，一团巨大的、据估计体积约为 250×10^6～300×$10^6$$m^3$ 的白垩纪岩体从托克山坡崩裂，落入水库，将坝前 1. 8km 长的库段全部填满，巨大的滑坡体使巨大体积的库水溢出，形成了高达 70m 的波涛，荡涤了大坝下游 1. 6km 处的龙加伦（Longarone）镇，使

2600 多人丧生（郭增建等，1986；夏其发，1992；Gupta，1992）；在我国，水库地震的发生引发滑坡不乏其例。有些虽然诱发的地震不大，但引起了滑坡，如湖南南冲水库地震的强度不大，最大仅为 $M_L=2.8$ 级，但此次地震的发生，引发了多次山体滑坡（刘奇武，1983）。水库地震的发生之所以易于引发崩滑流灾害，不是偶然的，主要原因有以下三个方面：

首先，水库多建于水资源丰富的山间河流区域，且多为高山峡谷地区。在长期的地质构造运动和风化作用下，库区两侧山体表层岩体早已破碎，节理发育，其中陡峭的高边坡自身具有潜在发生崩滑流灾害的危险性。频繁的水库地震的地振动增加了这种不稳定性。

其次，库水载荷不仅使库基岩石受到附加的压应力作用，而且使库岸岩石介质受到附加的张应力作用，发生拉张变形，从而加剧了库岸附近边坡的不稳定性。

再次，库水渗透扩散使库水区及周围区域岩石介质逐渐水饱和，地下水位逐渐抬升，不仅使介质的阻抗降低，对地震动的放大作用增大，而且使库岸附近山体的低处介质出现泥化、软化和应力腐蚀等多种物理化学效应。泥化、软化增加了介质的可流变性，应力腐蚀加速了裂隙的增长，从而降低了库岸附近边坡低处对高处岩体的支撑能力，使边坡处于更不稳定的状态。

以上三个方面因素的共同作用是使水库地震更易于导致崩滑流灾害的发生。需注意的是崩滑流可能紧随水库地震的发生而发生，也可能在地震之后一段时间才发生。崩滑流的发生一方面使崩滑体上及其下方的居民蒙受灾难，另一方面如果崩滑体快速落入水库，即使未导致库水外溢，形成水灾，巨大的水波冲击力也可能使大坝里原有的微裂隙扩展，导致大坝的抗震能力降低。

1.1.3 间接灾害

间接灾害意指地震对正常社会经济生活的干扰所造成的经济损失，以及震时民众惊逃所造成的不应有的人员伤亡。与浅源构造地震比较，水库地震所造成的间接灾害具有以下两方面的表现和特点：

（1）水库地震具有震感较强，社会影响较大的特点。一般来说 $M_L=2.0$ 级左右的水库地震，震中区即普遍显著有感。有些水库，如我国贵州乌江渡水库，甚至诱发的 $M_L=1.0$ 级左右地震，震中即有感。与浅源构造地震相比，同等强度的水库地震，震中烈度 I_0 明显较高。例如前面所述，1973 年 11 月 29 日丹江口库区 $M_S=4.7$ 级地震，I_0 达Ⅶ度。1993 年广西大化水库 $M_S=4.5$ 级地震，震中烈度 I_0 也达Ⅶ度。而如果按统计关系式（1.1）计算，$M_S=4.5$、4.7 级地震的震中烈度都只有Ⅴ度强。有些水库诱发的小地震，震中烈度偏高更大，表 1.1 给出了部分实例。

$$M_S = 0.66I_0^* + 0.98 \tag{1.1}$$

表 1.1　震中烈度显著偏高的水库地震的部分实例

库名	地震日期			震级 M_S	震中烈度 I_0	计算烈度 I_0^*
	年	月	日			
南冲	1970	5	9	1.3	Ⅴ	Ⅰ$_{-}$
	1974	7	25	2.8	Ⅴ	Ⅲ$_{-}$
	1982	6	15	0.3	Ⅳ	
乌江渡	1982	8	16	1.3	Ⅵ	Ⅰ$_{-}$
	1982	8	28	1.2	Ⅵ	Ⅰ$_{-}$
黄石	1973	7	13	1.5	Ⅳ	Ⅰ$_{-}$
	1974	9	21	2.3	Ⅴ	Ⅱ
南水	1970	2	26	2.4	Ⅴ	Ⅱ
东江	1989	7	24	2.3	Ⅴ	Ⅱ
岩滩	1992	3	29	2.6	Ⅴ	Ⅱ$_{+}$
乌溪江	1979	10	7	2.8	Ⅴ	Ⅲ$_{-}$
邓家桥	1983	10	3	2.2	Ⅵ	Ⅱ$_{-}$
铜街子	1992	4	6	2.9	Ⅴ	Ⅲ$_{-}$
前进	1971	10	20	3.0	Ⅵ	Ⅲ
布鲁革	1988	11	25	3.1	Ⅵ	Ⅲ$_{+}$

表 1.1 中的 I_0^* 是按浅源构造地震的统计关系式（1.1）计算得到的，右下标“+”表示略强，“-”表示略弱，如Ⅱ$_{+}$表示Ⅱ度强，Ⅱ$_{-}$表示Ⅱ度弱。由于实际测定的微震为 M_L 震级，为便于按（1.1）计算 I_0，对其按照式（1.2）换算为 M_S 震级：

$$M_S = 1.13M_L - 1.08 \tag{1.2}$$

尽管由于地震波能量在不同频率的分配并非线性关系，这种换算不尽合理，但对我们讨论的问题并无影响。表 1.1 中地震的震级最大仅为 $M_S=3.0$ 级左右，多数小于 3.0 级，但多数震中烈度达Ⅴ度，有些地震 I_0 甚至达Ⅵ度。比按式（1.1）计算的 I_0^* 至少高Ⅱ度，多数高Ⅲ度，最大偏差达Ⅳ度，且偏高的度数与震级无明显的关系。与浅源构造地震比较，同等强度的水库地震，震中烈度 I_0 显著较高是由多种因素所导致的，分析原因主要有以下三方面：

首先，水库地震的震源较浅。第 3 章将论及浅源构造地震的震源可分布于整个脆裂圈里，脆裂圈厚度规定了浅源构造地震的最大深度，在我国大陆东部地区可达 20km 左右，西部地区可达 30 多千米。而不论是我国大陆，还是全球，绝大多数水库地震，震源深度多数在 10km 以内。其中岩溶型水库地震的震源更浅，绝大多数的震源深度小于 3km，甚至小于 1km。

其次，水库蓄水后库水区及周围一定区域范围内近地表地层介质对地震动的放大效应增大，相应的地震动位移、速度、加速度增大。根据地震学研究，放大效应 $L_j(f)$ 与介质阻抗的平方根成反比（Shearer，1999），即：

$$L_j(f) \sim \frac{1}{\sqrt{\rho c}} \tag{1.3}$$

式中，ρ 为介质密度；c 为波速；ρc 即为介质的阻抗；f 为频率。水库蓄水后由于库水渗透扩散，库水区及周围一定区域范围内近地表岩层介质逐渐水饱和，且地下水位逐渐抬升，因此介质阻抗 ρc 降低，对地震动的放大效应 $L_j(f)$ 增大。

第三，水库多建于山间河流区域，尤其高山峡谷地区，与平坦的地带比较，山坡、尤其是陡峭的山坡地振动较强。

以上三方面的因素导致与浅源构造地震比较，同等强度的水库地震的震中烈度 I_0 显著较高。震级较低的小地震就可能使震中区居民承受强烈的震感，加之水库地震多为震群型，反复强烈的震感使人们处于忐忑不安的状态，往往对正常的社会经济生活秩序造成一定的影响，甚至可能导致部分生产活动一度处于停滞或半停滞的状态，造成不同程度的经济损失。

（2）一旦水库地震导致大坝受损，必然一度影响水库的灌溉、防洪和发电等多种功能的正常发挥。印度柯依那水库 $M_S=6.5$ 级地震所造成的这种影响尤为突出。由于大坝严重受损，不得不开闸放水，对大坝进行加固，水电站停止发电，导致整个柯依那地区的工业曾一度处于瘫痪状态（Gupta，1992）。新丰江水库 $M_S=6.1$ 级地震后，也不得不开闸放水，再度对大坝进行加固，一度对当地及珠江三角洲部分地区的社会生活和经济活动造成不同程度的影响。

综上所述，尽管至今为止全球水库地震的最大强度仅为 $M_S=6.5$ 级，多数为 $M_S<5.0$ 级的小地震，但水库地震的特点、发生环境，以及水库固有的功能决定与同等强度的浅源构造地震比较，水库地震所造成的直接灾害、次生灾害、间接灾害往往更加突出，社会影响更大。而随现代社会经济的发展，水库的功能进一步强化，尤其是水电作为清洁的能源越来越受到广泛的青睐，不论是我国还是全球，大中型水库迅速增加。同时鉴于水库地震的特征和机理与浅源构造地震存在某些差异，浅源构造地震危险性评估的预测方法及经验不一定适用于水库地震，因此加强水库地震研究对于争取最大限度地减轻水库地震灾害，保障人民生命财产和社会公共安全及经济的发展具有重要的现实意义。

1.2　水库地震研究的历程与现状

水库，尤其大中型水库是现代化社会发展的产物，这决定着与构造地震、火山地震，甚至矿山塌陷地震比较，水库地震不论是数据，还是研究的积累都逊色得多。即使从水库地震问题的提出算起，至今为止水库地震研究尚不到 70 年的历程，有关水库地震的特征与机理、危险性评估与预测等许多重要的科学问题都仍处于探索阶段。

地震研究必须以观测为基础，离开了观测，研究就成为“空中楼阁”。从这个角度来说，地震学是一门观测的科学。水库地震研究作为现代地震学的一个新的学科分支也是如此。随着现代地震学的发展，尤其观测技术的进步，观测的加强，水库地震研究不断深入。按照水库地震观测的发展历程，我们把近60多年水库地震的研究大致分为问题的提出与确认，研究的广泛开展和研究的深入三个相互衔接的发展阶段，对水库地震研究所取得的进展与现状作简要的归纳与评述。

1.2.1 水库地震问题的提出与确认

至今为止，被视为最早的水库地震事件是希腊马拉松湖地震。马拉松湖水库坝高67m，库容$41\times10^6m^3$。1929年10月水库开始蓄水，1931年7月库水第一次达峰值水位，随即发生了有感地震，并于1938年发生了两次5级左右地震，震中位于库水区外，距大坝约10km处。但当时人们并没有意识到地震是由马拉松湖水库的蓄水所引发的。水库地震问题是1945年Carder首先根据美国米德湖（Lake Mead）水库蓄水后，库水区及周围区域地震活动显著增强的现象提出来的。米德湖水库位于美国内华达州，由坝高142m的胡佛大坝拦截科多拉河而成。最大水深约140m，相应的库容约$350\times10^8m^3$。水库于1935年5月开始蓄水。在蓄水前米德湖及周围区域缺乏历史地震记载，Carder将其视为无震区。水库蓄水后，1936年即发生了有感地震。1937年当库水达当年的峰值水位时，当地的有感地震迅速增加。于是开始在库区加强了地震观测，当年在大坝附近架设了三台强震仪，1938年在距大坝仅几公里的博尔德城架设了伍德-安德森地震仪，记录的地震明显增加，并于1939年5月4日发生了最大的$m_b=5.0$级地震。1940年围绕湖区架设了三角形分布的伍德-安德森地震仪台网，1942年更换为三分向贝尼奥夫地震仪。Carder对1942~1945年的地震进行定位，表明绝大多数地震在湖区25km的范围内，震源深度小于9km。Carder对水库蓄水后地震频次与湖水水位变化的关系作了对比分析，发现两者呈较好的正相关关系（图1.1），依此提出了水库蓄水诱发地震的观点。

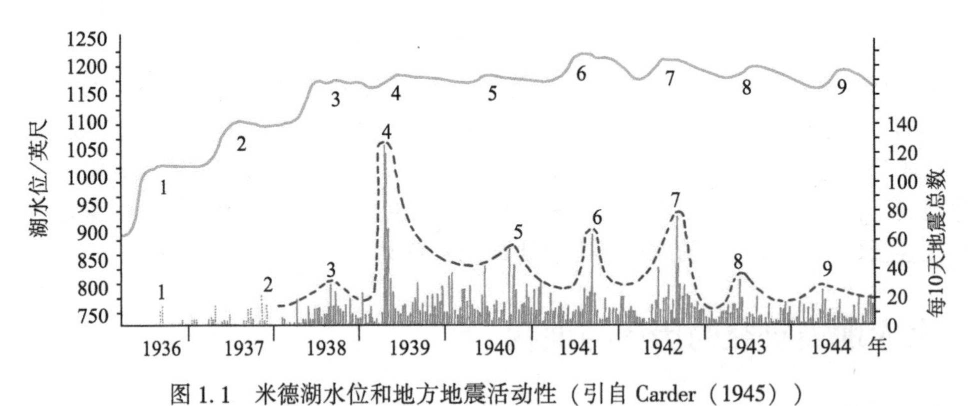

图1.1　米德湖水位和地方地震活动性（引自Carder（1945））

1936和1937年仅标出有感地震；数字表示水位上升和相应的地震活动峰值；虚线表示地震频次变化的总趋势

Carder的观点虽然引起国际地震学界的关注，但在之后10多年的时间里，Carder的观点并没有被地震学界广泛接受。这并不是学者们的偏见，从现在的观点来看，主要原因可能有以下两个方面：

首先，当时全球水库不多，未见其他与米德湖类似的地震事件的报道。加之在大陆，除了地震活动高的区域外，中强以上地震的复发周期较长，而美国历史地震记载的时间不很长，且米德湖水库蓄水前缺少地方地震台网记录，因此判定水库蓄水前，米德湖地区为无震区，其依据不充分。于是有些学者，如 Richter（1958）对此提出质疑，认为水库蓄水后在湖区及周围区域发生的地震也可能是该地区的正常的地震活动。

其次，当时人们对水在地震发生中的作用，尤其是库水的扩散效应还缺乏足够的认识，于是正如丁原章（1989）所指出，不少学者基于库水的载荷与库基岩体的质量及强度相比，似乎微不足道，不承认水库蓄水可能诱发地震。

到 20 世纪 50 年代末、60 年代初，有关的理论研究和观测事实使人们的认识逐渐发生重要的变化，认为水库蓄水可能诱发地震。其中以下三方面的研究和观测成果对人们认识的变化起到至关重要的作用：

其一，Hubbert 和 Rubey（1959）对液体压力在逆掩断层活动中的作用进行了研究，提出了孔隙压力增加使岩石强度降低的岩石破坏理论，认为流体压力增加能够诱发地震，为解释水库蓄水后库水区及周围区域地震活动的增加奠定了重要的理论基础。

其二，20 世纪 60 年代初美国丹佛等地注水诱发地震的观测事实（Evans，1966；Healy 等，1959）对水库蓄水可能诱发地震提供了重要的佐证。科罗拉多有关方面将废弃的液体注入到丹佛附近的落基山兵工厂的位于多裂隙玄武岩晶体里的深井中。丹佛过去未曾发生过地震，注液后 1962 年开始，地震台网接连记录到丹佛地区的地震，最大达 5½级。据测定，地震发生时井下水压为 389×10^5Pa，超过初始压力（269×10^5Pa）约 120×10^5Pa。当停止注液，井下水压降到 311×10^5Pa，井孔附近地震活动停止，但由于异常的压力继续向井孔外扩散，距井孔约 6km 处的地震活动仍持续了两年左右的时间。丹佛的观测事实引起了国际地震学界广泛的关注。之后，有些油田如美国科罗拉多州伦吉利油田和日本松代油田注水也观测到油田与注水相伴随的微震活动。于是许多人开始倾向于认可水的注入对地震的诱发作用。

其三，第二次世界大战后伴随着国际范围内社会经济的恢复和发展，20 世纪 50 年代中后期开始，全球大中型水库迅速增加。澳大利亚、日本、西班牙、中国、美国、法国、意大利、赞比亚、印度、加纳、瑞士、希腊、新西兰等国家报道一些水库蓄水后不久，库水区及周围有限的区域里地震活动显著增加。尤其是 1962 年 3 月 19 日我国新丰江水库库区 $M_S=6.1$ 级、1963 年 9 月 23 日赞比亚与津巴布韦交界处卡里巴水库库区 $M_S=6.3$ 级、1966 年 2 月 5 日希腊克里马斯塔水库库区 $M_S=6.2$ 级、1967 年 12 月 10 日印度柯依那水库库区 $M_S=6.5$ 级地震的发生更引起国际地震学界和工程界广泛的关注。

以上三方面的因素，尤其一系列水库蓄水后不久库区地震活动显著增加的基本事实使越来越多的学者相信水库蓄水可能引起库区地震的发生。只是地震学家们称其为“诱发”，而许多工程学家称其为“触发”，即认为库区本身不仅存在发震的构造背景且地震已经处于孕育过程中，水库蓄水仅起到使地震提前发生的作用。本书第 4 章将对此做讨论，这里暂不赘述，仅指出到 20 世纪 60 年代中期，水库蓄水有诱发或触发地震的可能性已得到较广泛的认可。遗憾的是在此之前及之后一段时期里，多数库区缺少地方地震台网记录，周围区域地震台网只能记录到库区发生的一些震级稍大些的地震，且不少水库缺乏完整的蓄水过程中库水水位的动态观测数据，制约了水库地震研究的深入开展。

1.2.2 水库地震研究的广泛开展

水库地震震例的不断增加，尤其是4次大于6级的水库地震的发生引起国际社会对水库地震问题的关注。水库地震的发生不仅可能造成直接的灾害，而且鉴于水库固有的功能，水库地震的发生威胁社会公共安全，从而使水库地震研究逐渐成为政府防灾减灾行动的组成部分。例如，我国政府组织有关部门的地震、地球物理、地质、大地测量、工程等方面的专家学者深入新丰江库区，围绕新丰江水库地震发生的环境条件、地震活动特征与发展趋势等开展了较全面、深入的研究。1969年联合国教科文组织为了推进水库地震的研究和灾害防御，成立了“与大型水库有关的地震现象专家工作组”，并于1970、1971和1973年先召开了三次座谈会，交流了水库地震研究的情况。分析了全球30座坝高大于100m的大型水库蓄水与地震活动的资料，认为其中有近半数的大型水库蓄水后伴随有地震活动，其频度和强度显著超过库区过去的地震活动水平。1975年联合国教科文组织与加拿大有关学术组织联合召开了以水库地震为主的第一届国际诱发地震讨论会，进一步推动了国际范围内水库地震研究的广泛开展。之后许多国际地震学术讨论会都把水库地震研究作为其中重要的内容之一。可以认为，到20世纪70年代中早期水库地震研究已成为现代地震学研究的一个新的学科分支。

20世纪60年代初至90年代初是水库地震研究十分活跃的时期。这固然与水库地震作为一种新类型的地震，引起许多学者的兴趣有关，但主要是因为在这一时期在国际范围内伴随着大型水库的迅速增加，水库地震震例也相应的迅速增加。据不完全统计，报道的在60~80年代全球诱发了地震的水库达90多个。这引起了各国政府、有关部门和科学家对水库诱发地震问题高度的关注，促进了水库地震研究广泛的开展。在各单一震例研究的基础上，不少学者对水库地震的一些重要问题开展了综合研究。所涉及的问题相当广泛，但可大致将其归纳为以下三个方面：水库地震活动与库水加卸载过程的关系、水库地震的特征与机理、影响水库地震强度的因素与水库地震危险性评估。这三个方面的研究都取得了一些重要的进展和认识，但也存在一些有待深入研究的问题。

1. 水库地震与库水加卸载过程的关系

这既是水库地震研究的首要问题，也是思考水库地震机理的重要依据。不论是单一震例，还是多震例的综合研究都把库水水位的变化与“库区”地震活动时序起伏的对比分析作为研究的首要问题。多数研究给出了水库蓄水后，首发地震、最大地震相对于水库开始蓄水的时间差，以及最大地震发生后，库区地震活动起伏与库水水位涨落的关系。为便于论述，这里把诱发的最大地震发生之后漫长的时期统称为水库蓄水的“晚期”，把最大地震发生之前的时段称为“早期”，对国内外有关水库地震与库水加卸载过程关系的研究所得到的共识及存在的主要问题，作如下简要的归纳和评述：

首先，所有震例研究都强调相对于水库蓄水前，水库蓄水后库区地震活动的频度、强度明显增强。于是这成为水库地震的原始的、基本的定义。人们通常把水库蓄水后相对于蓄水前库区显著增强的地震活动称为水库地震。该定义强调了水库蓄水在地震发生中的作用，总体上来说是合理的。但在实际应用中，往往遇到以下三方面的问题：

何为库区？由于水库蓄水后发生的地震并不都位于库水区内，许多地震位于库水区外，于是往往笼统地把库水区及周围区域统称为库区。但周围区域范围多大？或者说距离库岸的最大距离多大？这时期的研究没有给出明确的界定，至少没有给出得到较广泛公认的界定。往往取不同的区域范围，所给出的结果有别，甚至截然相反。

位于高地震活动地区的水库，由于区域浅源构造地震活动的频度较高，但时空强分布图像的演化往往较复杂，怎样正确界定水库蓄水前库区正常的地震活动水平，进而判断水库蓄水后库区地震活动水平是否显著高于水库蓄水前，往往存在不同程度的困难。或者说怎样判断水库蓄水后在库区发生的地震是否都由水库蓄水所诱发，还是有些属水库地震，有些仍为正常的浅源构造地震活动，往往遇到不同程度的困难。更关键的是如前面所述，不少水库在蓄水前缺少库区地方地震台网记录，仅根据有限时期的历史地震记载对水库蓄水前库区地震活动水平所作出的判断，其依据有欠充分。

其次，水库蓄水后，库区地震活动对库水加卸载响应的快慢有别，并认为响应的快慢与库区断裂构造及岩性等因素有关。Simpson 等（1986）把水库开始蓄水后，库区地震活动立即增加，或库水水位迅速变化后，地震活动急剧变化的情况称为快速响应型；把库水水位经历若干相似的年循环后才发生包括最大地震在内的主要地震活动的情况称为延迟（滞后）响应型；把上述两种响应兼而有之的情况称为混合响应型。Simpson 等（1988b）进一步认为，快速响应型的地震震级较低，主要集中在水库正下方或边缘附近，震源通常散布，不沿已知的断层集中；延迟响应型地震震级往往较大，震源相对较深些（≥10km），有些延伸到库外 10km 或更远，可能与穿过水库的已知断层有关。近 20 多年来这种类型的划分及相应的观点一直被广泛引用。但仍有值得商榷之处，第 2 章将对此作进一步的讨论。

再次，水库蓄水的“晚期”，库区地震活动起伏与库水水位变化的关系较复杂。总体上来说两者的相关性已不明显。已有的一些研究虽然明确指出这一点，但对其可能的原因尚缺乏深入的分析。第 4 章将这一问题作初步的分析、讨论。

2. 水库地震的特征和机理

在水库地震研究的初期，许多学者就已经注意到与浅源构造地震比较，水库地震的震源总体上较浅，将其作为水库地震的重要特征之一。

但究竟最大深度可达多大，并没有明确界定，至少说未获共识，于是出现了如本节后面将论及的诸如阿斯旺等库区地震是否为水库地震的争议。这里认为，根据已有的研究，总体上震源较浅作为水库地震的重要特征之一，是应予以充分肯定的。不少人还强调与浅源构造地震序列比较，水库地震序列具有最大余震与主震的震级明显较小，序列衰减较慢（衰减系数 p 较小）和 b 值较大“三个主要特征”，则是有待商榷的。第 4 章将对此作专门的剖析。

水库地震的主要特征与其成因机理直接相关联。这一时期关于水库地震机理的研究一直很活跃。继 Hubbert 和 Rubey（1959）提出流体孔隙压力增加使岩石强度降低的破坏理论后，许多学者的研究对这一理论作了完善、发展。例如 Gough（1964）认为库水载荷既可以改变库基岩体的应力状态，又可以通过增加孔隙压力改变原有断层面的摩擦强度。许多人，如 Gough 等（1970a、b）、Rothé（1970）、Caloi（1970）、Snow（1972）、Raleigh（1972）、Gupta 等（1972）、王妙月等（1976）、Gupta 和 Rastogi（1976）、Beck（1976）、Raleigh 等

(1976)、Rastogi (1976)、Witheys 和 Nyland (1976)、Simpson (1976, 1985)、Bell 和 Nur (1978)、Tlawni 和 Acree (1980, 1985)、Simpson 等 (1982)、Baecher 等 (1982)、Zoback 和 Hickman (1982)、Simpson 等 (1988a)、吴名彬等 (1987)、Reoloff (1988) 和其他一些人围绕库水载荷产生附加应力和降低库岩石强度，对水库地震的机理进行了研究。这里认为以下三方面的研究对人们正确认识水库地震的机理和水库地震的主要特征至关重要：

一是关于库水载荷引起的库区变形和附加应力的理论计算及其与库区实际形变测量的对比。在 20 世纪 70 年代早中期就有一些人开展这方面的工作。例如 Gough 等 (1970b) 对卡里巴水库蓄水可能导致的库区岩石介质的弹性变形作了理论推算，结果与库区垂直形变测量数据很吻合；王妙月等 (1976) 采用与 Gough 等相类似的方法对新丰江水库作了理论推算。给出的库心下沉为 10~11cm 的计算结果与水库蓄水前后大地测量给出的库心下沉 10cm 的结果很吻合。计算结果还表明，垂直沉降的幅度自库心向库边逐渐减小，并且在库水区以外一定距离处减至零。在纵向上，下沉的幅度自地表向深部收敛，至 10km 的深度，下沉的幅度已微不足道。与此同时，差异沉降的各点有不同程度的水平位移。在横向上，地表水平位移在水域边缘最大，由边缘向库心和库外逐渐减小。在纵向上，水平位移由地表向深部逐渐减小。在 6km 以下，水平位移呈径向扩散，在 9km 的深度水平位移约为对应的地表水平位移的一半，但矢量方向相反。库心载荷导致库基不同部位产生附加的迥异的应变，在库心库基产生挤压应变，在 6km 以下深度，库心变为张应变。由此认为，深层与浅层之间 (6km 深度附近) 存在一个转换带，考虑到深部围压的影响，附加应变的影响主要表现在浅层，在深层影响微弱；Beck (1976) 对奥罗维尔水库进行了计算，所给出的由水库载荷作用在库心下方库基 1km 处所产生的剪应力仅为 3.4bar，且随深度迅速衰减，至 9km 处仅为 0.07bar。认为这样小的附加剪应力不足以诱发 1975 年 8 月 1 日的 $M_L=5.7$ 级地震。Beck 用同样的方法对柯依那水库和卡里巴水库作了计算，也得到类似的结论。综合这些理论推算结果，似乎可给出这样的图像：由库水载荷所产生的附加应变局限于有限的区域里，垂向应变由库心向库外，由库基向深度逐渐衰减。水平应变由库岸向库心和库外，由库基向深部逐渐衰减，以及由库水载荷所产生的附加剪应力是很小的。

二是蒙蒂塞洛水库库区的现场测量结果。蒙蒂塞洛水库库区处于逆断层的构造环境里。Zoback 和 Hickman (1982) 在该库区逆断层的地震断层面上打了两口 1.1km 深的井进行了实地的应力、孔隙压力和渗透率的测量，指出蒙蒂塞洛水库蓄水后，逆断层地震的发生是孔隙压力大到足以触发逆断层运动而引起的。在此之前，不少人，如 Snow (1972)、Simpson (1976)、Gupta 和 Rastogi (1976) 及其他一些人都指出，库水载荷作用降低了正断层的稳定性，而增加了逆断层的稳定性。换句话说，水库蓄水后库水的重力作用有利于正断层地震的发生，而不利于逆断层地震的发生。这是基于库仑-摩尔破裂准则得到的结论。但实际上在不少库区观测到逆断层的水库地震。因此，蒙蒂塞洛水库库区的现场测量结果为逆断层水库地震的发生提供了合理的物理解释，表明孔隙压力的作用显著大于附加的弹性应力的作用。

三是水库地震理论模型的建立。前面已论及，在 Carder 提出米德湖水库蓄水诱发地震时，不少学者基于库水载荷所产生的附加弹性应力与库基岩石强度比较，微不足道，不承认水库蓄水可能诱发地震。丹佛注水诱发地震后，人们开始重视孔隙流体压力在地震发生中的作用。Bell 和 Nur (1978) 在二维半空间里计算了水库蓄水引起的孔隙压力，认为孔隙压力的增大对水库地震的发生起了主导作用。在此基础上，根据 Biot（1941）的固结理论提出了相对较完善的水库地震的理论模型。该模型强调水库地震的发生是由水库蓄水所产生的以下三种效应共同作用的结果：

弹性效应：水库蓄水使库基岩石发生弹性变形，产生附加的弹性应力。这种附加的弹性应力降低了正断层的稳定性，增大了逆断层的稳定性，而对走滑断层的稳定性没有明显的影响。

压实效应：库水载荷使库基岩石受压，岩体里孔隙的体积减小，孔隙压力增大，相应地，有效正压力减小，岩石的强度降低。

扩散效应：由于水库蓄水造成一定的水头压力，迫使水沿裂隙向孔隙压较小的部位运移，使所达之处岩体的孔隙压力增大，强度降低。

以上三方面的研究成果是相互关联的，虽然最重要的是理论模型的建立，但理论推算与形变测量结果的一致性为理论模型的建立提供了重要的支撑，蒙蒂塞洛库区现场测量结果为理论模型的合理性提供了重要的佐证。因此该模型自提出来一直被广泛应用，成为水库地震机理的核心。但不少学者，尤其是我国的一些专家认为，上述理论模型主要适用于断错型的水库地震，而岩溶型的水库地震则是由水库蓄水改变了外力地质作用条件所导致的。例如夏其发（1984）认为在碳酸盐岩库区，岩溶较发育，水库蓄水易于导致地表和地下深度不等的局部岩体或岩块失稳、塌陷，发生地震。

最后要指出的是该理论模型虽然对水库地震的发生作出较合理的解释，但鉴于难以对为什么多数水库蓄水后“没有诱发地震”作出合理的说明，于是有些人认为该模型尚不完善。第 4 章将涉及这一问题，指出所谓“多数水库蓄水后没有诱发地震”的前提是不成立的。

3. 影响水库地震强度的因素与水库地震危险性评估

水库地震危险性评估是水库地震研究的主要落脚点。但与前两方面研究比较，危险性评估具有更强的探索性，涉及诸多问题，尤其是评估方法及影响水库地震强度可能的因素，两个相互关联的问题。

由于探索性很强，国内外提出了多种多样的评估方法。丁原章（1989）将其归纳为以下三种主要的方法：

概率预测法：该方法首先对已诱发地震和未诱发地震的水库的各种可能有关的条件状态因素进行统计分析。以其为基础，对已建的水库蓄水后的地震危险性进行预测评估。

断层强度分析法：分析库区有关断层在水库蓄水前后由于应力调整以及介质强度参数变化导致的稳定性变化，依其对水库地震危险性进行预测评估。、

数值模拟法：通过联合求解平衡方程和渗流方程，即在应力-渗流耦合条件下，计算库水的载荷效应和孔隙效应导致的断层强度的变化，然后按一定的模型估计水库地震的危险性。

在实际工作中采用最多的是概率预测法。概率预测又有多种方法，郭增建等（1986）鉴于水库地震的震例有限，且条件千差万别，对诱震的可能影响因素的认识还不够深入，认为我国学者常宝琦（1984）提出的模糊预测法，经后验效果较好。该方法首先定义了地震强度子集 $\underset{\sim}{B}$：

$$\underset{\sim}{B}=\frac{b_1}{M_{大}}+\frac{b_2}{M_{小}}+\frac{b_3}{M_0} \tag{1.4}$$

式中，$M_{大}$、$M_{小}$、M_0 组成了水库地震论域（M）：$M_{大}$—$M_S \geqslant 5.0$；$M_{小}$—$M_S<5.0$，M_0 为水库蓄水后地震活动水平没变化；b_1、b_2、b_3 为对应于被评定的地震强度等级的隶属度。同时定义预测因素域 $U(u_1,u_2,u_3,u_4,u_5)$。其中 u_1 为库水深度 D，将其分为 d_1：很深（>150m），d_2：深度（92~150m），d_3：浅的（<92m）三种状态；u_2 为库容 V，将其分为：v_1：很大（$>100\times10^8\text{m}^3$），v_2：大的（$12\times10^8\sim100\times10^8\text{m}^3$），$v_3$：小的（$<12\times10^8\text{m}^3$）三种状态；$u_3$ 为应力状态 S，将其分为 S_1：引张状态，最小主应力 σ_1 为垂直，S_2：挤压状态，最大主应力 σ_2 为垂直，S_3：剪切状态，中等主应力 σ_3 为垂直，三种状态；u_4 为断层活动性 F，意指水库蓄水前库区及周围区域有无活动性断层，将其分为 f_1：活动的，f_2：不活动的，两种状态；u_5 为岩石介质条件 G，将其分为 g_1：沉积岩，g_2：变质岩，g_3：火成岩，g_4：石灰岩，四种状态。则 U 论域上的预测因素模糊子集 $\underset{\sim}{A}$ 为：

$$\underset{\sim}{A}=\frac{a_1}{D}+\frac{a_2}{V}+\frac{a_3}{S}+\frac{a_4}{F}+\frac{a_5}{G} \tag{1.5}$$

式中，a_1、a_2、a_3、a_4、a_5 为各因素对于 $\underset{\sim}{A}$ 的隶属度。则预测结果可表示为二级模糊评判模式，用矩阵表示为：

$$\underset{\sim}{B}=\underset{\sim}{A}=\begin{bmatrix} A_D & 0 & R_D \\ A_V & 0 & R_V \\ A_S & 0 & R_S \\ A_F & 0 & R_F \\ A_G & 0 & F_G \end{bmatrix} \tag{1.6}$$

式中，A_D、A_V、A_S、A_F、A_G 为上述五个因素状态的权重向量；R_D、R_V、R_S、R_F、R_G 为五个因素状态对于各地震强度等级隶属度的模糊矩阵；“0”为复合运算符号。选择全球库水深度大于92m，或库容大于 $100\times10^8\text{m}^3$ 已发生水库地震的33个水库和未诱发地震的205个水库进行模糊矩阵分析，并按已有的认识赋予上述五个预测因素以不同的权重：

$$\underset{\sim}{A}=\{0.35,\ 0.25,\ 0.20,\ 0.10,\ 0.10\} \tag{1.7}$$

郭增建等（1986）根据以上预测模式给出216种可能组合状态的参数，经“后验”认为效果较好，对 $M_S \geqslant 5.0$ 级地震，预测的成功率为72.5%，对 $M_S<5.0$ 级地震，预测的成功率为71.9%，对 M_0 预测的成功率为56%。

上述预测的成功率似乎很高，但这是“后验”而不是实际的预测。在地震预测中人们早已注意到根据震例总结，统计分析所提取的预测参数指标在预测的实际应用中往往遇到不少困难，实际预测的成功率远小于“后验”。第 5 章将对概率预测的有关问题作进一步的讨论。这里首先要强调的是用概率法进行水库地震危险性评估，关键在于确定影响水库地震强度的可能因素及各因素相应的权重。这是水库地震研究的重要问题之一，在 20 世纪 60~90 年代初国内外这方面的研究很活跃，但所得到的认识存在某些差别：

在上述模糊预测法中，常宝琦（1984）和郭增建等（1986）给出了影响水库地震强度的 5 个因素的权重，依次为库水深度、库容、库区应力状态（断层性质）、断层活动性、岩性。虽然不少学者，如 Stuart Alexander 和 Mark（1976）、Baecker 和 Keenry（1982）、Gupta（1992）和其他一些人也认为库水深度是影响水库地震危险性的主要因素，危险性的大小与库区地质构造背景的相关性较小。但不少学者对此持有不同的看法，认为水库蓄水后是否伴有地震发生及地震强度的大小主要取决于库区是否具有发震的构造背景，水库蓄水只是起了“触发”的作用。我国许多水库地震研究的专家认为固然水深和库容是影响水库地震危险性大小的重要因素，但还必须充分考虑库区的地质构造背景。丁原章（1989）对此作了归纳，着重强调了以下三点：

库基构造断裂带的发育程度、规模、分布和产状对水库地震的危险性有一定的影响。平行于库岸或穿过库区的活动断裂带是水库地震的主要活动场所，许多强度相对较大的水库地震事件都发生在断裂带上或其附近。

库基岩石的力学性质对水库地震的危险性有重要的影响。有些岩石，如花岗岩、致密的火山岩、大理岩、片麻岩和较纯的石灰岩等，质地坚脆，具有较高的脆性；而有些岩石，如页岩、泥岩、板岩和千枚岩等，质地柔软，具有较大的塑性。前者有利于应力集中和库水的渗透，因此水库地震的危险性相对较大；后者不利于应力集中和库水渗透，因此水库地震的危险性相对较小。

断裂带的力学性质比其规模和切割深度更为重要。正断层和走滑断层有利于水库地震的发生，而逆断层不利于水库地震的发生。

对丁原章上述观点，尤其库基岩性及断裂带的力学性质是否影响水库地震危险性的重要因素，同样不少人持有不同的意见。

综上所述，与浅源构造地震危险性评估一样，水库地震危险性评估也是一个难度很大的科学问题，在某种意义上来说，其难度不亚于浅源构造地震危险性的评估。这首先在于水库地震的震例有限，使统计分析结果难免带不同程度的不确定性，且不同人因所使用的具体实例及数量有别，统计分析的结果也往往有较大的差别。其次，这时期的研究虽然对水库地震机理的认识取得了重要的进展，但尚难以依其对水库地震强度的差异等重要问题作出较合理的解释。尽管如此，20 世纪 60~90 年代初仍不失为水库地震研究的奠基时期。这一时期的研究，不论是所取得的一些重要的共识，还是遇到的问题和存在的不同认识都为深入的研究奠定了基础。

1.2.3　水库地震研究的深入开展

作为现代地震学的一个新的学科分支，水库地震研究的深入与地震学的发展紧密相关联。20 世纪 70 年代中期数字地震观测技术的诞生标志着地震学的发展进入了一个崭新的时期。80 年代中期开始，许多国家开始制定、实施推进地震观测数字化的计划。与此同时，随着社会经济的发展，水库地震的社会影响更显著，进一步引起社会公众的关注和政府的重视，于是 80 年代中期开始，尤其是 90 年初期后，许多水库库区开始建立小孔径的数字地震台网。与模拟地震记录比较，数字地震记录具有的频带宽、动态范围大、分辨率高和便于用计算机进行数据处理等优点，更利于提取地震波所携带的来自震源和介质的丰富信息。

于是伴随着地震学的发展，水库地震研究进入了以强化观测为基础的深入研究的新阶段。综观 20 世纪 90 年代初以来国内外关于水库地震的研究，可把所取得的新的进展概括为以下两个方面：

1. 水库地震震源的重要特征

地震矩张量，标量地震矩 M_0，应力降 $\Delta\sigma$ 和震源尺度 r 是描述震源特征的重要物理参数。库区数字地震台网的建立为较精确地测定这些参数提供了可能，从而使人们对水库地震的震源特征和地震发生过程取得重要的新认识。其中最重要的是提出与同等强度的浅源构造地震比较，水库地震的应力降可能明显较低。例如 Abercombie 和 Leary（1993）指出，平均来说，构造地震似乎比水压破坏和矿震等诱发地震有较高的应力降；华卫等（2007）指出与同等强度的浅源构造地震比较，水库诱发的小地震，应力降低 1 个数量级左右；Richard Jain 等（2004）还发现印度柯依那水库和 Wana 水库 5 次 4.1～4.7 级地震前 4～17 天，地震应力降降低了 35%，拐角频率减小了 40%～45%。虽然在 20 世纪 60 年代中期确认水库蓄水可能诱发地震之际，由流体孔隙压力的降低在水库地震中起主导作用的机理，便推论水库地震的应力降应较低，但在之后 20 多年的时间里缺乏实际观测数据的检验。上述一些学者由一些库区所得到的实际观测结果与理论推演相吻合，无疑对于深化对水库地震的特征与机理的认识，是至关重要的。

此外，Ross 等（1999）的研究指出有些水库地震的矩张量有较大的非双力偶分量，体积分量占总矩张量的 30%左右。这意味着有些水库地震可能不完全是断层的剪切错动，或许伴有溶岩塌陷。

2. 库水扩散与水库地震的空间分布范围

虽然 20 世纪 60～90 年代初的观测研究，指出与库水扩散直接相关的水库地震局限于库水区及周围有限的区域里，且震源较浅，但受地震观测条件的限制，地震定位的精度较低，难以给出水库地震震源分布，尤其深度分布可能的最大范围。90 年代初以来随着一些库区小孔径、高密度数字地震台网的建立和地震定位技术的发展，水库地震定位精度显著提高。表明多数水库地震震中分布在距库岸 10km 左右的有限区域里，震源深度多在 10km 之内。同时，小孔径、高密度的库区数字地震台网记录为人们研究库区介质的速度结构、衰减结构、散射结构提供了可能。我们和其他一些人利用一些库区数字地震台网记录开展了这方面的研究，结果表明：低波速、高衰减（低 Q 值）、高散射的异常主要分布在距库岸 10km 以内和 10km 的深度层位内，与震源的空间分布大致相吻合，暗示库水扩散范围具有“双十”的特征。第 3 章将对此作进一步说明，这里要指出的是这一结果与上述应力降较低的特征有助于深化对水库地震机理的认识和水库地震的识别。依次，我们把水库蓄水达正常水位时库水淹没的区域称为水库区或库水区，将与库岸距离在 10km 之内的包括水库区在内的区域称为水库影响区，并简称为“库区”。

此外，随着水库地震震例的增加和研究的深入，在以下两方面，认识也取得了新的进展：

首先是水库地震的识别。不少学者认为，固然水库蓄水前后库区地震活动水平的比较是识别水库地震的重要依据，但鉴于如前面所述多种可能的因素，这种对比往往存在不同程度的不确定性，必须根据水库地震的机理，充分考虑与库水扩散有关的其他特征，进行综合判别。依此一些学者对过去的某些震例进行了复议，尽管仍存在不同的意见，但复议本身表明研究在进一步深入。下节将作进一步讨论。

其次是关于水库地震发生的构造环境。正如前面所述，20 世纪 90 年代初之前，许多学者强调影响水库地震强度的主要因素是库水深度和库容，但鉴于许多水库蓄水后发生的最大地震，尤其是 $M_S \geqslant 5.0$ 级多位于活动断裂带上或其近邻，越来越多的学者认为必须充分考虑库区地质构造背景。例如，McGarr 等（1997）强调水库地震的最大强度主要取决于库区的应力状态，对一次 5 级以上的水库地震，水库附近一定存在适当大小的能够发生这种强度地震的断层。汪雍熙（1995）认为应把库水作用与库区地质构造背景结合起来，解释不同构造背景、不同类型的水库地震的发生，并以谷德振的岩体结构面理论和水文地质垂直分带理论为基础，提出了水库地震的多成因理论和相应的水库地震危险性评估程序和方法。

综合本节所述，水库地震研究作为现代地震的一个新的学科分支，经半个多世纪以来国内外学者的努力，已经取得了长足的进步，但总体上来说，仍处于探索阶段，这集中体现在根据所取得的认识而开展的水库地震危险性评估与预测，往往带有较大的不确定性。回顾半个多世纪来的研究历程，可以认为，水库地震研究的不断深入是与有关学科，尤其是地震学本身的发展紧密相关联的。要进一步推进水库地震研究深入，必须把相关学科，尤其地震学研究的最新成果应用于水库地震研究。

1.3　水库地震数据库的建设

建立水库地震数据库对于推进水库地震研究的广泛深入发展，做好库区及周围区域的防震减灾工作至关重要。为建立功能较齐全并便于使用的水库地震数据，不仅应收集整理大量的有关数据和信息，而且必须开展有关的研究。

1.3.1　水库地震数据库的设计

水库地震数据库的建设是一项工作量很大的系统工程，因此首先必须做好设计。自从开展水库地震研究以来，国内外一些学者先后收集整理公布了水库地震震例，如 Gupta 分别于 1976 年和 1992 年给出了 34 个和 68 个震例，Packer 等（1979）给出了 83 个震例。肖安予（1982）给出 63 个震例，胡毓良（1983）给出 91 个震例，丁原章（1989）给出 101 个震例，夏其发（1992）给出 116 个震例，对于推进水库地震的开展起了积极的作用，但都只能从中查询到部分的数据和信息。水库地震数据库应力求做到有关的数据和信息较齐全，并具有便于添加、修改、查询浏览和对外提供服务等功能。为此必须按总体设计，收集整理有关的数据和信息，并研制相应的计算软件，形成数据模块和开展有关的研究。

这里仅就水库地震数据库应包含的数据和信息作简要说明。数据库以水库为单元。为便于用户研究为什么有些水库蓄水后发生了水库地震，而有些水库蓄水后“没有”发生水库地震，可将其分为两大部分：已发生水库地震的水库和“未发生”水库地震的水库。前一部分为数据库的重点，后一部分除地震本身的数据外，其他数据和信息与前一部分相同。此外，鉴于对已报道的某些水库地震的震例是否属水库地震，有些学者仍有不同的观点，可分别编辑，以提示用户作进一步研究。为满足用户开展研究等需求，水库地震数据库应包括四类数据和信息：水库固有数据、库区及周围区域地质构造背景、地震活动数据和有关的参考文献。下面分别作简要的说明：

1. 水库固有的数据

主要包括以下四个方面的数据和信息：

库名：水库名称（国外水库分别给出英语和中文名称，国内水库分别给出中文和汉语拼音名称），国别，大坝的经、纬度。

水库形态：坝高、坝长、拦截的河流名称、达最高水位时水库的库长、面积和库岸分布范围。其中库岸分布应标绘在小比例尺（如1∶5万）的有经、纬度的行政区划图上，并标出周围主要的地名。这里要特别指出的是，这是研究水库地震震中分布特征不可缺少的。

库水达最高水位（往往称为满库）时的库水深度和库容。已有许多震例只给出库水的最大深度（满库时库首区的水深），对许多研究，这是不够的，尚应给出库水区库底不同部位的高程分布，以便测算蓄水过程中不同时段库水深度的分布。

水位动态观测数据（以坝首区库底作为库水水位的零点），并标绘出库水水位动态观测曲线和标注水库开始蓄水及达最高水位的日期。

2. 库区及周围区域地质构造背景

主要包括以下三方面的数据和信息：

断裂带的分布：把用地质学方法查明的断裂带和由地球物理探测方法给出的构造断裂带分别标绘于有经、纬度的地质构造图上。图幅应包含各主要断裂带的展布范围。若水库位于区域尺度较大的断裂上或其附近，而库区又存在若干小尺度断裂带，可分别用不同比例尺的图幅标绘区域断裂带和库区及周围区域断裂带的分布。逐一给出各断裂的名称、走向、倾向和滑动方式（走滑、正断、逆断）及构造活动性的描述。

岩层和岩性分布：库水区及周围（距库岸15km）区域基底和覆盖层的分层结构及各分层的厚度和岩性。

温泉的分布：将库水区及周围（距库岸15km）区域的温泉分布标绘于上述区域地质构造图上，并给出各温泉的水温。

此外，对已查明溶岩和地下暗河的水库，也将溶岩及地下暗河分布一并标绘于地质构造图上。

3. 库区及周围区域地震活动

主要包括以下五方面的数据和信息：

历史地震活动：为便于研究库水区及周围（距库岸15km）区域历史地震活动背景，应给出库区所在地震带及两侧一定区域有历史地震记载以来$M_S \geq 4\frac{3}{4}$级地震目录及相应的震中分布图像，并在图中标出库水区范围。

地震台网：库区和外围区域地震台网的分布，每个台站开始连续运行的时间，水库蓄水前和蓄水后不同时段台网对库水区及周围（距库岸15km）区域的地震监测能力（可记录的和可定位的最小地震震级）。

水库所在构造区域浅源构造地震目录及水库前与蓄水后地震震中分布，并在图中标出库水区范围。

水库蓄水后库水区及周围（距库岸15km）地震目录及震中分布范围，并在图中标出库水区范围。

水库地震的首发地震和最大地震的参数（发震日期、震源位置、震级）。

此外，在开展地震烈度区域的地区，应给出坝区地震基本烈度和大坝的抗震设防烈度。

4. 全球水库地震简目

为便于用户研究使用，简目可分两部分：没有争议和有争议的。简目的主要条款包括：库名、国别、坝高、满库时水深（库首区）、库容、面积、库长、水库开始蓄水时间、达最高水位时间、首发地震时间、最大地震的时间和震级、最大地震的震源深度、最大地震震中距大坝及库岸的距离、坝首区及最大地震震中区的岩性等。

5. 参考文献

国内外已发表的水库地震研究的论文及专著。按发表时间排序。给出每篇论文或专著的作者、论文或专著题目、发表的时间及刊载的期刊，论文或专著的摘要。

1.3.2 水库地震事件的复议

近几十年来国内外有关文献报道的水库地震事件不断增加，但随着研究的深入，对其中有些事件是否与水库蓄水有关，有些人提出不同的看法。这里难以逐一赘述，仅略举几例，对争议的情况作简要的介绍和评述，以说明对已报道的水库地震事件进行复议是必要的。

1. 阿斯旺水库5.6级地震

埃及阿斯旺（Aswan）水库（也称阿斯旺湖或纳塞尔湖）由跨尼罗河的大坝拦截而成。在达最高水位时，库首区的最大水深100m左右，库容为$1600\times10^8m^3$左右。水库于1964年开始蓄水，水位逐渐上升，1975年水位达175m的高程（库首区水深约93m）时，库水开始淹没距大坝70km左右的尼罗河以西的卡拉沙湾地区。1978年11月库水达177.4m高程的最高水位。水库蓄水前库区没有地震台网，1963~1964年间架设的距阿斯旺690km左右的属世界标准地震台网的赫尔旺台是埃及的第一个台站。该台站投入运行后10余年没有记录到库区地震。1975年在距卡拉沙断层分别约60km和165km处各架设一个地震台，但1975~1976年间仅运行160天左右，其间记录到1975年的一次小震可能位于卡拉沙断层上，但难以定位。1980年8月至1981年8月这两个台站相继恢复运行，检测到可能位于卡拉沙断层的20次小震。1981年8月后这两个台站又停止运行。据赫尔旺台记录，1981年11月9日和11日可能在卡拉沙断层上分别发生了4.2级和4.5级地震，11月14日即发生了主震。据埃及周围地区地震台网记录测定，震级$m_b=5.6$（有些报告为5.3级或5.4级），震源深度约20km。1982年夏季开始在库区建立了由8个台站组成的遥测台网。12月又增加一个台站，1985 年增加到 15 个台站（Gupta，1992）。其库区地震活动与库水水位变化的关系如图 1.2 所示。

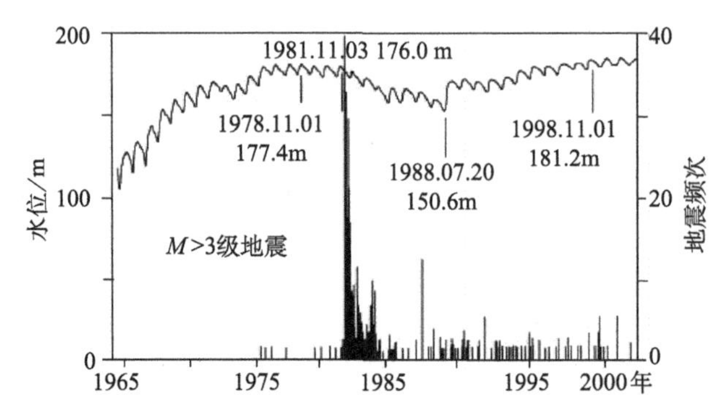

图 1.2 埃及的纳赛尔湖（阿斯旺水库）水位和地震活动状况（引自 Mekkawi 等（2004））

图中仅包括 $M\geqslant3.0$ 级地震，也许 1974~1981 年还发生几次地震，但没有可用的资料

鉴于 5.6 级地震在水库开始蓄水后 17 年才发生，Simpson 等（1988b）和 Gupta（1992）和其他许多人都将其作为延迟响应型的水库地震的典型。但有些学者对阿斯旺地震的发生是否与水库蓄水有关提出了质疑。例如，Awad 等（1995）利用 1982 年 6 月开始运行的由 13 个台站组成的阿斯旺地方遥测台网的记录对 500 个地震重新定位，其中震中分布和震源深度分布分别如图 1.3 和图 1.4 所示。震中成 4 丛分布，S_1（5.6 级地震在该丛区）、S_3、S_4 位于卡拉沙断层上，S_2 位于摩尔断层上。震源深度在 30km 以内，存在 4~8km 和 14~26km 两个优势的分布层位。Awad 等分别冠之为"浅震"和"深震"。Awad 等根据 1986 年的人工地震测深资料指出，"浅震"和"深震"分别位于"低速区"和"高速区"，并对 1982 年 6 月至 1988 年 5 月阿斯旺"浅震"和"深震"活动与湖水水位变化的关系（图 1.5）进行分析，指出"浅震"活动与库水水位变化存在一定的相关性，而"深震"序列却未识别出这种相关性。Awad 等认为这可能是由 5.6 级地震及"深震"余震活动使浅层介质变得更软弱，较易于受库水控制的结果，但鉴于 5.6 级震源较深及深度序列与库水水位变化无明显的相关性，认为 5.6 级地震的发生可能与水库蓄水无关。

实际上由图 1.5 可以看出，即使"浅震"序列与库水水位变化的相关性也较复杂。在水库蓄水的"晚期"往往出现这种现象，下一章将对此作进一步讨论。这里要指出的是，即使暂不论及震源深度的分布，还有一个重要的现象是难以解释的：1975 年卡拉沙湾被库水淹没后，该区域最大的水深仅为 15m 左右，而库首区 1975 年水深已达 93m，1978 年 11 月达 97m，之后一直在高水位附近波动。但 1982 年 6 月库区遥测地震台网投入运行后，为什么始终没有记录到卡拉沙湾以外的其他区域，尤其是库首区的地震活动？是否意味着 1981 年 11 月 14 日卡拉沙断层 5.6 级地震的发生是该断层长期的地震起伏的表现？虽然由于该地区缺乏历史地震记载，难以作出这样的判断，但这是值得进一步研究的。至少说，目前的研究尚难以肯定 5.6 级地震的发生为水库地震。

2. 奥罗维尔 5.7 级（M_L）地震

美国加利福尼亚州奥罗维尔水库坝高 236m，满库时，库首区最大水深约为 204m，库容

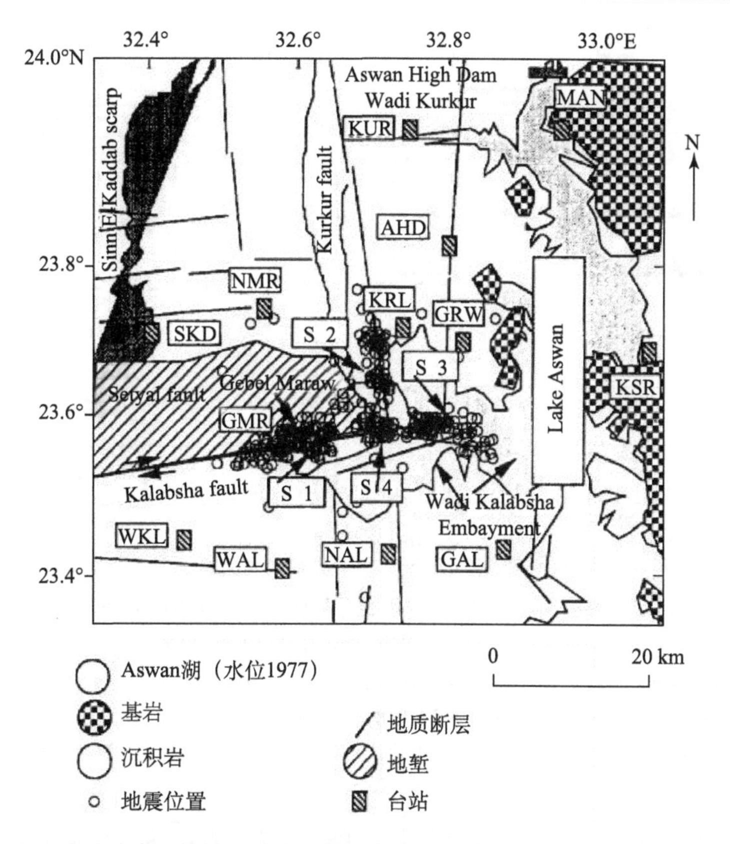

图 1.3 阿斯旺台站分布、构造背景和重新定位的地震震中分布（引自 Awad 等（1995））

作者注：台站名称：AHD；GAL；GMR；GRW；KRL；KSR；KUR；MAN；NAL；NMR；S1；S2；S3；S4；SKD；WAL；WKL

城市名称：Gebel Maraw

Aswan High Dam Wadi Kurkur：阿斯旺水库大坝；Kalabsha fault：Kalabsha 断层；
Kurkur fault：Kurkur 断层；Lake Aswan：Aswan 湖；Setyal fault：Setyal 断层；
Sinn E-Kaddab scarp：Sinn E-Kaddab 陡崖；Wadi Kalabsha Embayment：Wadi Kalabsha 海湾

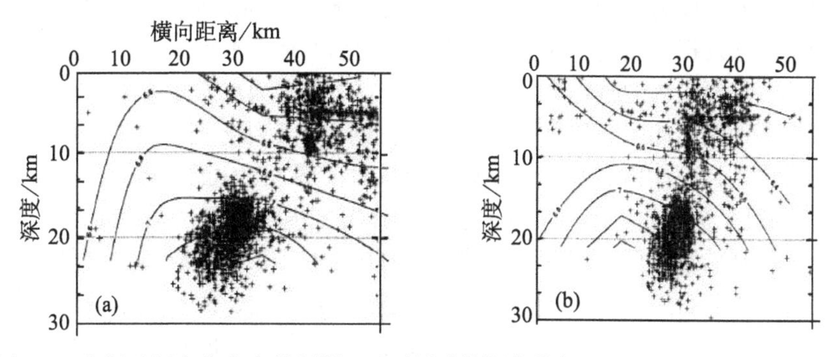

图 1.4 包括重新定位在内的阿斯旺地震活动的深度分布（引自 Awad 等（1995））

等值线为 P 波速度：（a）N—S 剖面，（b）E—W 剖面

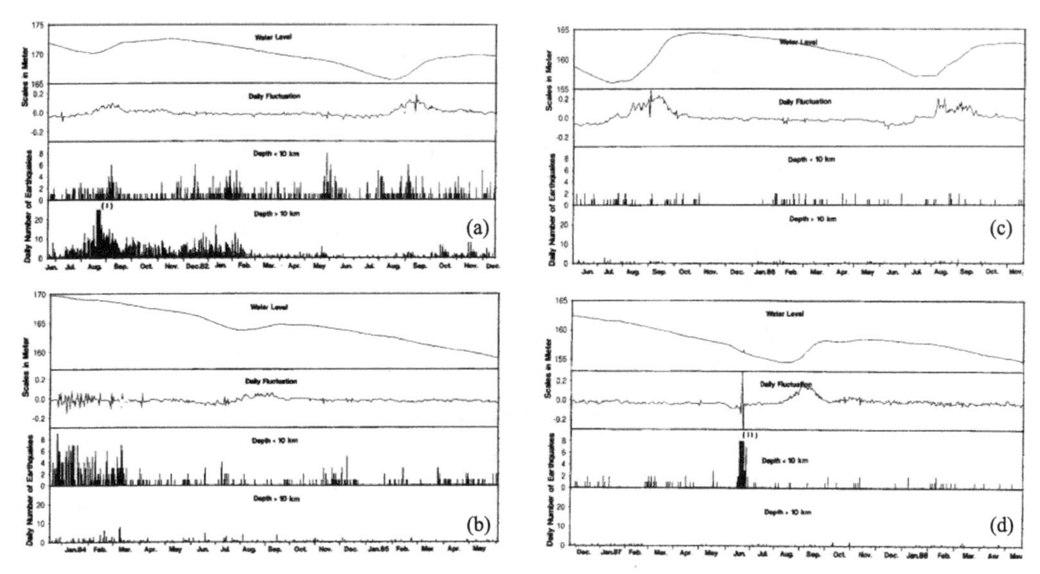

图 1.5　1981 年 6 月至 1988 年 5 月阿斯旺地区地震的时间分布和阿斯旺水库水位的变化（引自 Awad 等（1995））

（a）1981.06~1982.12；（b）1984.01~1985.05；（c）1985.06~1986.11；（d）1986.12~1988.05

作者注：纵坐标分别为：单位为 m，地震日频次；横坐标为：月份

每组曲线分别为：水位；水位日变化；深度<10km 地震的日频次；深度>10km 地震的日频次

$42.97\times10^8m^3$。水库于 1967 年 11 月开始蓄水，1969 年 7 月首次达最高水位。之后库水在最高水位附近波动。1975 年 8 月 1 日在大坝下游 11km 处发生 $M_L=5.7$ 级地震，震源深度 5.5km 左右。与阿斯旺 $m_b=5.6$ 级地震一样，奥罗维尔 $M_L=5.7$ 级地震，也被 Simpson 等和其他许多人视为典型的延迟响应型水库地震，但对奥罗维尔地震是否为水库地震，也有不同的看法。Clark 等（1975）认为这次地震破裂是在老断层上发生的，但至今没有确切的地质资料证实或否定 1975 年的地震序列与奥罗维尔水库蓄水有关。Rajendran 和 Gupta（1986）分析了库水水位与地震活动关系（图 1.6），指出两者之间没有明显的相关性。Gupta（1992）鉴于 $M_L=5.7$ 级地震余震序列的 b 值仅为 0.61，显著小于其他水库地震序列的 b 值，也对奥罗维尔 $M_L=5.7$ 级地震是否为水库诱发提出质疑。我们认为 b 值的大小不是识别水库地震的依据，第 4 章对此将作进一步论述。但要指出的是作为将奥罗维尔地震序列作为水库地震的重要依据，即所谓水库蓄水后库区周围地震活动明显增加，是值得商榷的。奥罗维尔地区 1964 年开始已有 3 个地震台，其中奥罗维尔台（ORV）位于大坝以北 1km 处。图 1.6 中的地震频次是以 ORV 为中心，半径 $\Delta=50$km 的区域统计的。图 1.7 展示了不同 Δ 范围内地震频次与库水水位变化之间的关系。很明显，水库开始蓄水后，直到 1985 年 8 月 11 日 $M_L=5.7$ 级地震的前震之前，地震活动的增加出现在 $\Delta=30\sim50$km，尤其 $\Delta=40\sim50$km 的区域范围内，而 $\Delta<30$km 的区域里地震活动没有增加。这自然提出为什么水库开始蓄水后，在长达 7 年的时间里库水区及包括 5.7 级地震震中区在内的近邻区域地震活动没有增加，而“远距离”的地震活动反而增加？这与全球诱发地震的其他水库的观测事实及已有的理论模型相矛盾。因此，至少说，目前没有充分的理由肯定 $M_L=5.7$ 级地震是由奥罗维尔水库蓄水引发的。

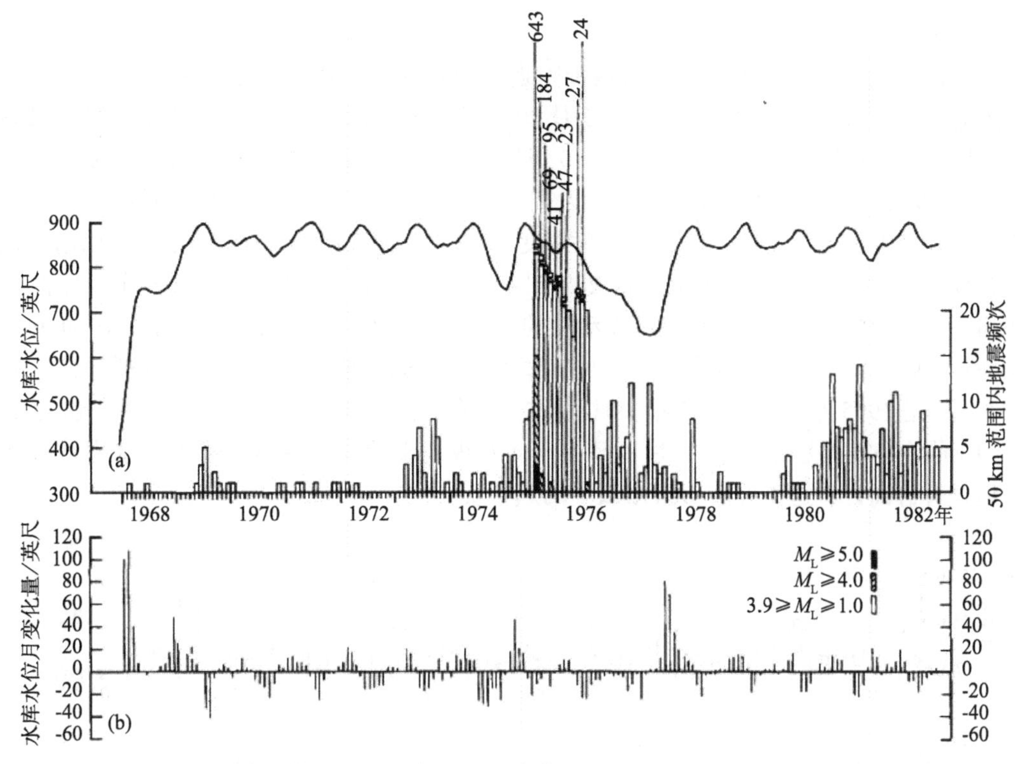

图1.6　奥罗维尔水库水位和地震活动（a）及水位的变化（b）（引自 Rajendran 等（1986））

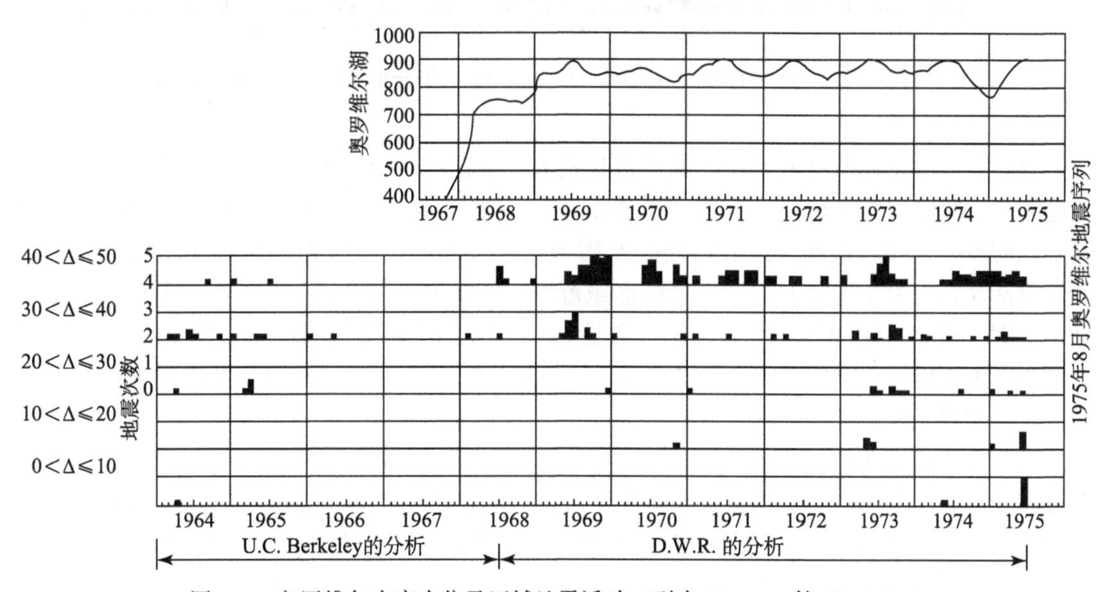

图1.7　奥罗维尔水库水位及区域地震活动（引自 Morrison 等（1976））

3. 大桥 4.6 级（M_L）地震

我国四川大桥水库位于安宁河断裂带附近，坝高 93m，满库时库首区最大水深 60m 左右，库容 $6.58 \times 10^8 m^3$。大坝于 1999 年 5 月 20 日开始蓄水，2001 年 9 月 13 日满库（最高水位），当天即在库水区外发生 1 次 $M_L = 1.0$ 级地震，9 月 18 日开始发生小震群活动，持续至当年 12 月 6 日，总次数达 240 多次，最大震级为 $M_L = 3.7$ 级。在库水水位下降后，于 2002 年 3 月 3 日发生了 $M_L = 4.6$ 级地震，震源深度 15km。4.6 级地震震中位于小震群以南，但距库岸都仅几千米。胡先明（2004）取 28°12′～29°06′N、101°54′～102°30′E 作为库区，对 1995 年至 2002 年 2 月 $M_L \geqslant 0.8$ 级地震活动的起伏（图 1.8）进行分析。鉴于 2001 年 9 月水位满库后，9～12 月发生的小震群是 1995 年之后至 4.6 级地震前最突出的震群事件，M_L = 4.6 级地震是 1995 年之后长达 7 年多时间里在上述统计区域里发生的最大地震，认为 2001 年 9～12 月的小震群是 2002 年 3 月 3 日 $M_L = 4.6$ 级地震的前兆震群，都是由水库蓄水诱发的，但这有待商讨，这里要着重指出以下两点：

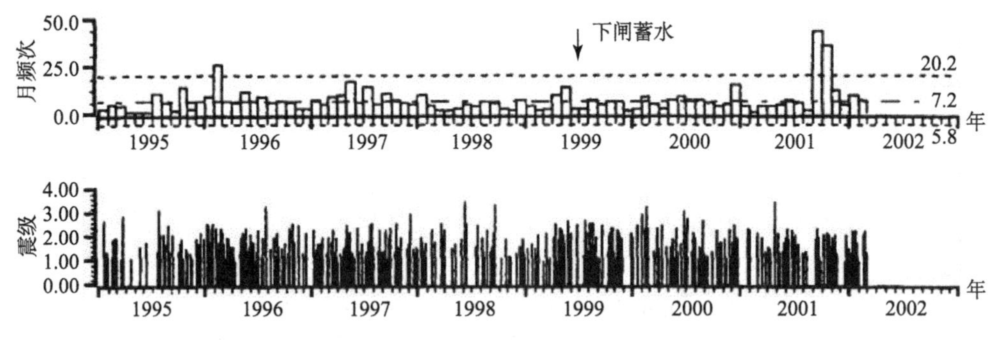

图 1.8　大桥库区地震（1995.01～2002.02）N-T 和 M-T 分布（引自胡先明（2004））

首先，大桥水库所处的安宁河断裂带是我国大陆强震活动的地震带之一，现代小震活动此起彼伏，频度总体上较高，且震中分布的基本图像（有地震历史记载和现代台网记录以来累积的震中分布）表明，地震沿断裂及附近密布。在分析水库蓄水前后库水区及周围区域地震活动是否发生变化时，取不同的区域范围，其结果可能有别。如按胡先明选取的统计分析范围，虽然 2001 年 9～12 月的小震群是 1995 年之后 7 年多的时间里最突出的震群事件，但正如图 1.8 所示，1999 年 5 月水库蓄水后至 2001 年 9 月，统计区域范围内小地震活动的频度没有明显变化。

其次，大桥水库位于冕宁附近。冕宁于 1952 年 9 月 30 日发生了 $M_S = 6\frac{3}{4}$级地震，其烈度分布如图 1.9 所示。对比图 1.8 与图 1.9 可知，大桥水库正好位于 1952 年 $6\frac{3}{4}$级地震Ⅶ度区的边缘。我国大陆许多 $M_S \geqslant 6\frac{3}{4}$级地震发生后，其破裂区及邻近区域在较长的时期里小地震活动此起彼伏，偶尔发生 4 级左右，乃至 5 级左右地震是不足为奇的。

基于以上考虑，判定 2001 年 9～12 月的小震群和 2002 年 3 月 3 日的 $M_L = 4.6$ 级地震是由大桥水库蓄水所诱发的，依据尚不充分。

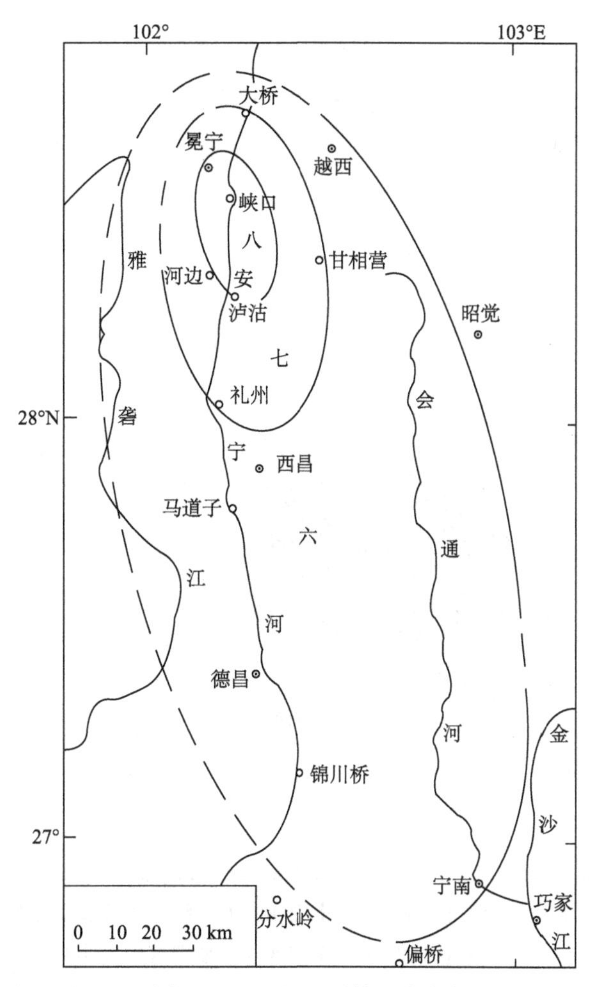

图 1.9 1952 年 9 月 30 日冕宁 $M_S=6.7$ 级地震等震线分布（引自顾功叙（1983））

4. 佛子岭 $M_S=4.5$ 级地震

我国安徽佛子岭水库坝高 74.4m，满库时库首区最大水深约为 70m，库容约为 $70\times10^8m^3$。水库于 1954 年 6 月开始蓄水。水库蓄水前库区附近居民亦感有小震，水库蓄水后，当年 12 月 14 日在库区附近即有一次较强有感的地震发生，以后每年都有一、二十次有感地震。1957 年、1961 年和 1973 年出现三次活动高潮（胡毓良等，1979）。1973 年 3 月 15 日发生了被胡毓良等（1979）、丁原章（1989）、夏其发（1992）和其他许多人视为佛子岭水库蓄水诱发的最大的 $M_S=4.5$ 级地震。1971 年以后库区周围已有地震台网记录，经查阅《中国东部地震目录》（冯浩等，1980），1973 年 3 月 11 日 $M_S=4.5$ 级地震的震中位置为 31°22′N、116°11′E。如图 1.10 所示，震中正好落在 1917 年 1 月 24 日安徽霍山 $M_S=6.3$ 级地震的破裂区（Ⅷ度区）里。自有区域地震台网以来，霍山震区时有中小地震发生，是我国大陆东部常有小震群发生的地区。因此难以判定佛子岭水库蓄水后库水区及周围区域地震活动是否有明显增强，至少说将上述 $M_S=4.5$ 级地震视为水库诱发的最大地震，依据不充分。

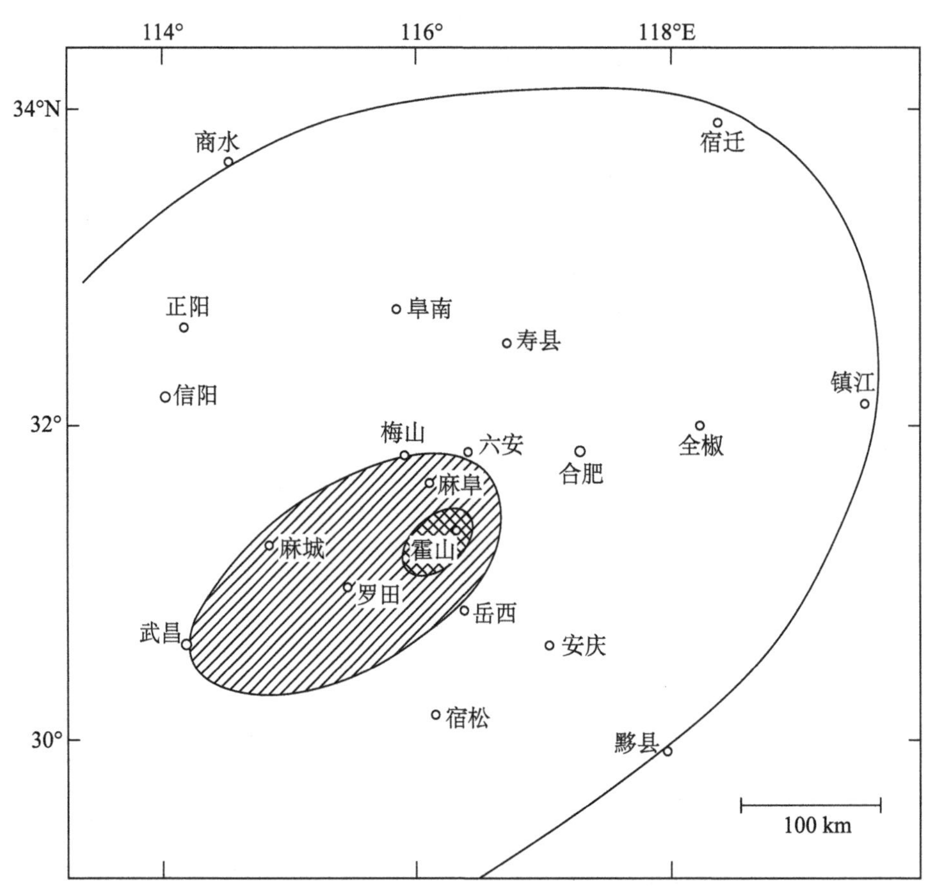

图 1.10　1917 年 1 月 24 日霍山 $M_S=6.3$ 级地震等震线分布和 1973 年 3 月 11 日 $M_S=4.5$ 级地震震中（引自顾功叙（1983））

5. 紫坪铺水库库区及邻近区域地震活动

紫坪铺水库位于四川龙门山地区，由 156m 高的大坝拦截岷江而成，库容 $11.11\times10^8m^3$。水库于 2004 年 12 月 1 日开始蓄水，但速率很慢，水位很低，在低水位波动。2005 年 9 月 30 日开始，蓄水速率显著增大，水位快速提升，多数人将 2005 年 9 月 30 日视为开始蓄水的时间。水库蓄水后，虽然库水区本身地震活动水平一直很低，但邻近区域地震活动较活跃，尤其是 2008 年 2 月中旬在都江堰发生小震群，最大为 $M_S=3.7$ 级，2008 年 5 月 12 日在汶川发生 $M_S=8.0$ 级地震，与库岸的距离都在 10km 以内。对汶川 8.0 级地震及都江堰小震群是否由紫坪铺水库蓄水所引发，存在不同的观点。例如，范晓（2008）和其他人认为汶川 8.0 级地震的发生可能与紫坪铺蓄水有关，存在由其触发的可能性。而郭永刚等（2008）、Deng 等（2010）和其他许多人认为汶川 8 级地震的发生与紫坪铺水库蓄水无关；卢显等（2010）认为 2008 年 2 月都江堰小震群的发生与紫坪铺水库蓄水无关，而周斌等（2010）则认为可能有关，为延迟响应型的水库地震。这不仅涉及到汶川 8 级地震及都江堰小震群的发生与紫坪铺水库蓄水的关系，更主要的涉及到怎样看待紫坪铺水库蓄水前后库水区及邻近区域地震活动变化及其与库水加卸载的关系。周斌等（2010）和卢显（2010）都强调紫坪铺水库蓄水前后库区周围不同区域地震活动的变化有别。如图1.11所示，紫坪铺水库及邻近区域（30.7°~31.3°N，103.2°~103.9°E），水库蓄水后地震活动不仅没有增加，反而有所减弱。周斌等（2010）和卢显等（2010）都对库区及周围区域地震重新精定位，给出了如图1.12所示的震中分布图像。地震主要分布于图示的Ⅰ、Ⅲ、Ⅳ区，而Ⅱ区（主要库水区）地震很少。水库蓄水后，上述四个区域作为一个整体统计，约70%的地震发生在4~10km的深度范围内，10~25km深度范围内也有少量地震发生。如图1.13所示，Ⅰ、Ⅲ、Ⅳ区地震活动与库水水位变化的关系明显有别。水库蓄水后，Ⅰ区地震活动明显增加，Ⅲ区没有明显变化，Ⅳ区在2008年2月都江堰小震群发生前，也没有明显变化，而库水区（Ⅱ区）本身则一直较平静。周斌等（2010）主要依Ⅰ区在水库蓄水后，地震活动明显增加，认为紫坪铺水库是诱发地震的水库。这里认为，这一立论有欠充分。Ⅰ区、Ⅱ区与库岸的距离都在10km以内，Ⅳ区与库岸的距离也仅10km左右。为什么只有Ⅰ区地震活动增加，而Ⅲ区、Ⅳ区及库水区（Ⅱ区）地震活动没有明显变化？这里注意到与其他任何地区一样，如图1.11所示紫坪铺水库及邻近区域地震活动的时间分布是不均匀的。毫无疑问，对Ⅰ区也是如此。水库蓄水后，Ⅰ区地震活动的增加究竟属正常的活动起伏，还是由水库蓄水所诱发，尚难以作出明确的判定。

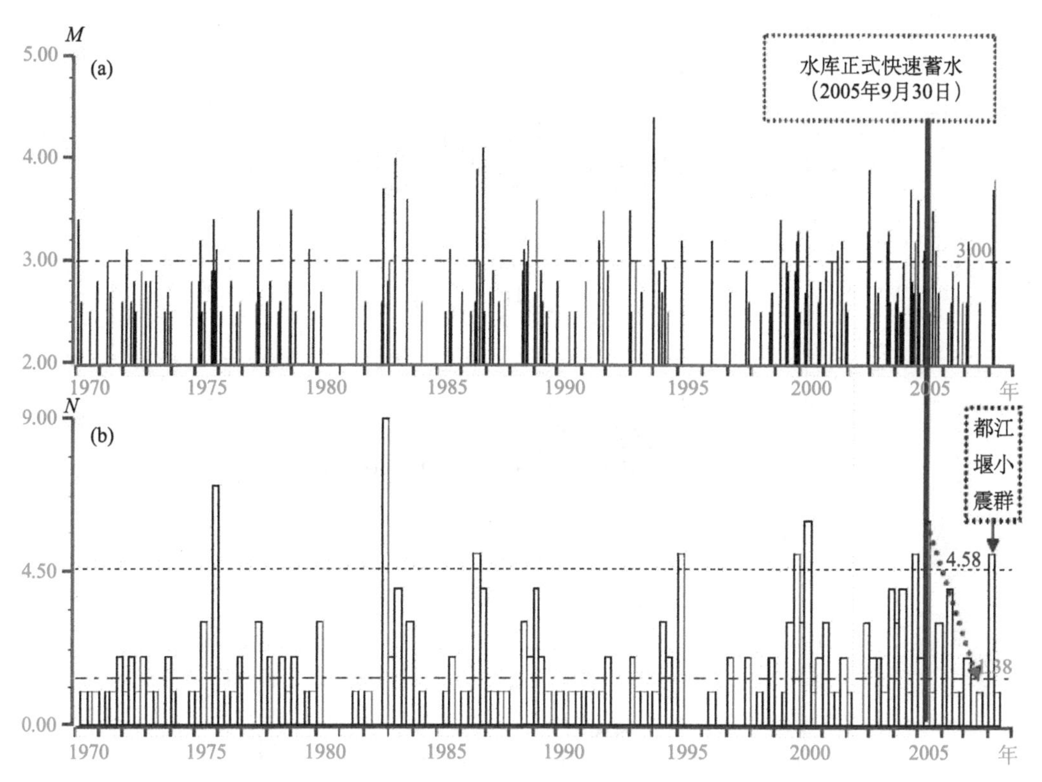

图1.11　紫坪铺水库及邻近区域$M_L \geqslant 2.5$级地震活动的时间（引自周斌（2010））

（a）M-T；（b）N-T

N为季度平均的月频度，平均值1.38次/月，点线为两倍均方差

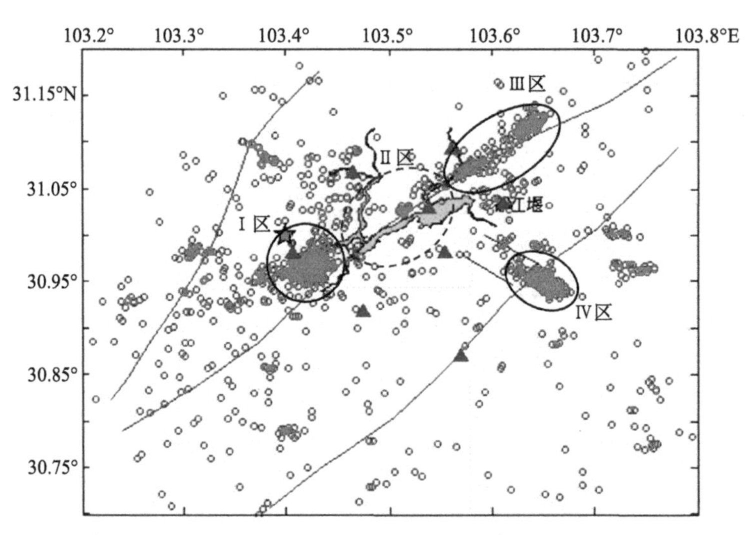

图 1.12　紫坪铺水库及邻近区域 2004.08.16~2008.04.30 震中分布（引自蒋海昆等（2014））

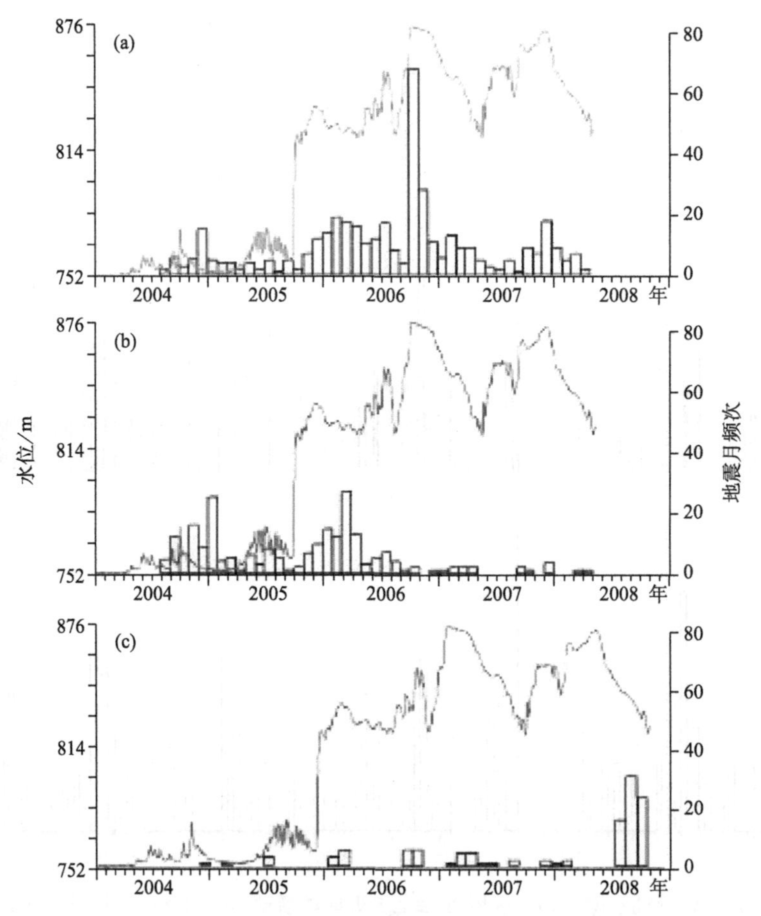

图 1.13　紫坪铺水库水位与各分区地震频度关系（引自周斌等（2010））

（a）Ⅰ区；（b）Ⅲ区；（c）Ⅳ区

本节最后要特别提及的是至今为止报道的 $M_S \geq 5.0$ 级的水库地震为数不多，且对其中澳大利亚两次 $M_S > 5.0$ 级地震（1959年5月15日尤坎宾5.0级和1973年9月瓦拉跟巴5.0级）是否属水库地震，澳大利亚的一些地震学者提出了质疑，认为至少尚难以作出明确的判定（丁原章，1989）。

对报道的其他水库地震事件是否由水库蓄水所引发，有些人也提出不同的看法，这里不再逐一赘述。要指出的是不同的意见主要源于人们对水库地震的机理及主要特征的认识存在某些差别。已报道的多数震例，其库区亦缺乏地方数字地震台网记录，难以对震源特征作精细的研究，判断所发生的地震是否与水库蓄水有关，仍以水库蓄水后库区地震活动是否明显增加的统计分析为主要依据。而由于多种因素，如不同人对“库区”范围的理解及“库区”在水库蓄水前地震活动时序起伏的复杂性等的认识有异，不同人的统计分析可能得出不同的结论。

同样以统计分析为主要方法所进行的复议，也难免带有不同程度的不确定性。这意味着对持有疑义的事件虽然不能肯定属水库地震，但往往也难以断言一定与水库蓄水无关。尤其不能说，库区的所有地震都与水库蓄水无关，但从研究水库地震的主要特征等基本问题考虑，以得到较广泛公认的震例为基础为宜。

1.3.3　全球水库地震简目

编制水库地震简目目的是为开展水库地震研究提供主要的基础性数据及索引。我们根据有关专著（如丁原章（1989）、Gupta（1992）等）和近20年来国内外各种期刊发表的水库地震研究的论文进行了整理，编辑了全球水库地震简目（表1.2，见第1章末）。在整理、编辑过程中，鉴于报道的有些水库地震不仅震级小，而且多数有关参数残缺，未将其列入。所收集到的震例共121个。其中前103个，至今未见提出明显的疑义，为水库地震的可能性较大。后17个或已提出不少质疑，或我们通过复议，认为是否为水库地震目前尚难以作出明确的判定。为便于查询，本简目将上述两类震例分别按最大地震发生时间的先后顺序排列。简目共设19个条目。这里有必要对其中有些条目作如下简要的说明：

1. 关于水深和库容

简目中震中区的水深指的是水库蓄水达最高水位（通常称为“满库”）时，“库首区”的最大水深。由于不少最大地震不正好在“满库”时发生，因此简目中的水深，不一定等于设计的最大水深；有些水库（如努列克水库）分期蓄水，简目中用括号列出了第一期蓄水，库首区最大的水深。此外，有些文献报道了发生于库水区的最大地震震中区的水深，简目也将其列出。

简目中的库容指的是设计的水库蓄水的最大库水体积，即满库时库水体积。对分期蓄水的有些水库，有关文献给出了第一期蓄水达最高水位时，库水的体积，简目也将其在括号里标列。

此外，简目中的面积和库长指的是满库时库水区的面积和长度。

2. 关于达最高水位的日期

已发表的水库地震简目许多未给出该条目。鉴于该条目对研究库区地震活动对水库蓄水的响应至关重要，我们根据有关文献的报道，将其编列于简目中。给出年月日的为有关文献的文字表述，仅给出年月的为我们根据有关文献的库水水位曲线估计的。由于水库蓄水达正常水位后，多在正常水位附近波动，因此本简目中的最高水位日期指的是首次达正常高水位的日期。有些水库在达正常高水位后，波动较大，在括号里标出了在波动过程中达最高水位的日期。对分期蓄水的水库，与水深条目相呼应，用括号标出第一期蓄水达最高水位的日期。

3. 关于最大地震的震中区

简目中的 Δ_1 指的是最大地震震中位置相对于大坝的距离。Δ_2 指的是最大地震震中位置相对库岸的距离。凡未标注距离的具体数值，而标注“大坝附近”，视为 $\Delta_1 \leqslant 3$km；标注“库内”的意指震中在库水区里，标注“岸边”、“库边”等的，视为 $\Delta_2 \leqslant 5$km。“上游”和“下游”都是相对大坝而言的。地势高于大坝坝基的为上游，低于大坝坝基的为下游。

4. 关于震级和烈度

不同文献所使用的震级标度往往不一致。对中强地震，测定的震级多为 M_S 震级，而对大量的中小地震，实际测定的为 M_L 震级。尽管由于地震波能量在不同频率（周期）的分配并非线性关系，不同震级标度之间的关系并非线性，但为便于对此分析，本简目仍按经验统计关系，即前面提及的式（1.2）将 M_L 震级换算为 M_S 震级。

简目中，有些水库在震级一栏标注了地震烈度，都为Ⅻ烈度表中的烈度值。关于岩性，不论是坝区还是震中区，岩性往往不是单一的，且不同层位岩性往往有别，简目中只标出主要地层的岩性。

表 1.2 全球水库地震简目

序号	库名	国别	坝高(m)	水深(m)	库容(亿m³)	蓄水日期	达最高水位日期	首震日期	最大地震			震中区			岩性	
									时间	M_S	h (km)	Δ_1 距大坝	Δ_2 距库岸	h (m)	坝区	震中区
1	马拉松	希腊	67	60.3	0.4	1929.10		1931.07	1938.07.20	5.0		10	库外		片麻岩、花岗岩	沉积岩、结晶片岩
2	米德湖	美国	221	191	348.5	1935.05	1938.06	1936.09.07	1939.05.04	5.0	5~6	32	库内		玄武岩、安山岩	火成岩
3	乌德福达	阿尔及利亚	101	83	22.6	1932.12		1933.01	1954.09	Ⅵ					灰岩	泥灰岩、石灰岩、石膏
4	黑部第四	日本	186	180	1.99	1960.10		1961.08	1961.08.19	4.5		7	7	52	玄武岩	玄武岩
5	卡马里拉斯	西班牙	49	43.7	0.38	1960.11		1961.03	1961.12.08	4.8			库内		灰岩	灰岩
6	新丰江	中国	105	97	115	1959.10.20	1966.09.23	1959.11	1962.03.19	6.1	5	1.1	下游	88.8	花岗斑岩	花岗岩
7	门多西诺	美国	50	22	1.51	1958.1	1959.04	1962.2	1962.06.06	5.2		20	<5		变质火山岩	变质火山岩
8	堪内里斯	西班牙	150	132	6.78	1960.10		1962.06	1962.06.09	4.7		大坝附近	大坝附近		石灰岩	石灰岩
9	蒙台内特	法国	155	125	2.4	1962.04	1963.04	1963.04	1963.04.25	5.0	很浅	大坝附近	库内		石灰岩	石灰岩
10	格兰德瓦尔 Grandval	法国	88	78	2.9	1959.09		1960.03	1963.08.05	Ⅴ			库内		云母片岩	片麻岩花岗岩、变质火山岩

续表

序号	库名	国别	坝高（m）	水深（m）	库容（亿 m^3）	蓄水日期	达最高水位日期	首震日期	最大地震			震中区			岩性	
									时间	M_S	h（km）	Δ_1 距大坝	Δ_2 距库岸	h（m）	坝区	震中区
11	瓦让 Wojont	意大利	262	232	1.7	1960.02	1963.09	1960.05	1963.09	4.0		3-4	岸边		白云质灰岩	泥灰岩、黏土岩
12	卡里巴 Karliba	赞比亚	128	122	1850	1958.12	1963.09	1959.06	1963.09.23	6.3		13	库内	80	石英岩、片麻岩	片麻岩
13	帕拉姆比库 Pararmbiku-larm 拉姆	印度	73	66	504	1963			1963	3.0					片麻岩、花岗岩	变质岩
14	曼加拉姆 Manglam	印度	30	28.5	0.25	1962			1963	3.0						
15	卡多尔 Dievedicodore	意大利	112	98		1949		1950	1964.05.18	2.0					白云岩	大理岩
16	阿科松博 Akosombo	加纳	134	109	1480	1964.05		1964.05	1964.11	5.0					砂质页岩	砂质页岩
17	沃国诺 Vogorno	瑞士	220	190	1.05	1964.08	1965.09	1965.05	1965.10.11	4.0	0.5	22	库内	100	片麻岩	片麻岩、大理岩
18	埃尔森纳佐 Elcenaio	西班牙	102	95	4.54	1960			1965.12.11	4.2						
19	克里马斯塔 Keremasta	希腊	165	120	47.5	1965.07	1966.04	1965.08	1966.02.05	6.2	12	25	库尾左岸		变质砂岩、砾岩	白垩纪灰岩、第三纪复理石

续表

序号	库名	国别	坝高（m）	水深（m）	库容（亿 m^3）	蓄水日期	达最高水位日期	首震日期	最大地震			震中区			岩性	
									时间	M_S	h（km）	Δ_1 距大坝	Δ_2 距库岸	h（m）	坝区	震中区
20	皮阿斯特啦	意大利	87	83.7	0.12	1965.06		1965.10	1966.04.07	4.7		20			中生代结晶岩	复理石体积
21	帕里赛兹 Paisades	美国	82	67	17.28	1956		1963.03	1966.06.10	3.7						古生代白垩纪沉积
22	本摩尔 Benmore	新西兰	118	96	20.4	1964.12		1965.02	1966.07.07	4.6	12	20	库区中部右岸		硬砂岩、泥质板岩	硬砂岩、绿泥岩、片岩
23	索拉亚尔 Sholayar	印度	66	59.4	1.54	1965			1966	2.0						
24	卡宾溪 Cabincrek	美国	10		0.2	1925		1958	1967.04	1.5					变质岩	变质岩
25	巴金那伯斯塔	南斯拉夫	90	80	3.4	1966.12		1967.01	1967.07.03	4.8	7	库内			泥质砂岩	石灰岩
26	柯依那 Koyna	印度	103	100	27.96	1961.06		1962 初	1967.12.10	6.5	8	2.3	下游		玄武岩	玄武岩
27	塞菲德洛德 Sefidrolld	伊朗	106	80	18	1962.01		1968.08	1968.08.02	4.7					火山岩	火山岩
28	卡斯特拉基 Kastraki	希腊	95		1.0	1969.01		1969.03	1969.03	4.6						
29	基尼萨尼 Kinarsani	印度	61.8			1965.06		1965	1968.04.13	5.3			距库中心 14km		玄武岩	玄武岩

续表

序号	库名	国别	坝高（m）	水深（m）	库容（亿 m^3）	蓄水日期	达最高水位日期	首震日期	最大地震			震中区			岩性	
									时间	M_S	h（km）	Δ_1 距大坝	Δ_2 距库岸	h（m）	坝区	震中区
30	圣路易斯 San Luis	美国	116	104	2518	1967		1969.01	1969.06	2.5					粗碎屑岩	沉积岩
31	南水 Nanshui	中国	81.5	75	10.5	1969.02	1970.7	1969.06	1970.02.26	2.4		10	库内	20	石英砂岩	石灰岩
32	格兰卡赖窗 Grancareuo	南斯拉夫	123	105	12.8	1967.11		1967.12	1970	3.0		1-5	库内		石灰岩	石灰岩、岩溶发育
33	亨德里克韦尔沃德 Hendrik Verwerd	南非	88	55	59.33	1970.09		1971.02	1971.3	2.5	3.6		库内		粗玄岩	砂岩、页岩、泥岩
34	卡皮西里卡乔伊拉 KapivariCacheeira	巴西	61	58	1.8	1970.07	1972.01	1971.02	1971.05.21	<3					花岗岩、片麻岩	花岗岩、片麻岩
35	乌德朗 Vouglans	法国	130	112	60.3	1968		1971.06	1971.06.21	4.5					石灰岩	石灰岩
36	小河 Little River	美国	53	46	11.23	1969.10		1969.12	1971.07.13	3.2	2.5		库尾 2km		变质岩	角闪岩、片麻岩、花岗片麻岩

续表

序号	库名	国别	坝高（m）	水深（m）	库容（亿 m^3）	蓄水日期	达最高水位日期	首震日期	最大地震			震中区			岩性	
									时间	M_S	h（km）	Δ_1 距大坝	Δ_2 距库岸	h（m）	坝区	震中区
37	平头 Plat Head Lake	美国	57	54	15	1958		1964.10	1971.07.28	4.9					黏板岩	变质沉积岩
38	前进 QianJin	中国	50	44	0.16	1970.05		1971.10	1971.10.20	3.0	2.3	2.0	库尾		白云质灰岩	白云质灰岩
39	卡尤鲁 Cajuru	巴西	22	20.7	1.92	1954		1970.12	1972.01.23	4.7	<1.5		库外		片麻岩	片麻岩
40	阿尔门德拉 Almemdra	西班牙	202	186	26.5	1971.04		1972.01	1972.06.16	3.2					花岗岩	花岗岩
41	他宾戈 Talbingo	澳大利亚	162		92.1	1971.05	1972.01	1971.05.19	1972.07	3.5	<3		库岸附近		流纹岩	流纹岩
42	穆拉 Wula	印度	68	44	7.36	1972.01	1972.08	1972.09.01	1972.09.01	1.0	<1				玄武岩	火山岩
43	柘林 Zhelin	中国	63.5	47.5	79.2	1972.01.30	1972.10 1973.06	1972.06	1972.10.14	3.2	3-6	22	<2	20	砂砾岩	石灰岩
44	努列克 Nurek	塔吉克斯坦	300	(104) 285	105	1972.04	1972.11 1979	1972.11	1972.11.06	4.5					石灰岩	石灰岩
45	乌凯 Ukai	印度	81	65.6	81	1971		1972	1972	3.0	很浅				火山岩	火山岩
46	塔尔宾哥 Talbingo	澳大利亚	162	142	9.21	1971.05		1971.06	1973.01.06	3.5		<1	库岸左边		流纹凝灰岩	流纹岩、花岗岩
47	斯利吉斯 Schlegels	奥地利	131	113	1.29	1971.05		1971.09	1973.04	2.0	极浅		岸边		片麻岩	花岗岩、片麻岩

续表

序号	库名	国别	坝高(m)	水深(m)	库容(亿 m^3)	蓄水日期	达最高水位日期	首震日期	最大地震			震中区			岩性	
									时间	M_S	h(km)	Δ_1 距大坝	Δ_2 距库岸	h(m)	坝区	震中区
48	安德森 Anderson	美国	77		1.1	1950			1973.10.03	4.7	5					
49	丹江口 Danjiangkou	中国	97	81.5	162	1967.11	1973.10	1970.01	1973.11.29	4.7 4.2 4.6	6	37	1.0	35	闪长粉岩、片岩红层	石灰岩
50	波托哥伦比亚 Portacolumbia	巴西	53	50.4	14.6	1973.04		1974.02.24	1974.02.24	5.1			库内		玄武岩	玄武岩
51	买加 Micacreet	加拿大	242	191	247	1973.03		1973.10	1974.05.01	4.5	12–15				花岗片麻岩云片岩	变质岩
52	凯班 Keban	土耳其	207	182	306	1973.05		1973.06	1974.06	3.5					结晶灰岩、大理岩	大理岩、溶洞10–8m–3
53	南冲 Nanchong	中国	41	33	0.16	1969		1970.05	1974.07.25	2.8	2.3–3.7	2.5	2.0	0	石英砂岩	石灰岩
54	克拉克希尔 Clark Hill	美国	61	54	30.96	1952.09		1969.03	1974.08.02	3.8	1.0	43	<3	<15	泥板岩、云母片岩	白云母片岩、角闪石、片麻岩
55	埃莫松 Emosson	法国	180	170	2.3	1973.05		1973.12	1974.08	2–3	极浅		库内		片麻岩	片麻岩

续表

序号	库名	国别	坝高（m）	水深（m）	库容（亿 m^3）	蓄水日期	达最高水位日期	首震日期	最大地震			震中区			岩性	
									时间	M_S	h（km）	Δ_1 距大坝	Δ_2 距库岸	h（m）	坝区	震中区
56	戈登 Gordon	澳大利亚	140	128	135	1974.04		1974.08	1974.08	2.0					前寒武纪变质岩	千枚岩
57	黄石 Huangshi	中国	40.5	34.2	61.2	1970.03 1973	1973.06	1973.05.01	1974.09.21	2.3<2		12	库尾	<5	泥质条带灰岩、泥页岩	厚层灰岩、泥页岩
58	参窝 Shenwo	中国	50.3	36	7.9	1972.011	1973.10 1974.10	1973.02.15	1974.12.22	4.8	6	20	1-2	<10	混合岩、片麻岩	混合岩
59	契尔盖 Chikey	阿塞拜疆	233	205	27.8	1974.08		1974.10	1974.12.23	4.9	5	5-7			灰岩、泥灰岩	灰岩夹泥炭岩
60	斧房 Karmafuss	日本	46	42.3	0.45	1970.02		1970.04	1975.08.26	4.6	<3	2	库内		英安岩	火山凝灰岩
61	安格斯图拉 Angosturas	墨西哥	146	92					1975.10.07	5.5					灰岩、泥灰岩、页岩	J-K 碳酸盐岩
62	马尼克 3 Maniecougan3	加拿大	108	96	104.2	1975.08.05		1975.09.16	1975.10.22	3.6	1.5	8	库内		粗粒斜长岩	正负片麻岩
63	乔卡西 Jocasse	美国	133	107	14.3	1971.04		1971.07	1975.11.25	3.2	<4		库内		片麻岩	片麻岩
64	依都基 Idukki	印度	169	166	19.96	1975		1975	1977.07.02	3.5					片麻岩、花岗岩	片麻岩、花岗岩

续表

序号	库名	国别	坝高（m）	水深（m）	库容（亿 m^3）	蓄水日期	达最高水位日期	首震日期	最大地震			震中区			岩性	
									时间	M_S	h（km）	Δ_1 距大坝	Δ_2 距库岸	h（m）	坝区	震中区
65	托克托古尔 Toktogul	吉尔吉斯斯坦	215	185	195	1972		1977. 10	1977. 10	2. 5	2. 5	大坝附近	库内	<5	石灰岩	石灰岩
66	帕来廷加 Paraitinga	巴西	104	90	47. 4	1976		1976. 12	1977. 11. 16	3. 4	<1		库内		花岗岩、片麻岩	花岗岩、片麻岩
67	恰尔瓦克 Charuak	哈萨克斯坦	168	130	20	1973		1975	1977. 12. 06	5. 0	2–5	3–7	库内		石灰岩	石灰岩
68	伊特基特基 Itcqhitozhi	赞比亚	70	62	57	1976. 05		1978. 05	1978. 05. 13	4. 2					花岗岩	花岗岩
69	蒙蒂塞洛 Monticuo	美国	52	49	0. 5	1977. 12	1978. 03	1977. 12	1978. 10	2. 1	1. 5	库内左岸			辉绿岩	石英二长岩
70	普卡基 Pukaki	新西兰		108	100	1955	1979. 04	1976. 06	1978. 12. 17	4. 1	4	8	左岸		砾石、冰积物	冰积物、砂岩
71	大迪克逊 GrandeDix-once	瑞士	285	255	4	1962		1975. 06	1979. 03. 04	2. 0					片岩	J–K 期片岩
72	卡皮瓦拉 Capiuara	巴西	60	55	105	1976. 01		1976. 01. 25	1979. 03. 27	4. 0			库边		玄武岩	玄武岩
73	新店 XinDian	中国	26. 5		0. 29	1974. 04	1979 底	1974. 07. 16	1979. 09. 15	3. 7	很浅	4. 5	库内		砂岩	石灰岩
74	乌溪江 Wuxijiang	中国	129	111	20. 6	1979. 01. 12	1979. 10	1979. 05	1979. 10. 07	2. 8	0–2. 7	20	<1	30	流纹熔岩	次火山岩、凝灰熔岩

续表

序号	库名	国别	坝高（m）	水深（m）	库容（亿 m^3）	蓄水日期	达最高水位日期	首震日期	最大地震			震中区			岩性	
									时间	M_S	h（km）	Δ_1 距大坝	Δ_2 距库岸	h（m）	坝区	震中区
75	英古里 Inguri	格鲁吉亚	272		11	1976.04		1976.05	1979.10.21	4.3	4–5	2–5	下游		石灰岩、白云岩	石灰岩
76	塔维拉 Taverares	多米尼亚	82		1.7	1961.08		1980.06	1980.11	2.4		60	库尾			
77	斯里那卡林 Srinakarim	泰国	140		177.5	1978	1982		1983.04.22	5.9	10	50	库尾左岸			
78	拉格兰德 3 Lagrande 3	加拿大	93		600.2	1981.04		1981.06	1983.04.24	3.4	<1				花岗片麻岩	花岗片麻岩
79	巴萨 Bhatsa	印度	89	82	9.15	1977.06		1983.05	1983.09.15	4.8		7	（7）	52	玄武岩	玄武岩
80	邓家桥 Dengjiaqiao	中国	13	10	0.04	1979.12		1980.08.01	1983.10.03	2.2	3		左岸库边	<10	石灰岩	层状熔融灰岩
81	盛家峡 Shengjiaxia	中国	35	<30	0.045	1980.11		1981.11	1984.03.07	3.6	2.5	<1	库区		花岗岩	花岗岩
82	斯里拉姆萨加	印度	43	40	32	1982	1983.08	1984.06	1984.07.21	3.2						
83	高兰姆	泰国		90	88.6	1984.06			1985.01	4.5					碳酸盐岩	碳酸盐岩
84	古里 Guri	委内瑞拉	162		1350	1985.05		1985.08	1989.06	3.6					花岗岩	花岗岩、片麻岩、砂岩

续表

序号	库名	国别	坝高（m）	水深（m）	库容（亿 m^3）	蓄水日期	达最高水位日期	首震日期	最大地震			震中区			岩性	
									时间	M_S	h（km）	Δ_1 距大坝	Δ_2 距库岸	h（m）	坝区	震中区
85	鲁布革 Lubuge	中国	103		1.11	1988.11.21		1988.11.25	1988.12.17	3.1	1.5	2.3	库边	45	石灰岩、白云岩	中厚层灰岩
86	龙羊峡 Longyangxia	中国	78	148.5	247	1986.10	1989.11	1989.11	1989.11.28	3.1	2.5–7.4	3–8	库边		花岗岩	变质砂岩、花岗岩
87	东江 Dongjiang	中国	157	150	81.2	1986.08.02		1987.11	1991.03.02	2.5	0.5	4–9	左岸		花岗岩	灰岩夹砂岩
88	乌江渡 Wujiangdu	中国	165	134.2	23	1879.11.20		1980.06	1992.05.20	3.5	<2	60	库尾		石灰岩夹页岩、黏土层	石灰岩夹页岩、黏土层
89	铜街子 Tongjiezi	中国	74		3	1992.04.05	1992.08	1992.04.17	1992.7.17	2.9	1.2	8	大坝附近		灰岩、玄武岩	灰岩、玄武岩
90	大化 Dahua	中国	74.5	48	4.2	1982.05.27		1982.06.04	1993.06.10	4.5	1–7	5	右岸附近		泥岩、泥灰岩	碳酸盐岩
91	隔河岩 Geheyan	中国	151	121	34	1993.03	1993.05	1993.04.01	1993.05	2.6	<10	40	<4	0	灰岩	白云岩、灰岩
92	岩滩 Yantan	中国	110	70	24.3	1992.03.19	1993.07	1992.03.19	1994.06.21	2.9	1–7	3	岸边附近		辉绿岩	火成岩
93	阿库 Assu	巴西	31	~31	2.4	1985			1994.08.26	3.0			库内或库缘		花岗岩、片麻岩	花岗岩、片麻岩
94	漫湾 Manwan	中国	132		10.6	1993.03	1994.12	1993.10	1994.11.05	4.1			库尾	<10		

续表

序号	库名	国别	坝高（m）	水深（m）	库容（亿 m^3）	蓄水日期	达最高水位日期	首震日期	最大地震			震中区			岩性	
									时间	M_S	h（km）	Δ_1 距大坝	Δ_2 距库岸	h（m）	坝区	震中区
95	东风	中国	173		10.25	1994.04.06	1994.08.10	1994.05	1995.03.31							
96	新蓬蒂	巴西	142	132	128	1993.10	1995.03	1994.01	1998.05.22	4.0			<5		玄武岩、片麻岩	玄武岩、片麻岩
97	塞拉达姆萨	巴西	150	146	544	1996.10		1997.10	1999.06.13	2.2			<10		花岗岩、片麻岩	花岗岩、片麻岩
98	米达兰	巴西	85	82	11.4	1997.08	1997.09	1998.04.07	2000.05.06	3.3			库岸附近		玄武岩、片麻岩	玄武岩、片麻岩
99	珊溪	中国	156.8	154.8	18.2	2000.05.12	2005.09	2002.07.28	2006.06.09	4.1	2–6	30	3	0	前震旦纪变质岩	前震旦纪变质岩
100	意拖意兹 Itoiz	西班牙	111		(0.7) 1.9	2004.01	2004.03 2005.03	2004.09.16	2004.09.18	4.6	3–9	4	下游		砂岩、页岩	砂岩、页岩
101	水口 ShuiKou	中国	101	57	23.4	1993.03.11	1994.07	1993.05.23	2008.03.06	4.4	4	15	<2		花岗岩	花岗岩
102	三峡 Sanxia	中国	185	160	393	2003.05		2003.06.07	2013.12.16	5.1	5	30	2.5		花岗岩闪长岩、岩溶发育	花岗岩闪长岩、岩溶发育
103	龙滩 Longtan	中国	220	194	273	2006.10	2006.11 2008.11	2006.10	2010.09.14	4.3	2	40	1–2		灰岩、砂岩	灰岩、砂岩

续表

序号	库名	国别	坝高（m）	水深（m）	库容（亿 m^3）	蓄水日期	达最高水位日期	首震日期	最大地震			震中区			岩性	
									时间	M_S	h（km）	Δ_1 距大坝	Δ_2 距库岸	h（m）	坝区	震中区
104	龙坎宾 Cueubene	澳大利亚	116	106	47.98	1958.05		1959.05.15	1959.05.18	5.0			20		变质粉砂岩、石英岩	闪长花岗岩
105	曼格拉 Magla	巴基斯坦	138	104	72.5	1967.02		1967.03	1967.05.28	3.6					砂页岩	砂页岩、黏土岩
106	佛子岭 Foziling	中国	74.4	70	85	1954.06		1954.12	1973.03.11	4.5	4-8	12	>10		花岗岩、片岩	大理岩
107	瓦拉根巴 Waragamba	澳大利亚	137	104	20.57	1960		1973.03	1973.09	5.4					砂岩、灰页岩	
108	奥洛威尔 Oroville	美国	230	204	42.97	1967.11	1969.07	1975.05	1975.08.01	5.4	5.5	11	下游		绿色片岩	变质火山岩
109	石泉 Shiquan	中国	65		4.7	1972.01		1973.09	1978.02	4.2	27	16			黑云母石英片岩	黑云母石英片岩
110	曾文 Zhengwen	中国台湾	133	123.5	8.9	1973.04		1973.09	1978.06	3.7	<2.5		库外		砂岩	砂页岩
111	阿斯旺 Aswan	埃及	111	97	1689	1964	1978.11	1975	1981.11.14	5.6	10	70	库左岸	15	片麻岩、花岗岩	砂岩、花岗岩
112	贾瓜里 Jaguari	巴西	67	53	15	1964.12			1985.12.17	3.0			库边缘		花岗岩、片麻岩	花岗岩、片麻岩
113	克孜尔 Kezier	中国	41.6		6.4	1989.09		1989.10	1993.11.22	4.1		20	<10		沉积岩	沉积岩

续表

序号	库名	国别	坝高（m）	水深（m）	库容（亿 m^3）	蓄水日期	达最高水位日期	首震日期	最大地震			震中区			岩性	
									时间	M_S	h（km）	Δ_1 距大坝	Δ_2 距库岸	h（m）	坝区	震中区
114	皎口 Jiaokou	中国	67.4		1.2	1973.05		1993.02	1994.09.07	4.2	20				块状溶解凝灰岩	
115	二滩 Ertan	中国	240		58	1998.05.01	1998.07	1998.05	1998.08.23	1.4	7					
116	昭通渔洞 Yudong	中国		87	3.64	1997.06		1997.07	1999.01	1.7						
117	大桥 Daqiao	中国	93		6.85	1999.05.20	2001.09.13	2001.09.11	2002.03.03	4.1	15	3				
118	大朝山 Dachaoshan	中国	111		9.4	2001.11			2003.03	3.6						
119	Irape	巴西	208	137		2005.12.07		2005.12.08	2006.05.14	3.0				200	石英岩、变玄武岩	
120	云鹏 Yunpeng	中国			3.7	2006.01			2007.05	3.6						
121	紫坪铺 Zipingpu	中国	156	120	11.12	2005.09.30	2006.10	2005.10	2008.02	3.3					碎屑岩、碳酸盐岩	碎屑岩、碳酸盐岩

第 2 章　水库蓄水对库区地震活动的影响

“库区”是水库地震研究中经常出现的用语，但其含义往往有些模糊。有些人仅指库岸以内的库水淹没区，有些人则将库岸外围一定的区域包含在内。本书根据国家标准《水库地震监测技术要求》中的定义，将水库正常蓄水位淹没的范围称为“水库区”，将水库区及其外延 10km 的范围称为“水库影响区”，在统计分析时，统一取“水库影响区”内的地震进行统计。

库区地震活动对水库蓄水的响应包括响应的强度、快慢、持续时间等。正如第 1 章所述，近几十年来对这些基本问题的研究已经取得了一些重要的进展。但由于不同人所使用的统计分析“样品”及分析方法有别，所得到的认识既有共同点，又有某些差异。鉴于如第 1 章所述，对已报道的有些水库地震是否与水库蓄水有关仍有不同认识，因此我们以目前公认的蓄水后发生的水库地震的水库，即第 1 章表 1.2 中前 103 个水库的数据、资料为主要依据，对库区地震活动对水库蓄水响应的一些基本问题进行统计分析研究。

2.1　影响水库地震最大强度的可能因素

从服务于做好库区防震减灾工作，保障大坝安全和社会公共安全考虑，在水库地震的研究中，人们关心的首要问题是如果水库蓄水后发生了水库地震，最大的强度可能多大？这属于水库地震危险性评估问题，但正如第一章所述，不论采取哪种具体的评估方法，其关键在于弄清影响水库地震强度的可能因素及各因素的主次作用。综观国内外有关这方面的研究，其可能的影响主要包括库水深度、库容和库区地震构造背景等。本节将首先逐一对这些可能的影响因素的作用作具体分析，然后作简要的综合评论。

2.1.1　水库地震的最大强度与库水深度的关系

在根据第 1 章表 1.2 对水库地震的最大地震震级 M_{max} 与库水深度 h 的关系进行统计分析时，遇到以下三个问题，我们分别作了相应的处理：

首先，在 103 个水库中，有 16 个水库仅给出坝高，而未给出库水深度。如果将其舍弃，本已有限的统计分析样品的数量减少，可能降低统计分析结果的可信度。我们根据第 1 章表 1.2 坝高 H 与库水深度 h 的统计分布，作了如下规定：对 $H<50$m 的水库，视 h 接近于坝高 H；$50\leqslant H\leqslant 110$m 的水库，将 $H-10$m 视为 h；对 $110<H\leqslant 150$m 的水库，将 $H-20$m 作为 h；对 $H>150$m 的水库，将 $H-30$m 作为库水深度 h。考虑到统计分析只能给出不同库水深度范围的统计分析结果，这一近似的假定对统计分析结果不会产生大的影响。

其次，有些水库或分期蓄水，或蓄水—排空交替进行，且最大地震并不在满库时发生。

这时将最大地震发生的蓄水期库水的深度作为统计分析的数据。如努列克水库，满库时库水深度达 285m，但最大地震在库水深度仅为 104m 左右的第一个蓄水期里发生。故将 104m 作为统计分析时的 h 值；第 1 章表 1.2 中 Itoiz 水库只给出两期蓄水的“库容”（$0.7\times10^8\text{m}^3$ 和 1.9m^3）和坝高 H（119m），按两期蓄水库容的比例和坝高作近似的估计，将第一期蓄水（最大地震在该期里发生）的库水深度近似为 40m 左右。

在作了以上预处理后，将第 1 章表 1.2 中前 103 个水库的 M_{max}-h 关系标绘于图 2.1 中。

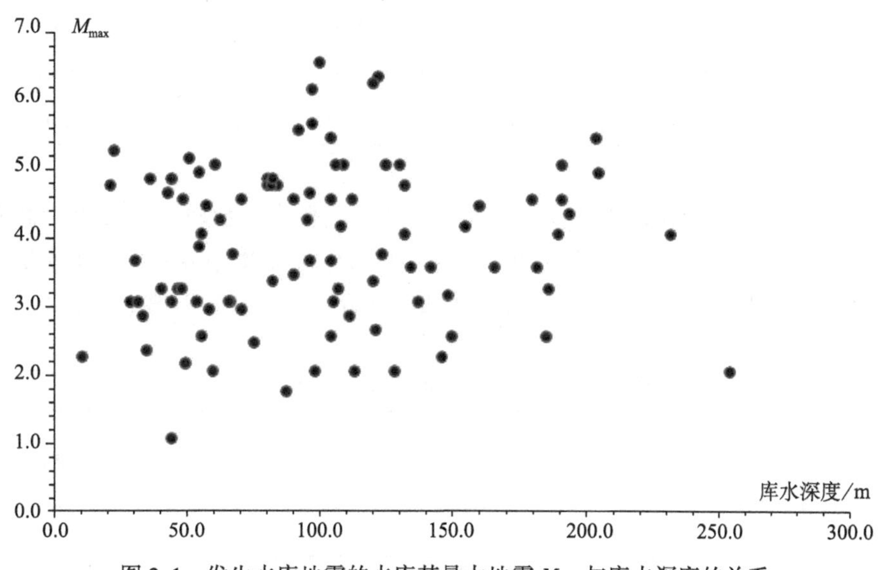

图 2.1　发生水库地震的水库其最大地震 M_{max} 与库水深度的关系

图 2.1 表明，最大地震的强度 M_{max} 与库水深度的关系是很复杂的。并非库水越深，水库地震强度越大，且库水深度相近的水库，最大地震的强度可能彼此相差较大。实际上第 1 章表 1.2 已展示，有些水库水很深，但地震强度并不大，如瑞士大迪克逊（Grandedixonce）水库，h 达 255m，但 M_{max} 仅为 2.0 级。西班牙阿尔门德拉（Almendra）水库库水深度达 186m，但 M_{max} 仅为 3.2 级。而美国门多西诺（Mendocino）水库库水深度仅 22m，但最大地震竟高达 5.2 级。尽管存在 h 大，M_{max} 小和 h 小，M_{max} 大的现象，但图 2.1 表明，两者的关系并非无序可循。在图示的四个深度区间里，不同 M_{max} 的分布仍明显有别，表 2.1 给出了相应的统计分析结果。

表 2.1 中最后一列的 P' 为库水深度在某深度范围的水库数目 N 占统计分析的水库总数目（103 个）的百分比，这里不妨称其为“本底概率”。例如，库水深度在 10~50m 深度范围的水库 21 个，“本底概率”为 21/103=20.4%；表中其他各列的 P 为最大地震 M_{max} 在某一震级区间，某库水深度范围的水库数目 N 占 M_{max} 在该震级区域的地震总数目的百分比。例如，有 26 个水库诱发的 $M_{max}\leqslant3.0$ 级，其中在 10~50km 库水深度范围内的 6 次，$P=6/26=23.1\%$。

表 2.1　诱发地震的水库 M_{max}-h 分布的关系

M_{max} / N、P / h/m	<3.0		3.0~3.9		4.0~4.9		5.0~5.9		≥6.0		合计	
	N	P (%)	N	P (%)	N	P (%)	N	P (%)	N	P (%)	N	P' (%)
10~50	6	23.1	9	32.1	5	14.3	1	10.0	0	0	21	20.4
51~90	7	26.9	7	25.0	12	34.3	3	30.0	0	0	29	28.2
91~130	9	34.6	5	17.9	9	25.7	5	50.0	4	100.0	32	31.0
>130	4	15.4	7	25.0	9	25.7	1	10.0	0	0	21	20.4
合计	26	100.0	28	100.0	35	100.0	10	100.0	4	100.0	103	100.0

表 2.1 中 P 的数值下划横线“_”的表示与“本底概率”比较，发震的“概率”相对较高，P-P'为 210%。鉴于 M_{max}≥5.0 和 M_{max}=4.0~4.9 级及 M_{max}<4.0 级的水库地震所造成的社会影响明显有别，因此依表 2.1 作进一步的统计分析，将其结果列于表 2.2。

表 2.2　M_{max}-h 关系的 P-P'（%）分布

M_{max} / h/m	<4.0	4.0~4.9	≥5.0
10~50	7.4	-6.1	-13.3
51~90	-2.3	6.1	-6.7
91~130	-5.1	-5.3	50.7
≥130	0	5.3	-13.3

表 2.1 和表 2.2 表明，M_{max}=4.0~4.9 级和 M_{max}<4.0 级地震发生于不同库水深度范围水库的“概率”相差不大，P-P'都在±10.0%之内。而 M_{max}≥5.0 级地震则不然，发生于 91~130m 库水深度范围的水库占绝对的优势。在统计分析的 103 个水库中，有 14 个水库蓄水后发生了 M_{max}≥5.0 级地震，只占水库总数的 13.6%，但这 14 个水库中，库水深度在 91~130m 的达 9 个，占 64.3%，相应的 P-P'=50.7%。尤其是 4 次 M_{max}大于 6.0 级地震都发生在 91~130km 的库水深度范围，因此在评估水库蓄水是否可能诱发 M_{max}≥5.0 级的破坏性地震时，库水深度是必须考虑的一个重要因素。

2.1.2　水库地震的最大强度与库容的关系

在根据第 1 章表 1.2 研究水库地震的最大地震强度与库容的关系时，也遇到两个问题，我们分别作了如下处理：

首先，有些水库分期蓄水，或蓄水—排空交替进行，且最大地震并不在满库前后发生，这时将发生最大地震的蓄水期库水的体积作为库容 V，但除 Itoiz 水库给出两期蓄水的库水体积外，其他此类水库缺乏分期蓄水的库水体积数据，只好根据库水深度作相应的估计。如努列克水库，满库时库容 V 为 $105\times10^8\text{m}^3$，两期蓄水的库水深度分别为 104m 和 285m，最大地震在第一期蓄水时发生。因此将$\frac{104}{285}\times105\approx38.3\times10^8\text{m}^3$ 近似作为统计分析的 V。

其次，库容 V 指的是水库蓄水达满库时的库水体积，但最大地震并不一定在满库时发生。类似分析 M_{max}-h 的关系时一样，对有水位曲线表明最大地震在满库前后发生的，近似将第 1 章表 1.2 中给出的满库时的库容 V 作为统计分析的数据。对没有给出水位曲线的水库，视为最大地震可能在满库前后发生处理。

在作了以上预处理后，将第 1 章表 1.2 中 M_{max}为水库地震的可能性较大，且有库容数据的 100 水库的 M_{max}-V 标绘于图 2.2 中。横坐标为 lg$V$，单位为 10^6m。

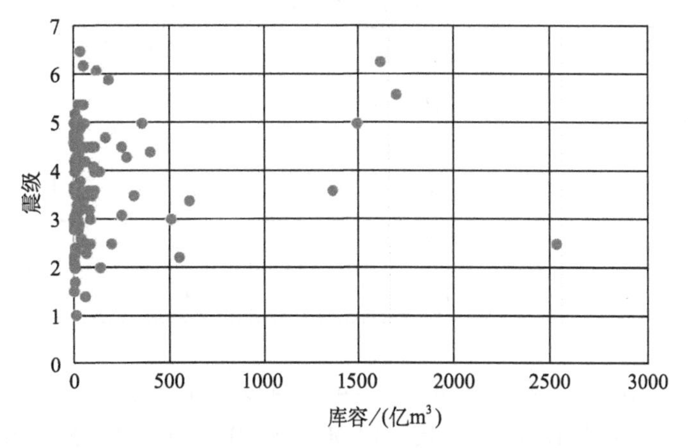

图 2.2　诱发地震的水库其最大地震 M_{max}与库容的关系

图 2.2 表明，水库地震的最大强度 M_{max}与库容 V 的关系很复杂，并非库容越大，诱发的地震强度越大。有些水库，库容很大，但地震的强度很小。例如，加拿大马尼克Ⅲ水库库容达 $104.2\times10^8\text{m}^3$，但最大地震强度仅为 3.6 级；印度帕拉姆比库拉姆水库库容达 $504\times10^8\text{m}^3$，但最大地震仅为 3.0 级；澳大利亚戈登水库库容达 $135\times10^8\text{m}^3$，但最大地震仅为 2.0 级；而有些水库库容不大，地震强度却较大，例如，希腊马拉松水库库容仅 $0.4\times10^8\text{m}^3$，却发生了 5.0 级地震；美国门多西诺水库库容也仅 $1.21\times10^8\text{m}^3$，但发生了 5.2 级地震。图 2.2. 还表明，库容相近的水库所诱发的地震强度多相差较大。尽管如此，M_{max}-V 的关系也并非杂乱无章，不同库容区间的水库 M_{max}的分布仍然有别。依此将其分为图示的三个区间，并将统计结果列于表 2.3。

表 2.3 中 P 和 P'的含义与表 2.1 类同。这里不妨类似分析 M_{max}-h 关系一样，把相对于本底概率的结果列于表 2.4。

表 2.3 诱发地震的水库 $M_{max}-V$ 分布的关系

M_{max} / N、P' / h/m	<3.0		3.0~3.9		4.0~4.9		≥5.0		合计	
	N	P (%)	N	P (%)	N	P (%)	N	P (%)	N	P' (%)
<1	4	15.4	4	14.8	5	14.3	1	8.3	14	14.0
1~25	14	53.8	11	40.7	18	51.4	4	33.3	47	47.0
>25	8	30.8	12	44.5	12	34.3	7	58.4	39	39.0
合计	26	100.0	27	100.0	35	100.0	12	100.0	100	100.0

表 2.4 $M_{max}-V$ 关系的 $P-P'$ 分布

M_{max} / $P-P'$ / $V/(\times10^8m^3)$	<4.0	4.0~4.9	≥5.0
	$P-P'$ (%)	$P-P'$ (%)	$P-P'$ (%)
<1	1.1	0.3	-5.7
1~25	0.2	4.4	-13.7
>25	-1.3	-4.7	19.4

由表 2.4 可以看出 M_{max}<4.0 级和 M_{max} = 4.0~4.9 级地震发生于不同库容范围水库的“概率”相差不大，$P-P'$都在 5.0%之内，但 M_{max}≥5.0 级地震则不然，发生于库容 $V>25\times10^8m^3$ 水库的占显著的优势，$P-P'$达 19.4%，在统计分析的 12 个 M_{max}≥5.0 级（第 1 章表 1.2 中，序号 29 和序号 61 的水库因缺库容数据，在分析 $M_{max}-V$ 关系时未纳入）中有 7 个地震发生于该库容区间，尤其是 4 次大于 6 级和 1 次 5.9 级地震都落在该库容区间里。从这个意义上来说，库容是影响水库地震强度的重要因素之一，尤其是在评估水库蓄水后是否可能诱发 M_{max}≥5.0 级的破坏性地震时，库容是必须考虑的一个重要因素。

2.1.3 水库地震的最大强度与库区地质构造背景的关系

国内外许多研究认为水库地震危险性的大小不仅与库水深度、库容有关，而且与库区断裂构造（规模、断层力学性质）和岩层岩性等地质构造背景有关。例如，夏其发（1992）对 93 个发生了水库地震的水库作了统计分析，指出其中 1/3 左右的水库蓄水后发生了 M_{max}≥4.5 级地震，这些地震大部分发生在具有区域性或地区性断裂带通过的库区。McGarr 等（1997）进一步强调，对一些发生了强度为 5 级的水库来说，水库附近一定存在适当大小的能够产生这种强度地震的断层。根据国内外已有水库地震震例的报道，这似乎是无可置疑的。问题在于根据国内外已有研究，一次 5 级地震，断层尺度仅几千米，而已报道的水库，绝大多数库区都存在这种小尺度，甚至几十千米、上百千米长度的构造断裂带。第 3 章将对这一问题作进一步的讨论。这里只能说，库区存在适当规模的活动断层是水库蓄水后可能发生 5 级以上水库地震的必要条件，但不是充分条件。关于水库地震的强度与库区岩性的关系也有不少人作了统计分析。例如，夏其发（1992）对 93 个发生了水库地震的水库作了分析，指出 16 个 M_{max}≥5.0 级地震，发生于块状岩体的有 8 个，发生于碳酸盐岩体的有 6 个，而发生于层状岩体的仅 2 个，依此认为块状岩体发生 5 级以上地震的概率较高；李华晔（1999）对 13 个发生了 M_{max}≥5.0 级水库地震的水库作了分析，指出发生于火成岩体的有 6 个，发生于沉积岩体的有 5 个，而发生于变质岩体的仅 2 个。表明火成岩和沉积岩体的库区发生 5 级以上水库地震的概率较高。对此，这里要指出以下三点：

首先，不论是研究者统计分析的水库，还是已报道的发生水库地震的水库，不同岩性的水库数目有别，仅根据不同岩性库区发生 5 级以上地震的数目，难以合理地对水库地震的强度与库区岩性的关系作出判断。

其次，库区不同部位，岩层及岩性往往有别。如第 1 章表 1.2 所示，有些水库坝区与最大地震震中区的岩性相同，有些则明显有别。且同一部位不同层位岩层的岩性也可能明显有别，显然在统计分析时，怎样合理选取岩性，本身是值得研究的问题。

再次，不同的研究者因对岩性的分类有别，统计分析的样品也有别，这也可能对统计分析结果产生一定的影响，使不同人所给出的统计分析结果存在一定的差别。

针对上述问题，在研究水库地震的最大强度与库区岩性的关系时，我们作了以下两方面的约定：

首先，采用丁原章（1989）对岩性的分类，将其分为质地坚脆和质地柔软两大类。前一类包括花岗岩、致密的火山岩、大理岩，片麻岩、石灰岩和沉积岩等。这类岩石介质具有较高的脆性，岩体中的断裂、节理较发育，具有较好的渗透性，有利于库水的渗透扩散。后一类包括泥岩、页岩、千枚岩、板岩和变质岩等。这类岩石介质具有较大的塑性，裂隙、节理一般不太发育，贯通性也较差，甚至可能为良好的隔水层。

其次，优先考虑最大地震震中区介质的岩性。这主要是基于第 4 章将论述的库水渗透扩散是导致震源区介质孔隙压力增大，介质强度降低的基本认识。若震中区既有质地坚脆的岩层，又有质地柔软的岩层，一律将其划归质地柔软类。此外，第 1 章表 1.2 中有些水库，未标注震中区岩性，这里假定其岩性与坝区类似。

第 1 章表 1.2 中公认的蓄水后发生水库地震的 103 个水库中，有 8 个水库缺乏库区岩性资料，表 2.5 给出了按上述约定，对 95 个水库的统计分析结果。

表 2.5　水库地震的最大强度 M_{max} 与震中岩性的关系

M_{max} / N、P、P' / 岩性	<3.0		3.0~3.9		4.0~4.9		≥5.0		合计	
	N	P (%)	N	P (%)	N	P (%)	N	P (%)	N	P' (%)
质地坚脆	19	76.0	21	84.0	23	71.9	11	84.6	74	77.9
质地柔软	6	24.0	4	16.0	9	28.1	2	15.4	21	22.1
合计	25	100.0	25	100.0	32	100.0	13	100.0	100	100.0

表2.5中P和P'的含义与表2.1、表2.3类同。由表2.5可以看出，不论是对质地坚脆，还是质地柔软的库基水库、也不论是M_{max}位于哪个震级区间，$P-P'$都不大，都在±10%以内。因此认为，水库地震的最大强度M_{max}与库基岩石没有明显的依赖关系。

此外，有些研究还认为水库地震的最大强度M_{max}与库水持续作用时间的长短有关。例如，Talwani（1997）认为库水长时间的变化可能会发生更深层次、跟高强度的水库地震；Drakatos等（1998）认为高水位的持续时间是影响水库地震强度的因素之一。而Gupta（1992）认为两者之间没有明显的相关性。第1章表1.2所提供的最大地震发生时间与水库开始蓄水之间的时间差，以及后面将论及的库水水位变化与库区地震活动的关系都表明，这两者之间没有明显的相关性。这里不作具体的赘述，仅指出二者存在相关性的结论，将会误导出水库蓄水后，随着时间的推移，地震危险性越来越大的结论。

综上所述，在国内外已有研究指出的可能影响水库地震强度的各种因素中，库区的岩性及库水作用的持续时间与水库地震的最大强度之间没有明显的相关性。库区断裂构造、库水深度、库容可能是影响水库地震最大强度M_{max}大小的主要因素。这里有必要强调以下三点：

首先，库区断裂构造是水库地震发生的构造背景。$M_{max}\geqslant5.0$级水库地震都是发生在地震活动断裂上。但具有发生5级以上地震断裂构造背景的水库，在水库蓄水之后是否可能诱发5级以上地震尚与其他因素，尤其是水库蓄水前库区的应力状态有关。

其次，库水深度和库容只是影响水库地震强度的可能因素，其关系也是很复杂的，绝不是说，库水越深，库容越大，水库地震的最大强度M_{max}也越大。且库水深、库容大的水库蓄水后是否发生$M_{max}\geqslant5.0$级地震尚与库区断裂构造及库区本身的应力状态等有关。

再次，库容的大小与库水深度之间有一定的相关性，但并非库水越深，库容越大，也并非库容越大，库水一定越深。如第1章表1.2所示，意大利瓦让水库属高山峡谷型水库，设计库水深度达232m，但库容仅$1.7\times10^8m^3$。而印度的乌凯水库，库容达$81\times10^8m^3$，但库水深度仅65.6m。库容的大小不仅仅依赖于库水深度，而且与库水区的面积、地形地势等有关，因此，这里把库容与库水深度都作为相对独立的可能影响因素，但其作用小于库水深度。

虽然，当上述三个可能的主要影响因素：库区断裂构造、库水深度、库容呈特殊组合，即存在发生5级以上地震的活动断层，且库水很深、库容很大时，水库蓄水后，发生$M_{max}\geqslant5.0$级地震的危险性相对较大些。如果我们将库水深度$h>90m$，且库容$V>25\times10^8m^3$的水库称为特大型水库，并暂不顾及断裂构造背景，表2.6给出了相应的统计分析结果。

表2.6中P的含义与表2.1、表2.3类同。以上统计结果表明，虽然库水深度h和库容V都是影响水库地震最大强度M_{max}的重要因素，但$h>90m$的53个水库仅10个水库发生了$M_{max}\geqslant5.0$级地震，只占18.9%；$V>25\times10^8m^3$的39个诱震水库仅7个水库发生了$M_{max}\geqslant5.0$级地震，只占18.0%；而$h>90m$且$V>25\times10^8m^3$的24个水库有7个水库诱发了$M_{max}\geqslant5.0$级地震，占29.2%，比单独考虑$h>90m$，$V>25\times10^8m^3$的情况高出10个左右的百分点。即使按前面所述考虑“本底概率”的方法分析，不难求得对$h>90m$和$V>25\times10^8m^3$的水库，$P-P'$分别为20.0%和19.4%，而鉴于第1章表1.2中序号61的水库$h=92m$，但缺乏库容V的数据，未列入$V>25\times10^8m^3$，$h>90m$的统计范围，则对$h>90m$且$V>25\times10^8m^3$的水库，$P-P'=30.4\%$，同样高出10个左右的百分点。这意味着库水深度大于90m且库容大于$25\times10^8m^3$的特大型水库发生$M_{max}\geqslant5.0$级的可能性，相对来说更大些。

表 2.6 水库地震的最大强度 M_{max} 与库水深度及库容的关系

M_{max} / N、P / h、V	<4.0		4.0~4.9		≥5.0		合计	
	N	P (%)	N	P (%)	N	P (%)	N	P (%)
h>90m	25	47.1	18	34.0	10	18.9	53	100.0
V>25m	20	51.2	12	30.8	7	18.0	39	100.0
h>90m V>25m	9	37.5	8	33.3	7	29.2	24	100.0

2.2 库水水位变化与库区地震活动时间分布的关系

在论及水库地震问题时，人们不仅关心水库蓄水后可能发生多大的地震，而且关心地震尤其是最大地震何时发生，以及水库地震活动可能持续多长时间等。这些问题涉及到库区地震活动与库水加卸载过程的关系，或者说在水库蓄水的不同阶段库区地震活动对库水水位变化的响应。这是近几十年来关于水库地震研究的主要课题之一。但由于不同人所使用的资料有别，包括使用了一些疑似水库地震数据等原因，不同人所得到的认识既有共识，也有某些差异。这里将以较为公认的 103 个发生了水库地震的震例为基础，对这些问题作简要的分析和讨论。

2.2.1 首发地震和最大地震的发生时间

这里暂不顾及库水加卸载的具体过程，首先按第 1 章表 1.2 对首发地震和最大地震相对水库开始蓄水的时间进行统计分析。鉴于第 1 章表 1.2 中，有些水库只给出了开始蓄水时间或首发地震时间、最大地震发生时间的年份，为尽可能增加统计分析的样品数目，并尽可能减少对统计分析结果的影响，特作如下假定：

凡水库开始蓄水日期或首发地震日期，最大地震日期只给年份的，一律假定为 7 月份。在分析库区地震活动对水库蓄水的响应时，以 1 年作为时间尺度单位，这一假定对统计分析结果不会产生大的影响。

鉴于可能因降水或灌溉的季节性等原因，多数水库水位有准年周期变化的特征，因此在统计分析时以水库开始蓄水日期作为时间零点，以年作为统计的时间单位。并将首发地震和最大地震相对于水库开始蓄水的时间间隔分别记为 ΔT_1 和 ΔT_2。首先，按上述假定分别对第 1 章表 1.2 所列的较公认的蓄水后发生了水库地震且给出开始蓄水和首发地震日期的 98 个水库进行统计分析，得到如表 2.7 所示的统计分析结果。

表 2.7 中 P 为 ΔT_1 位于某时间间隔的水库数目占统计分析总库数的百分比。$\Delta T_1 \leqslant 1$ 年的占 74.5%。考虑到许多水库，尤其是 20 世纪 90 年代之前开始蓄水的不少水库，库区缺乏地震台网记录，可以认为绝大多数水库在水库开始蓄水后 1 年内就开始诱发了地震。

表 2.7　首发地震相对于水库开始蓄水的时间间隔分布

时间间距/年	$1\leqslant\Delta T_1$	$1<\Delta T_1\leqslant 2$	$2<\Delta T_1\leqslant 3$	$\Delta T_1>3$	合计
库数 N	73	8	3	14	98
百分比 P/%	74.5	8.1	3.1	14.3	100.0

对 ΔT_2 做相应的统计分析，结果表明在水库开始蓄水后 1 年之内发生最大地震的仅占 28.4%，且相对于水库开始蓄水，最大地震发生的时间分布较分散，图 2.3 至图 2.32 展示了收集到的 31 个水库库区地震活动与库水水位变化的关系。表明最大地震发生的时间可能与水库蓄水的具体过程有关。

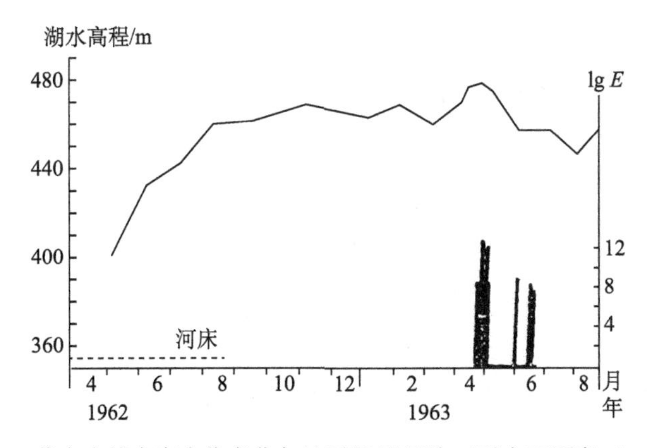

图 2.3　蒙台内特水库水位变化与地震能量释放（引自丁原章（1989））

图 2.3 至图 2.13 为 $\Delta T_2\leqslant 1$ 年的水库。这 12 个水库的具体蓄水过程虽然彼此有别，但有一个共同的特点：蓄水较快。蒙台内特、克里马斯塔、柘林、穆拉、蒙蒂赛洛、乌溪江、隔河岩水库在水库开始蓄水后 1 年内库水即达最高水位；努列克水库和意托意兹水库为分期蓄水的水库，水库开始蓄水后几个月库水即达第一期的最高水位；南水水库和卡皮瓦里-卡乔伊拉水库在开始蓄水后 1 年半左右达最高水位。这 11 个水库的最大地震在水库蓄水接近或达最高水位前后几个月里发生。鲁布革水库在开始蓄水后的次月即诱发了 $M_{\max}=3.1$ 级地震，之后 1 年多的时间库水才达最高水位。

图 2.14 至图 2.32 为 $\Delta T_2>1$ 年的水库。这 19 个水库具体的蓄水过程较复杂，但大致可分为以下几种情况：

蓄水过程缓慢，水库开始蓄水后至少 3 年才达到正常高水位。如米德湖水库 1935 年 5 月开始蓄水后，水位以准年循环台阶式地缓慢上升，大约在 1938 年达正常高水位；卡里巴水库 1959 年 12 月开始蓄水后，水位以准年循环缓慢上升，1963 年 9 月才达到最高水位；普卡基水库 1955 年开始蓄水后，蓄水很缓慢，1976 年 10 月开始速率才增大，1979 年 4 月才达到最高水位；龙羊峡水库 1986 年 10 月开始蓄水，几个月内抬升 40m，之后以准年循环，缓慢上升，1989 年 11 月才达到最高水位；东江水库和托克托古尔水库开始蓄水后数年内，水位一直缓慢抬升。

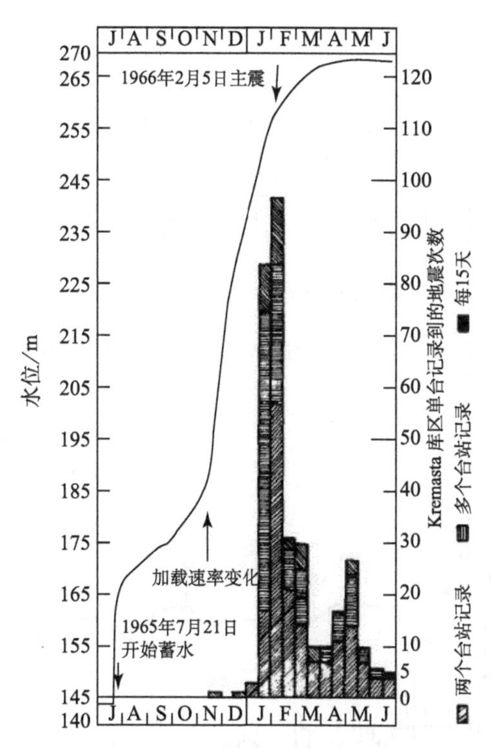

图 2.4　克里马斯塔水库水位与地震频度变化（引自 Gupta（1992））

作者注：横坐标为：月份

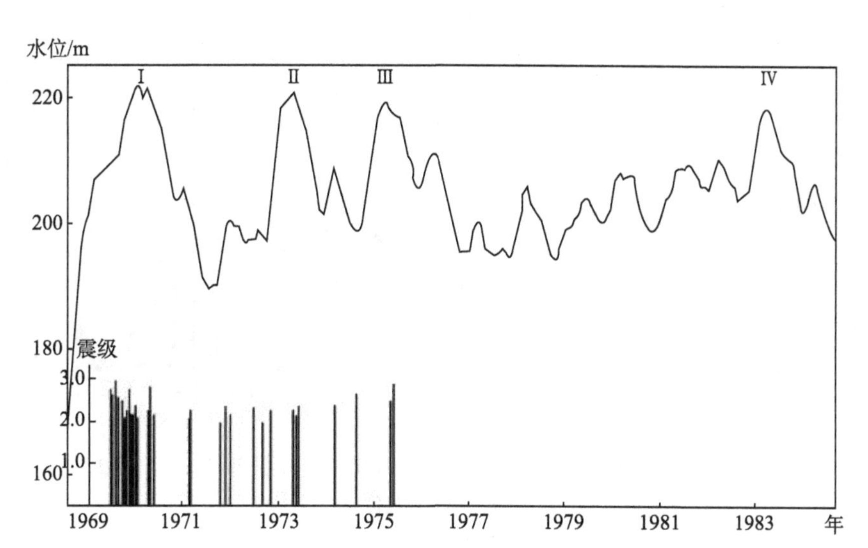

图 2.5　南水水库地震与水库水位的关系（引自肖安宇（1990））

（取 2.0 级地震，当月 2.0 级地震较多时，取其中较大的两次为代表）

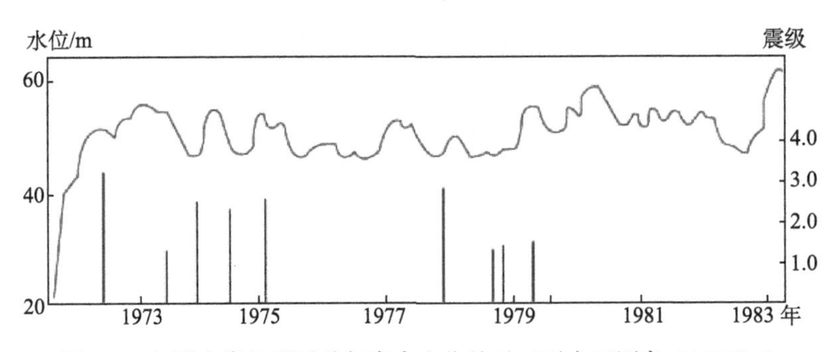

图 2.6　柘林水库地震活动与库水水位关系（引自丁原章（1989））

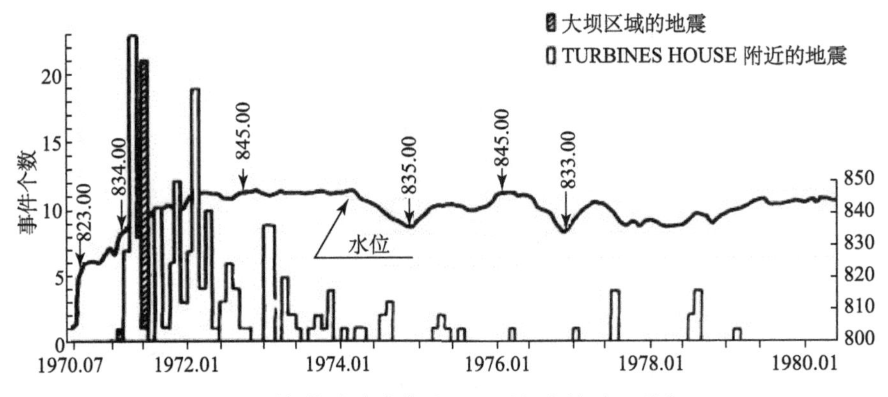

图 2.7　卡皮瓦里—卡乔伊拉水库水位和月地震频次关系（引自 Gupta（1992））

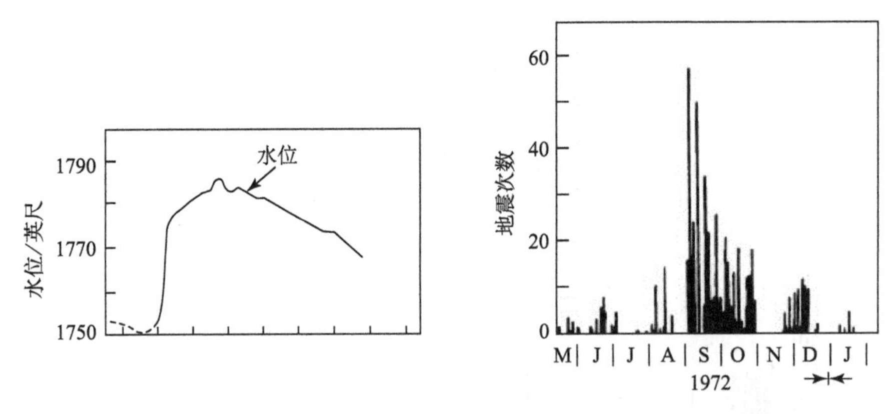

图 2.8　穆拉水库水位和微震（2~0 级）频次关系（引自 Gupta（1992））

横坐标为：月份

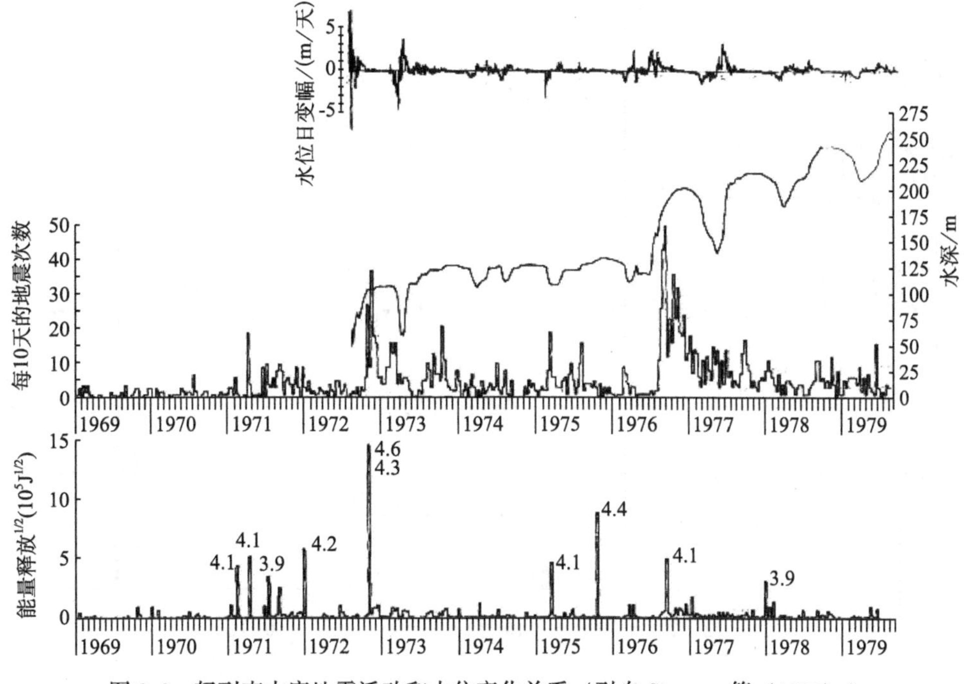

图 2.9　努列克水库地震活动和水位变化关系（引自 Simpson 等（1981））

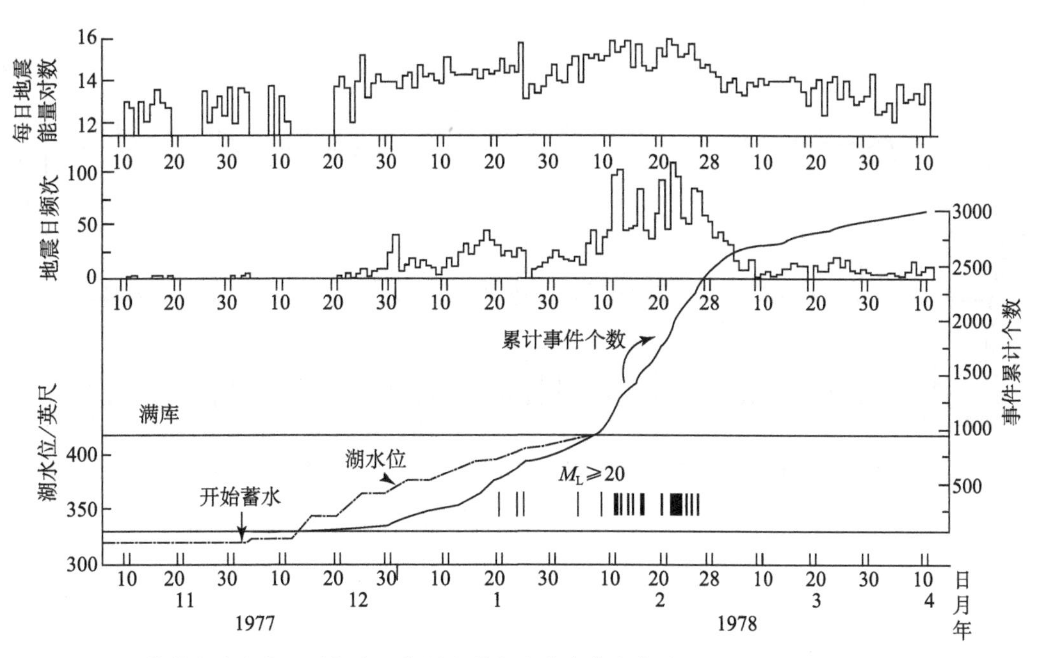

图 2.10　蒙蒂塞洛水库地震频度、能量释放与库水水位变化关系（引自 Talwani 等（1980））

短竖线表示 M_L≥2.0 级地震

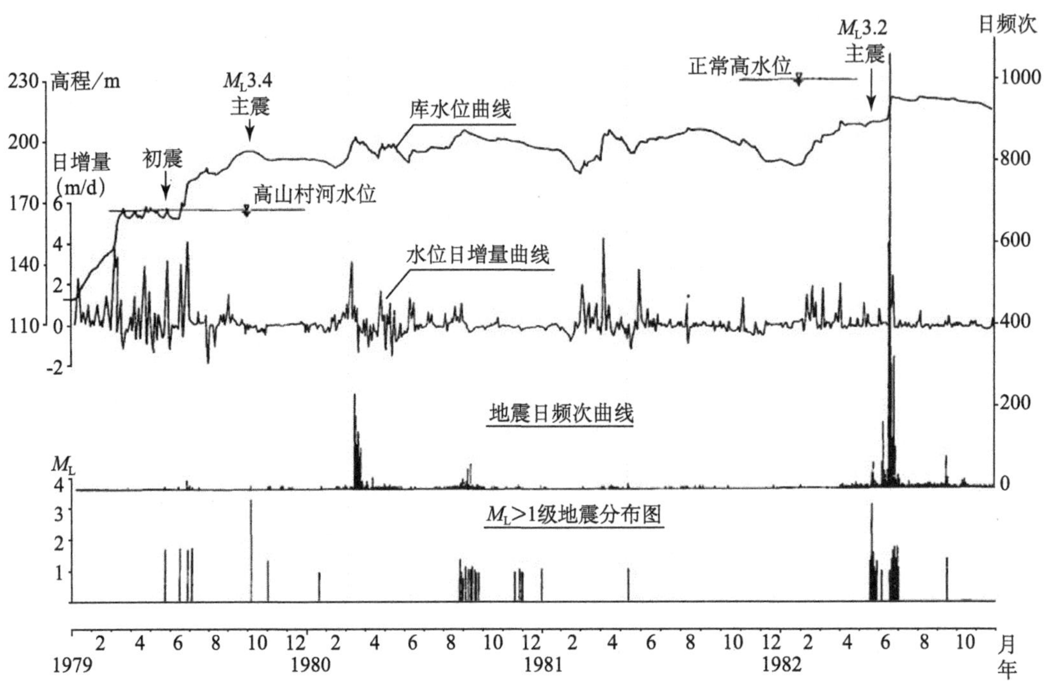

图 2.11　乌溪江水库水位与地震活动变化关系（引自夏其发等（1986））

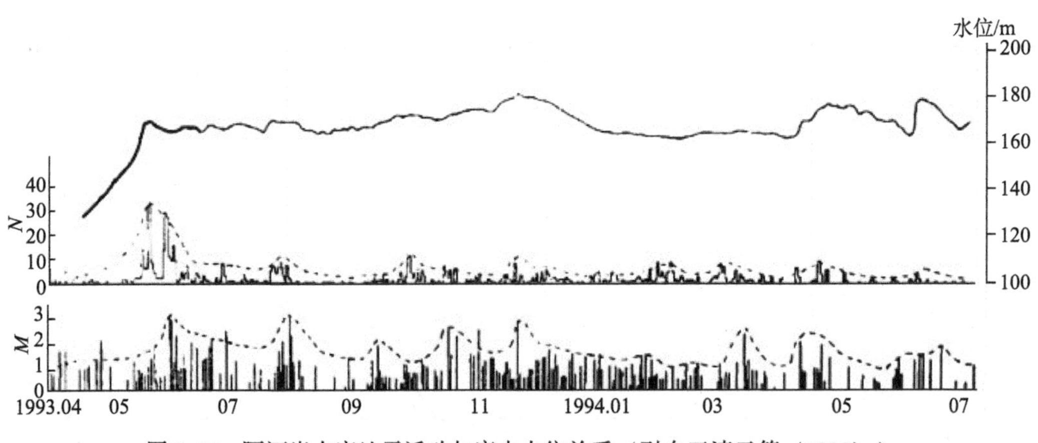

图 2.12　隔河岩水库地震活动与库水水位关系（引自王清云等（1998））

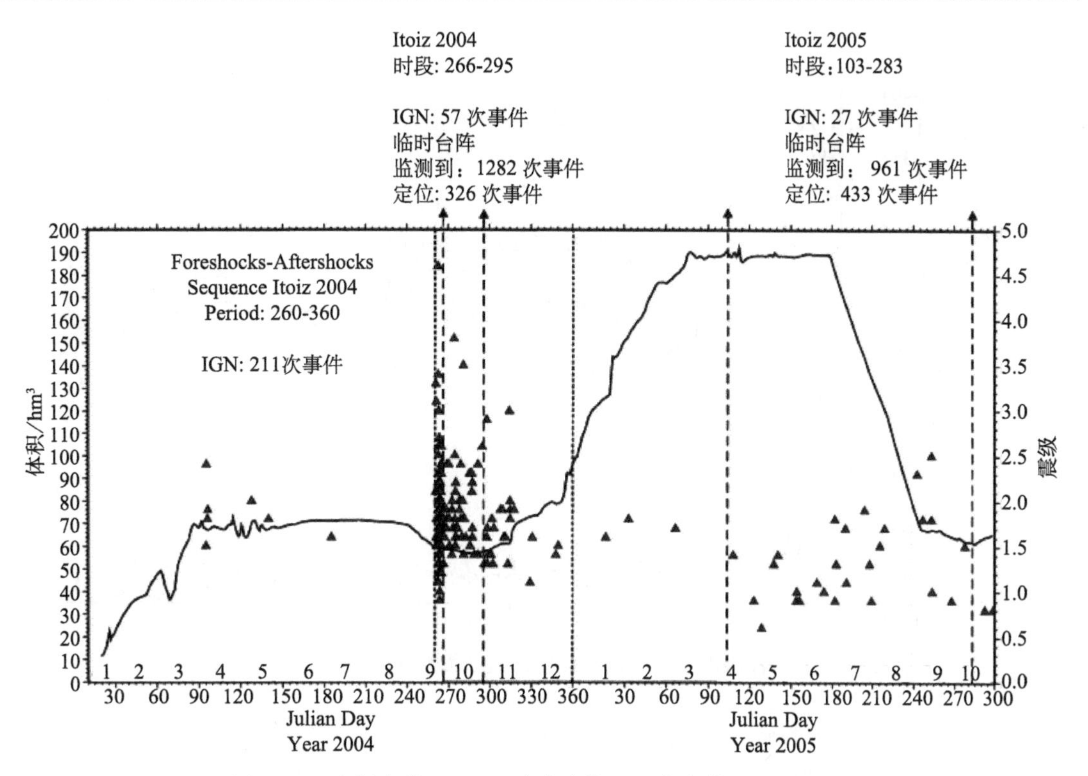

图 2.13　意托意兹（Itoiz）水库水位（用库水体积描述）与地震活动（三角形）关系（引自 Ruiz 等（2006））

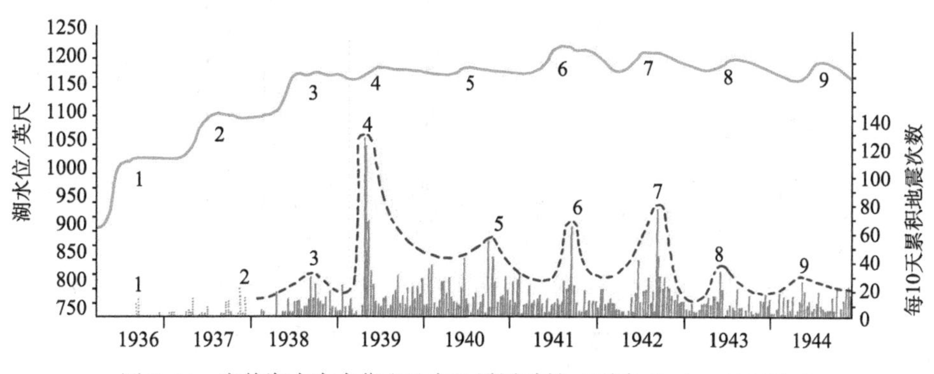

图 2.14　米德湖水库水位和地方地震活动性（引自 Carder（1945））

1936 年和 1937 年图中仅画出有感地震；

数字表示水位上升和相应的地震活动峰值；

虚线表示地震频次变化总趋势

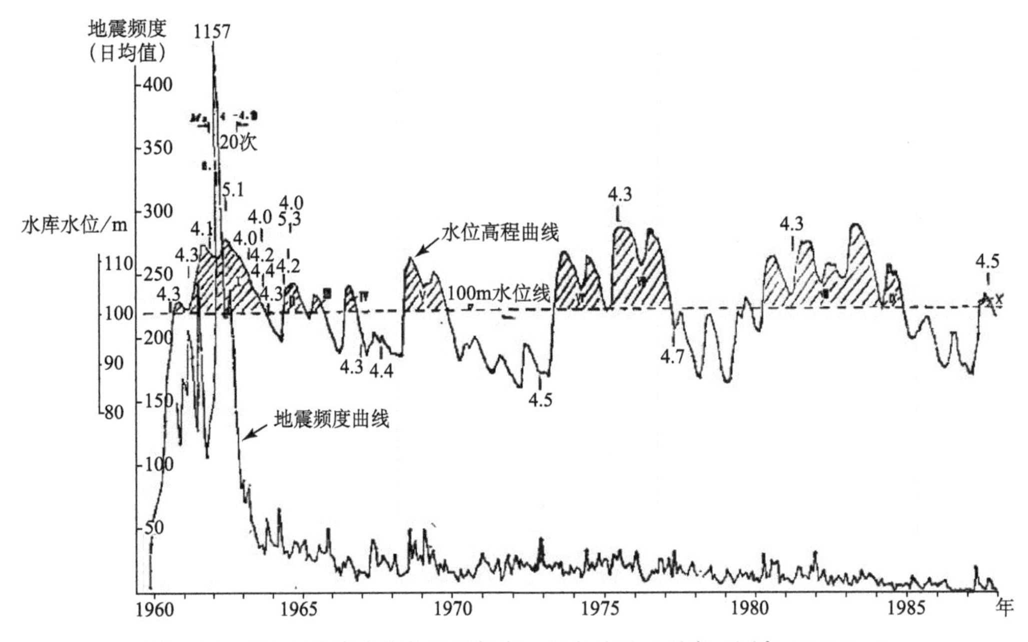

图 2.15 新丰江水库水位与地震频度、强度关系（引自丁原章（1989））

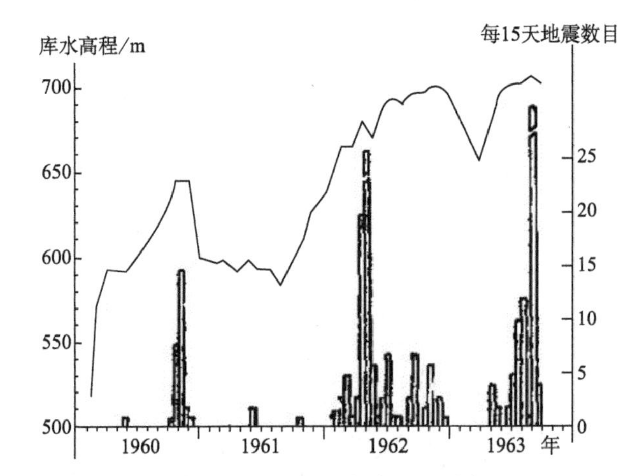

图 2.16 瓦让水库水位与地震频次关系（引自 Caloi（1970））

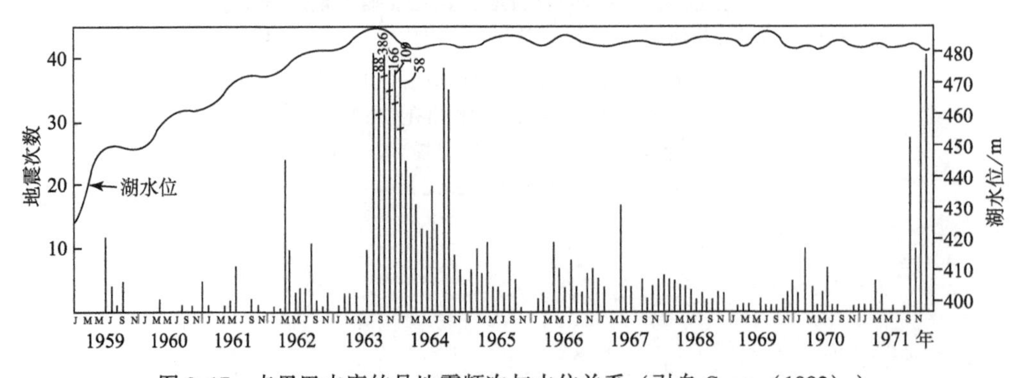

图 2.17 卡里巴水库的月地震频次与水位关系（引自 Gupta（1992））

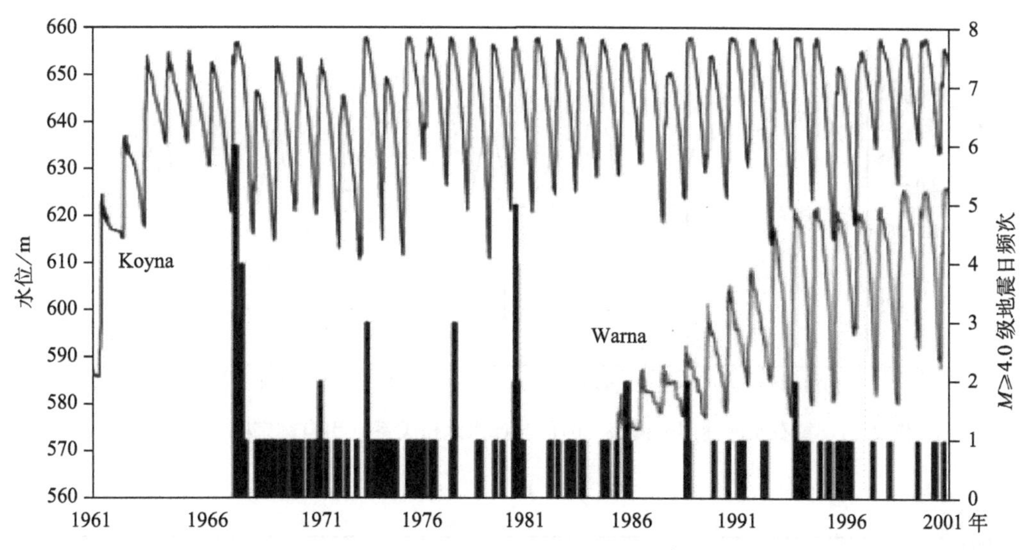

图 2.18　柯依那水库流量及水位与每日 $M \geq 4$ 级地震频次统计（引自 DURA′-GOMEZ 等（2010））

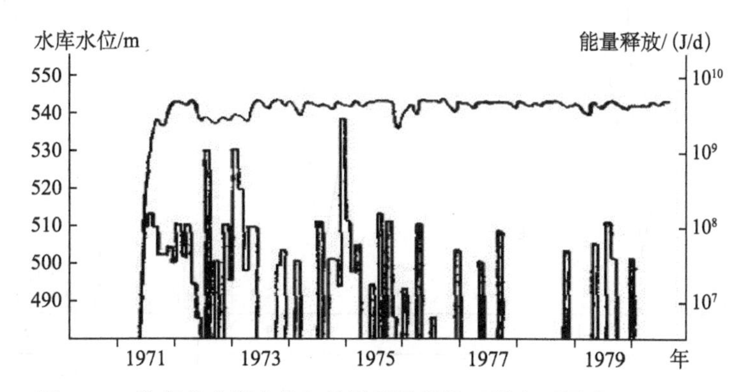

图 2.19　他宾戈水库水位与地震能量释放（引自丁原章（1989））

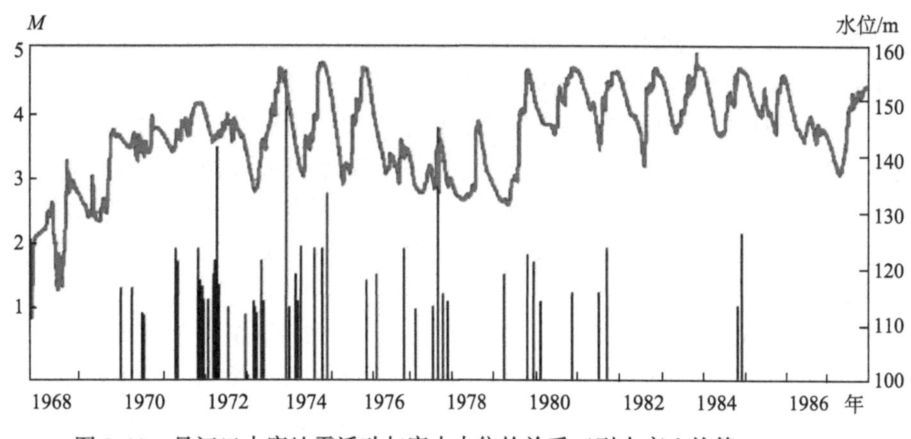

图 2.20　丹江口水库地震活动与库水水位的关系（引自高士钧等（1984））

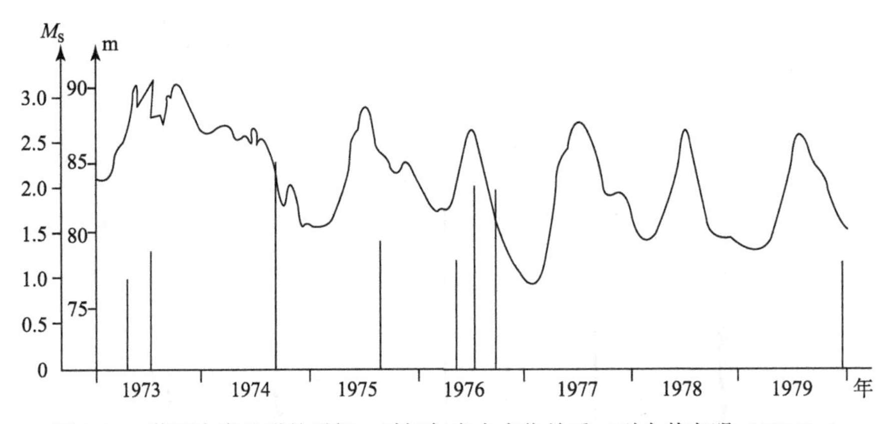

图 2.21　黄石水库地震的震级，时间与库水水位关系（引自戴宗明（1997））

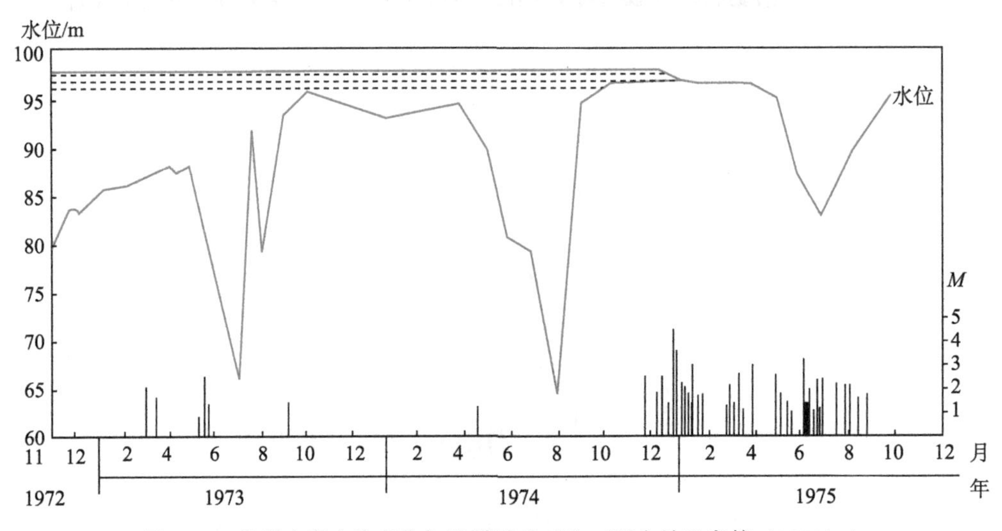

图 2.22　参窝水库水位变化与地震活动对比（引自钟以章等（1981））

蓄水速率虽然较大，但水位起伏变化也较大。如新丰江水库 1959 年 10 月开始蓄水后速率大，但 1961 年 2~3 月水位降低，之后蓄水速率又增大，于 1961 年 9 月 23 日达最高水位；瓦让水库 1960 年 2 月开始蓄水后，速率很大，1960 年 11 月首次达高水位后，水位又快速回落，1961 年 10 月开始再度快速蓄水，1962 年 12 月达高水位后又快速回落，1963 年 4 月开始再度快速抬升，9 月达最高水位；参窝和漫湾水库在开始快蓄水后都出现在达高水位后几乎快速放空，然后再快速蓄水的过程；珊溪水库 2000 年 5 月开始蓄水后几年内库水水位出现多次大幅度的起伏变化。

蓄水快、达高水位后起伏变化不大。如他宾戈水库 1971 年 5 月开始蓄水，1972 年 1 月即达高水位，之后水位起伏变化不大，水口水库 1993 年 3 月开始以大速率蓄水，很快达高水位，在 1 年左右的时间里水位变化不大，之后再度快速蓄水，于 1994 年 7 月达最高水位。直至 2010 年库水一直高水位附近呈准年周期循环变化。

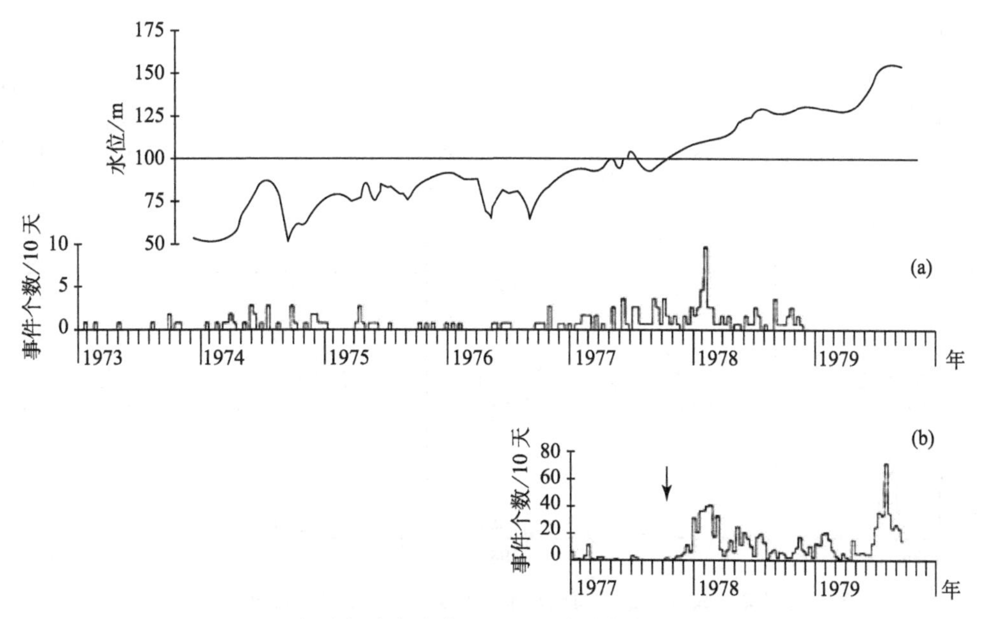

图 2.23　托克托古尔水库的地震活动和水位随时间的变化

（a）为每 10 日的地震数；（b）根据位于大坝以东 7km 的台站 SS 的记录

（b）中箭头表示库水水位超过 100m 的时间（引自 Simpson 等（1981））

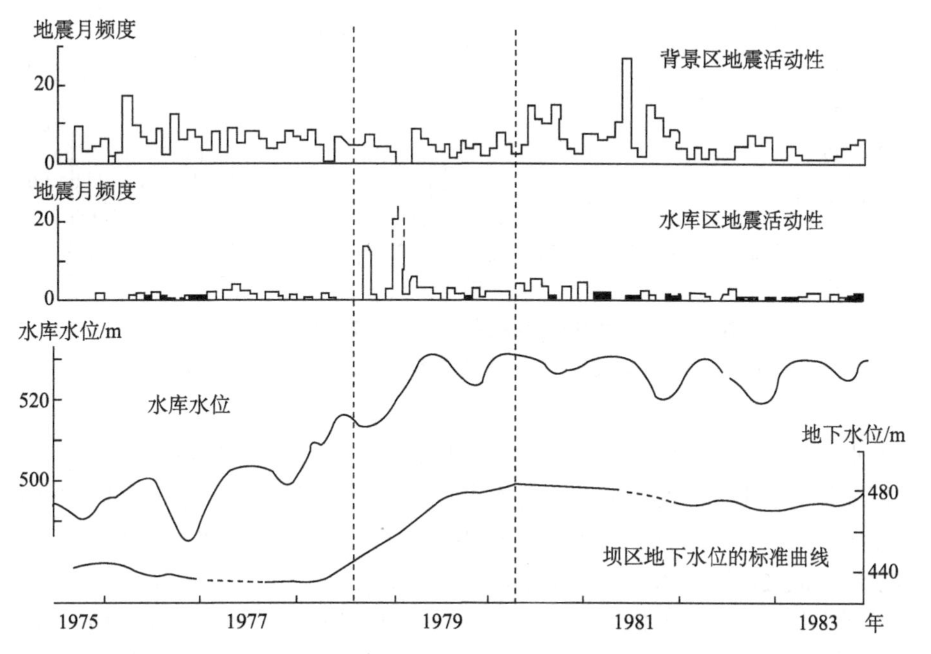

图 2.24　普卡基水库水位变化、地下水位和库区、背景区地震频度变化（转引自丁原章（1989））

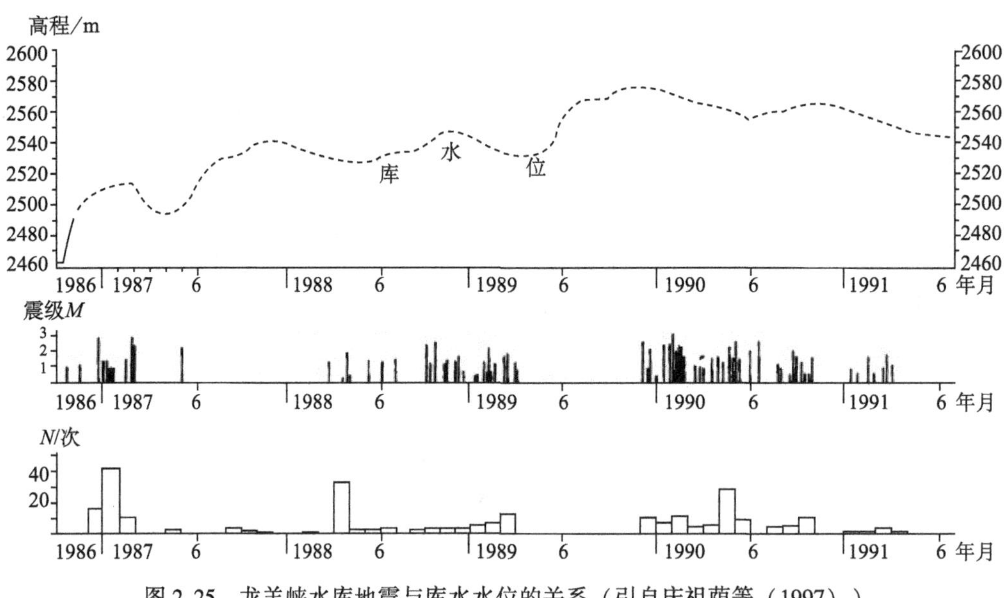

图 2.25　龙羊峡水库地震与库水水位的关系（引自庆祖荫等（1997））

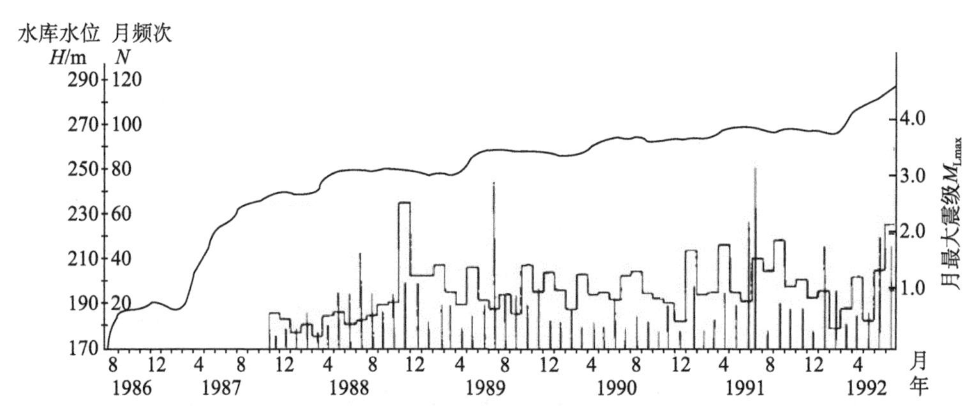

图 2.26　东江水库 1986 年 8 月至 1992 年 7 月地震月频次、月最大地震震级与水位关系（引自胡平等（1997））

分期蓄水，如三峡水库和龙滩水库。第一期蓄水水位抬升的高程最大，之后每期蓄水水位抬升的幅度相对较小。每期快速蓄水后库水在高水位附近波动；黄石水库 1970 年 3 月开始蓄水，在之后近三年的时间里库水水位较低。1973 年初开始，水位急剧上升，于当年 6 月达最高水位。但之后库水水位呈准年循环，起伏变化较大。

需要特别说明的是印度柯依那水库。据 Gupta（1992）称，该水库在 1967 年 12 月 10 日 M_{max}=6.5 级地震后才有正式的库水水位记录。图 2.18 是 Guha 等人（1968）在震后根据收集到的有限的资料绘制的。这意味着似乎难以准确地描述 6.5 级地震前库水水位的变化。

由图 2.14 至图 2.32 为上述关于叙述过程的描述，ΔT_2>1 年的这 19 个水库的具体蓄水过程差别较大，且不少水库蓄水过程复杂，ΔT_2 的大小彼此相差较大，但并不是无章可循的。在这 19 个水库中，托克托古尔和东江水库在缓慢蓄水，远未达最高水位的过程中发生

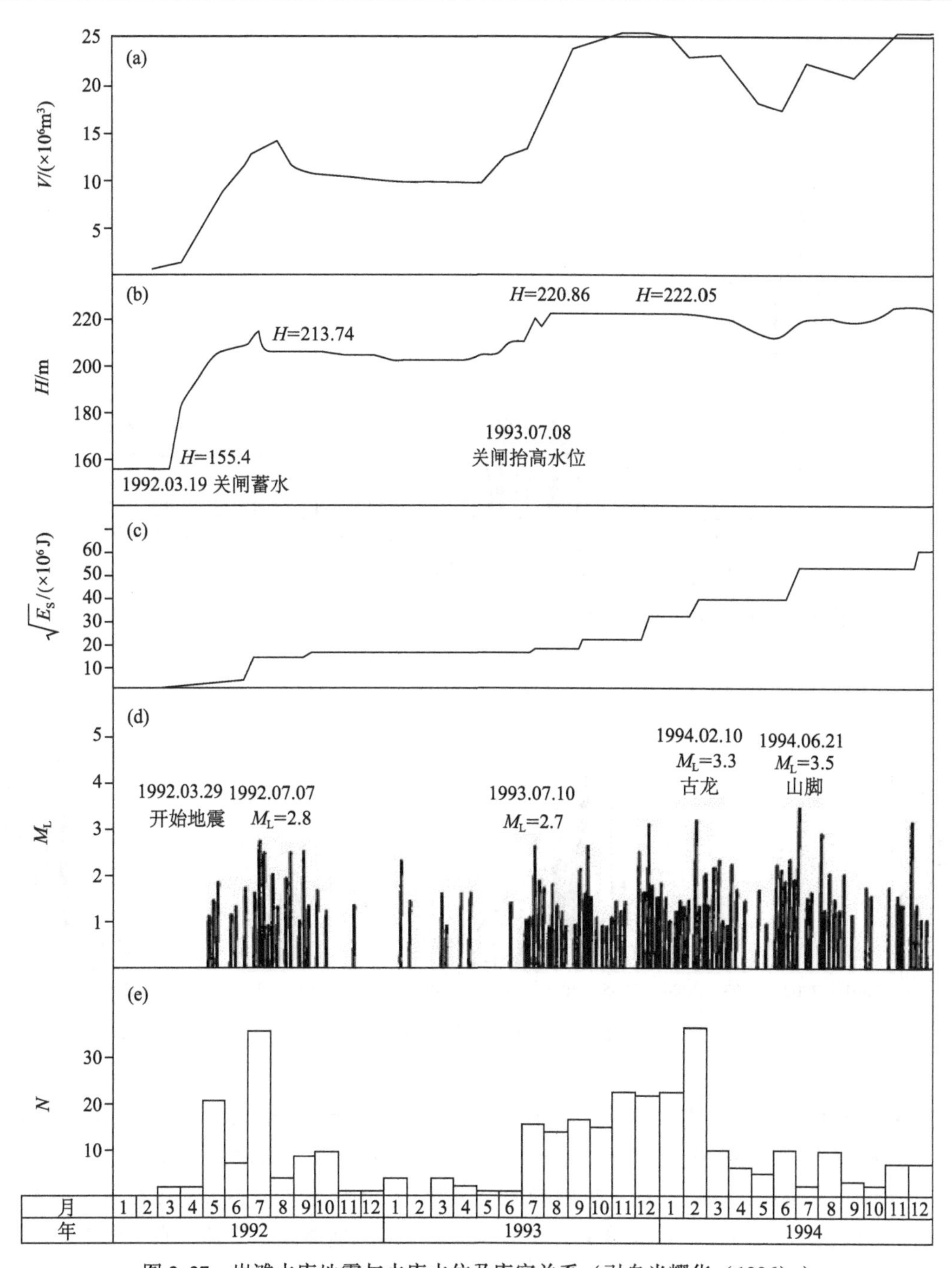

图 2.27　岩滩水库地震与水库水位及库容关系（引自光耀华（1996））

（a）库容（V）；（b）水库水位（H）；（c）地震能量（E_S）；（d）震级（M_L）；（e）地震频次（N）

了最大地震；黄石水库在库水达最高水位之后 1 年 3 个月发生了最大地震；若按图 2.18 所示的水位曲线，柯依那水库至少在达正常高水位 5 年之后才发生了最大地震，但 Gupta 等（1968）曾指出该水库 M_{max} = 6.5 级地震在库水达最高水位时发生；其他 15 个水库在水库蓄

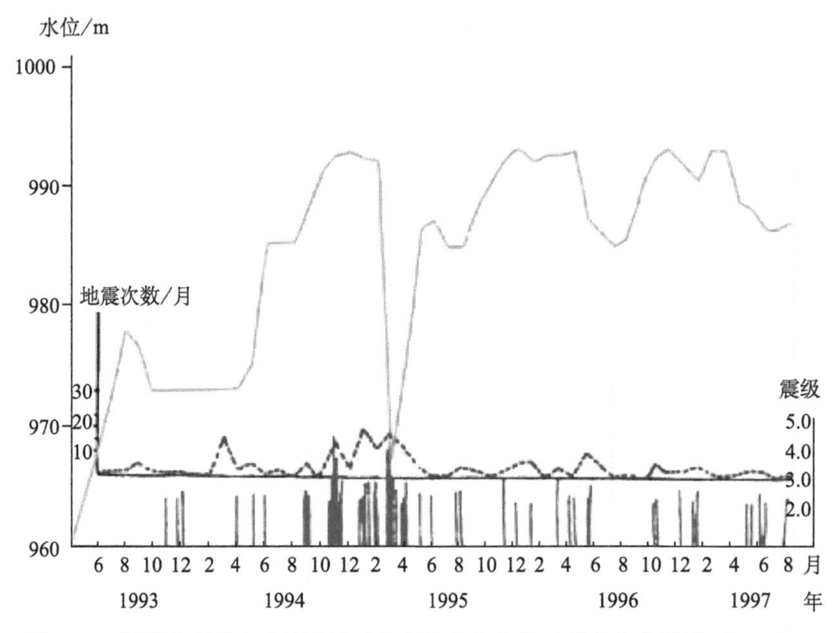

图 2.28　漫湾水库蓄水后地震活动与库水水位变化（引自李永莉等（2004））

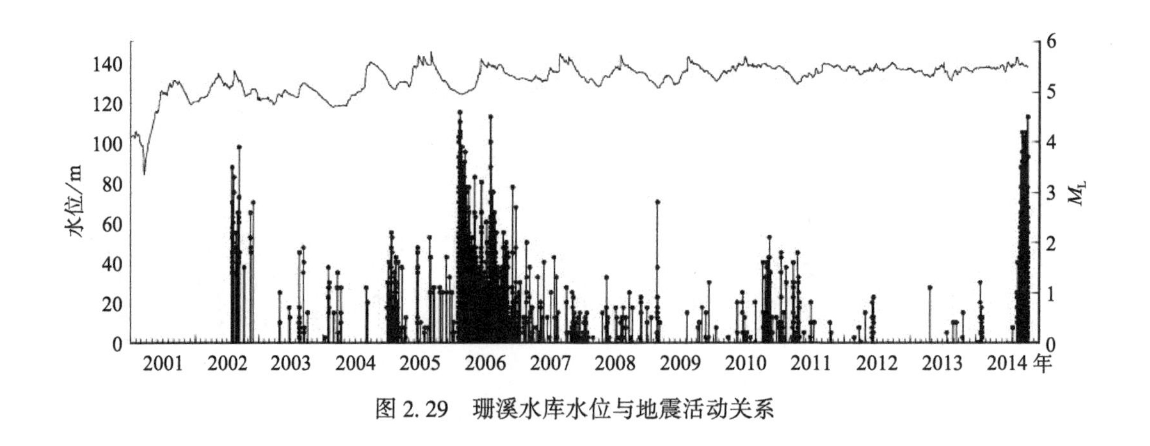

图 2.29　珊溪水库水位与地震活动关系

水接近最高水位或在达最高水位时，或在其之后 1 年内发生最大地震。除上述 19 个水库外，表 1.2 还根据有关文献的文字描述，给出 8 个 $\Delta T_2>1$ 年的水库库水达最高水位的日期，其中 5 个水库：沃果诺、新店、斯里拉姆萨加、铜街子、东风水库的最大地震在水库蓄水接近最高水位或之后 1 年内发生；其中 3 个水库：门多西诺、新蓬蒂、米达兰水库的最大地震则在达最高水位 1 年以后才发生。

综合本节以上所述，可以得到以下两点基本的认识：

在统计分析的 98 个诱震水库中，首发地震在水库开始蓄水 1 年之内发生的占 74.5%，若考虑到许多水库缺乏库区地震台网记录，可认为绝对大多数，首发地震在水库开始蓄水后 1 年之内发生。

尽管在统计分析的 103 个诱震水库中，$\Delta T_2 \leqslant 1$ 年的仅占 28.4%，但 39 个或有水库曲线

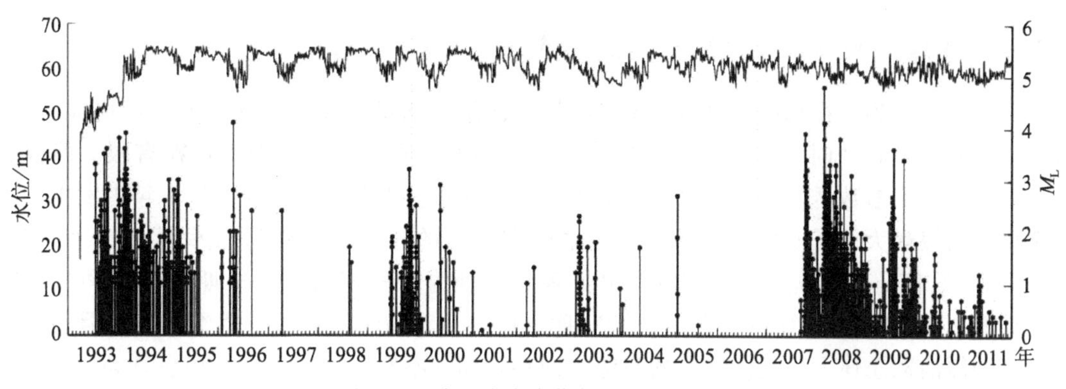

图 2.30　水口水库水位与地震活动关系

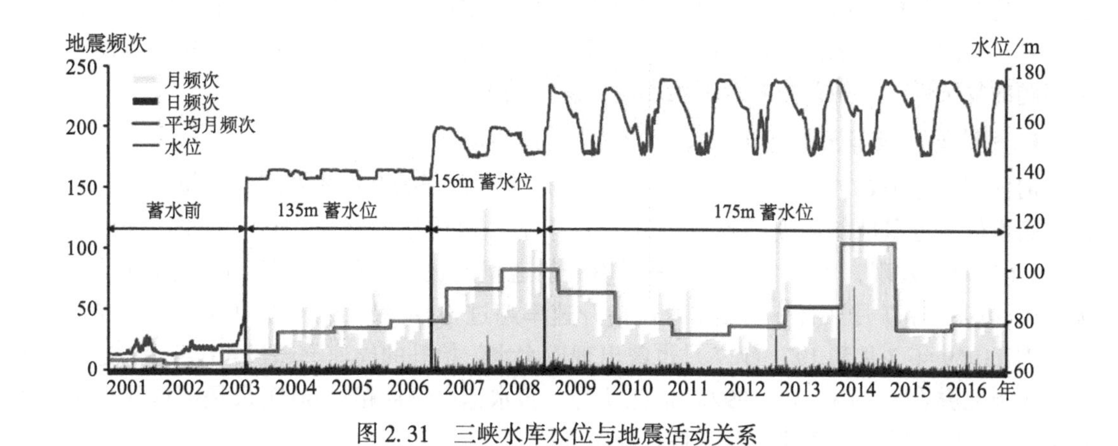

图 2.31　三峡水库水位与地震活动关系

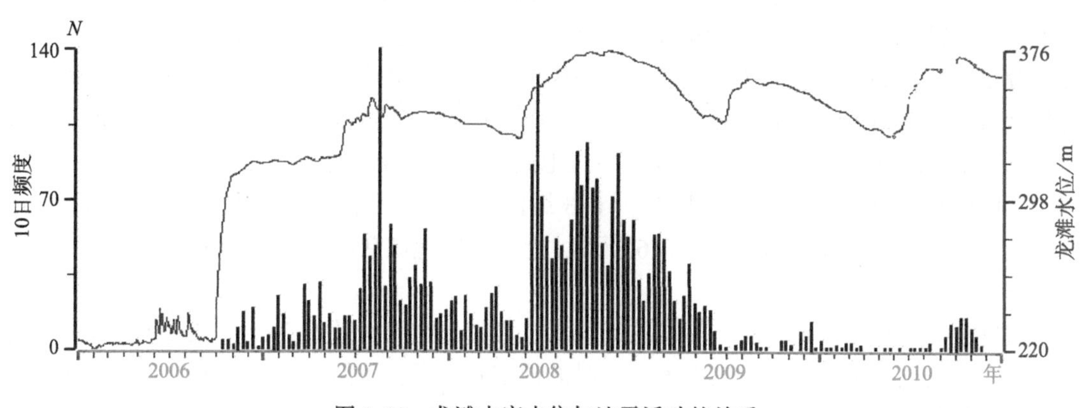

图 2.32　龙滩水库水位与地震活动的关系

或有库水达最高水位日期报道的水库中，有 33 个水库最大地震在水库蓄水接近最高水位或达最高水位或之后 1 年之内发生，占 84.6%，依此推测，多数水库最大地震的发生与水库蓄水达最高水位有关。

2.2.2 水库蓄水晚期库区地震活动对库水加卸载的响应

许多研究认为，在水库蓄水后的不同时期库区地震活动对库水加卸载的响应可能有别。显然这首先涉及到“时期”的划分。尽管可供使用的库水水位动态观测资料有限，但根据有限的资料，大多数诱发地震的水库，最大地震在库水接近最高水位或之后1年内发生。因此这里不妨以最大地震发生日期为界，把之前和之后的时段分别称为水库蓄水的“早期”和“晚期”。依此，不同的水库以水库开始蓄水日期为时间零点的“早期”的时间尺度有别。如图2.3至图2.32所示，在“早期”库区地震活动的时间分布虽然不均匀，但多数水库库区地震活动总体上呈起伏增强的态势，而在晚期则不然。除如鲁布革和水口等少数水库外，大多数水库晚期的地震活动水平比早期低得多，且库区地震活动对库水加卸载的响应较复杂。遗憾的是即使给出库水水位动态变化的31个水库，也只有少数水库给出最大地震发生后较长时间的库水水位变化。因此，这里只能根据有限的资料对这一问题作初步探讨。鉴于问题的复杂性，不妨首先对若干水库的情况作简要的说明：

1. 柯依那、新丰江和卡里巴水库

柯依那水库1967年12月10日$M=6.5$级地震后，开始有正式的库水水位记录。库水在正常高水位附近呈准年周期的循环变化，每年7月份前后库水水位最低，之后转为抬升。Gupta（1992）发现，1973年7月有一周抬升的速率超过40英尺，当年10月发生了一次5级地震，1980年7月又有一周库水水位抬升速率超过40英尺，当年9月库区发生了三次5级地震；1969年7月和1971年7月也曾出现库水水位抬升的周速率超过40英尺，之后却未伴有5级地震发生。Gupta（1992）依此认为，蓄水速率每周超过40英尺是柯依那水库发生$M_S \geqslant 5.0$级地震的必要条件，但不是充分条件。

新丰江水库库水水位起伏变化相对较大。1962年3月19日$M_{max}=6.1$级地震余震衰减至1968年已较平缓，但如图2.14和图2.33所示，库区地震活动的起伏与库水水位变化的关系较复杂。4级以上地震和频度的增加并不都出现在高水位的时段，20世纪80年代中期后甚至出现了负相关的现象。例如，1985~1991年库水水位较低，却发生了3次接近5.0级地震，而1992~1998年库水水位较高，库区地震活动水平较低。

卡巴里水库1963年9月23日$M_{max}=6.3$级地震后，库水长期在高水位附近波动，余震衰减至1965年已较平缓。但如图2.16所示，之后库区地震活动起伏是在库水水位没明显起伏的情况下发生的。

克里马斯塔水库因缺乏较长时间的库水水位资料，难以论及6.2级地震后库区地震活动与库水水位变化的关系。上述三次大于6级的地震发生后，虽然各自库水水位和地震活动的变化及相互关系有别，但总体上来说在余震衰减较平缓之后，库区地震活动变化与库水水位之间没有明显的相关性。

2. M_{max}<5.0级地震的水库

诱发M_{max}<5.0级，尤其M_{max}<4.0级的水库蓄水后多诱发若干个M_{max}相近的地震，每个地震有其自身的前震和余震，这些地震的时间分布不均匀，形成若干相对活跃时段。第一活跃时段多在库水达最高水位前后出现，并发生“最大地震”。其“晚期”库区地震活动与库

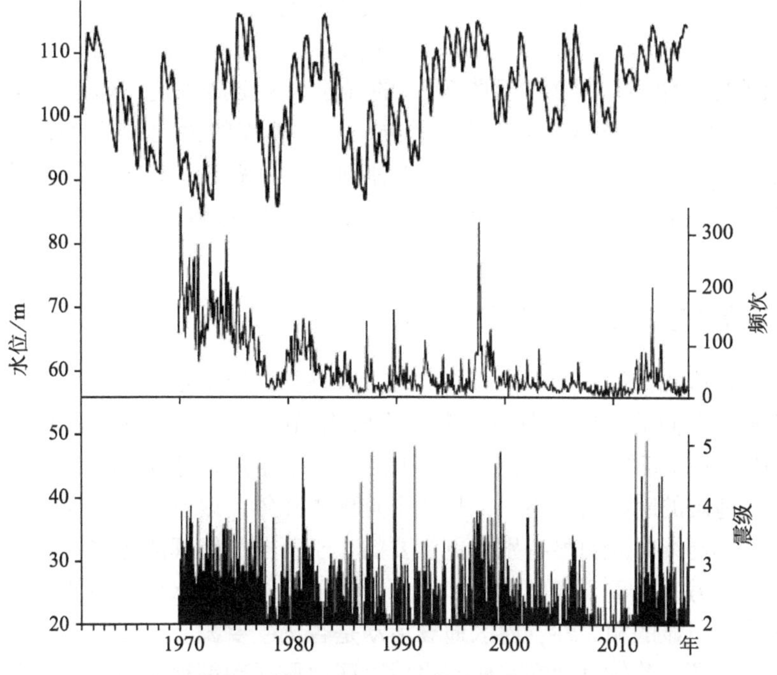

图 2.33 新丰江水库 1970~2010 年库水水位与地震频度、强度的关系（引自 He 等（2018））

水水位变化的关系多较复杂。这里不妨略举几例：

如图 2.5 所示，南水水库 1969 年 2 月开始蓄水后，水位急剧上升，在 1969 年 3 月至 1970 年 11 月形成第一次高水位期，在此期间库区的地震活动性最高，包括 1970 年 2 月 26 日发生的 $M_{max}=2.4$ 级（$M_L=3.1$ 级）地震，在之后 6 年里库水水位经历了两个低水位期和多个高水位期，地震活动的时间分布相对较均匀，在两个低水位期和两个高水位期都有 M_L 2~3 地震发生。1976~1982 年库水水位一直相对较低，其间库区 $M_L \geq 2.0$ 级地震活动水平较低，仅在这时期的末期，1982 年 3 月 8 日发生 $M_L=2.5$ 级地震。1983 年库水水位相对抬升，但没有发生 $M_L \geq 2.0$ 地震。

柘林水库 1972 年 1 月 30 日开始蓄水，当年 10 月即达到正常高水位，发生了 $M_{max}=3.2$ 级地震，形成了第一个活跃时段。之后库水在正常高水位附近波动，1974 年上半年至 1975 年上半年和 1978 年 4 月至 1979 年 9 月又出现了两个活跃时段，之后地震活动水平很低。在水位的峰值和谷值皆发生过 $M_S \geq 2.0$ 级地震。

他宾戈水库 1971 年 5 月开始蓄水，1972 年 1 月达最高水位，7 月即发生了 $M_{max}=3.5$ 级地震。之后地震活动起伏衰减，但库水在高水位附近波动，变化不大，两者之间没有明显的相关性。

鲁布革和水口水库开始蓄水后不久就达最高水位，近 20 年来库水始终呈现较明显的准年周期循环，在高水位附近波动。近 20 年这两个水库都出现了多个相对活跃时段，与始终在高水位附近波动的库水位之间没有相关性，尤其是 2008 年这两个水库库区地震活动都很活跃，而库水仍在高水位附近呈准年周期循环，没有抬升，也没有下降。

以上这些实例表明，不论是发生了大于6级地震的水库，还是诱发了小于4级地震的水库，在水库蓄水的“早期”，库区地震活动与库水水位的变化之间呈现较明显的相关性。而在“晚期”相关性不明显。图2.3至图2.32的其他水库也展现这一现象。这涉及到水库蓄水的“晚期”与“早期”库区介质性质的差异、水库地震的机理，以及库区地震活动与区域构造应力场的关系等，第4章和第5章将分别对有关问题进行讨论，这里仅强调这一现象具有一定的普遍性，在讨论库区地震活动对库水加卸载的响应及有关问题时，是必须注意的。

2.2.3 水库地震活动的延续时间

水库地震活动可能持续多长时间以及“晚期”地震活动性可能多大？这是在水库地震监测和灾害防御中人们关心的，但至今未能给出明确的答案的问题。首先要指出的是所谓“延续时间”是一个模糊的术语。这不仅在于由于各个水库库水加卸载的具体过程等有别，最大地震与首发地震的时间间距不同，从几个月到十几年，以首发地震为时间零点和以最大地震为时间零点其延续时间明显有别，更主要的在于不同震级阈的地震，其延续时间也必然有别。除此之外，另一个重要问题是正如前面所述，在水库蓄水的“晚期”，地震活动的起伏与库水加卸载无明显的相关性，库区地震活动是否仍主要源于水库蓄水，仍有待研究。这里暂不顾及这一问题，若暂且把在水库蓄水后库区地震活动都视为与水库蓄水有关，从已有的观测事实出发，对“延续时间”的问题作初步探讨。我们首先来看一些典型的观测事实：

1. 发生$M_{max}\geqslant 5.0$级地震的水库

米德湖水库1935年5月开始蓄水。多数文献将1936年9月7日4.5级地震视为首发地震。由于当时库区缺乏地方地震台网记录，实际的首发地震可能更早些。1937年开始建立库区地震台网，观测结果表明，该水库地震序列呈现为典型的震群型。1939年5月4日至1958年4月19日20年共发生6次5.0级地震，至1964年仍有4级地震发生，至少至20世纪70年代中期仍时有小震群发生（Roger等，1976；Gupta，1992）。

卡里巴水库地震与米德湖水库地震有某些相似之处，也为典型的中强震群序列。1963年9月23日至11月8日共发生7次$M_S>5.0$级地震，最大为9月23日$M_S=6.3$级。1972~1974年再度发生4次大于5级地震（Pavlin等（1983））。

新丰江水库1962年3月19日$M_{max}=6.1$级地震后，库水地震活动虽然总体上呈起伏衰减的趋势，但至今小震频度仍较高。不仅在1999年和2002年发生了$M_L=4.9$级和4.0级地震，而且2008年小震频度达1972年以来的最高值。

柯依那水库1967年12月10日$M_{max}=6.5$级地震后，库区地震活动虽然总体上呈起伏衰减态势，但起伏变化较大。如图2.34所示，$M_S\geqslant 4.0$级地震至少延续到1988年。尤其1980年地震频度强度都很高，其中4次$M_S\geqslant 5.0$级，最大为5.9级。这是1967年12月10日$M_{max}=6.5$级地震之后13年再度发生的6级左右地震。

其他$M_{max}\geqslant 5.0$级的水库，因缺乏库区地震数据，难以研究地震活动时间分布的演化，但据有关报道（Gupta，1992）希腊马拉松水库1929年10月开始蓄水，1938年7月20日发生了$M_{max}=5.0$级地震，13年后，1952年的地震半月频次最高仍可达50多次，至少至1966年仍有不少微震发生。

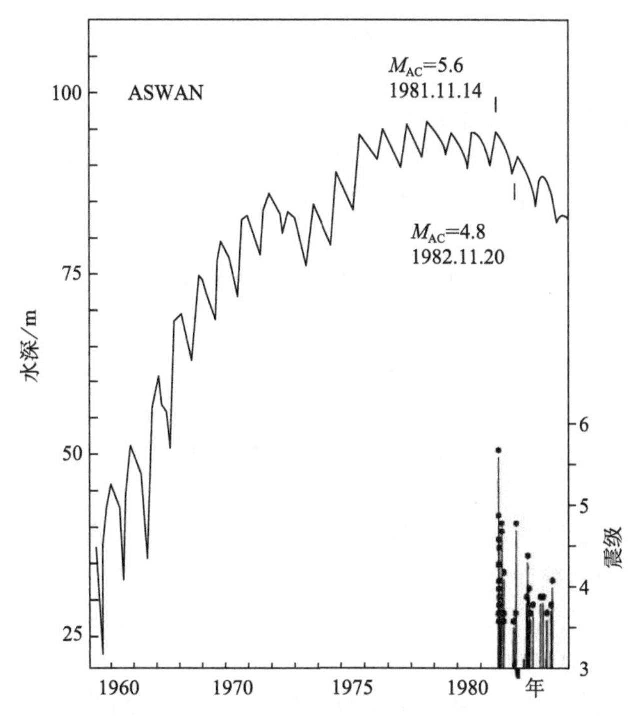

图 2.34　柯依那水库 1969~1988 年地震频度及强度（引自 Gupta（1992））

2. 发生 M_{max}<5.0 级地震的水库

对这类水库，有关研究阐明库区地震活动延续时间的报道不多，故这里只能根据有限的报道和我们掌握的有限资料作简要的讨论，首先对几个水库的情况作简要的说明：

南水水库库区地震台站记录始于 1970 年 1 月，虽然由于台站位置几次变动，不同时期对库区地震活动的监控能力有别，但属于有较长时间地震监测的库区。图 2.5 表明，1970 年 M_L=3.1 级地震之后，库区地震活动水平很低。根据有关报道（肖安予，1990），当时台网对该库区地震监控的震级下限 M_L=2.5 级。1976~1981 六年间库区没有 $M_S \geq 1.8$ 级地震发生。1982 年 3 月 8 日 M_S=1.8 级地震之后，至 1990 年 8 年间库区地震活动水平更低（肖安予，1990）。我们查阅了该水库所在的广东省区域地震台网目录，近 20 年来，虽然偶尔有微震发生，但总体上活动水平很低。因此若以 M_S=1.8 级作为统计分析的震级下限，以 1969 年 6 月首发地震的发生作为时间零点，可视为该水库地震活动的延续时间为 6 年多。

柘林水库位于江西省境内。如图 2.6 所示，1972 年 1 月水库开始蓄水后，至 1982 年库区地震活跃与平静交替。1978 年发生了接近 M_{max} 的 M_S=2.8 级地震。根据江西省地震台网记录，近 20 多年来该库区虽偶尔有微震发生，但频度、强度很低。因此该库区地震活动可能延续到 1979 年，其延续时间为 8 年左右。

南冲水库位于湖南省境内。根据刘奇武（1983）的研究，M_L=1.6 级地震震中区就显著有感，并出现掉瓦、塌墙现象。1970 年 5 月首发地震后至 1982 年 6 月共发生 18 次 M_S=0.7~2.8 级地震，最大为 1974 年 7 月 25 日 M_S=2.8 级。这 18 次有感地震丛集在四个彼此时间间隔若干年的时段：1970 年 5 月、1974 年 7 月、1977 年 7 月、1982 年 6 月。据湖南省地震台网记录，近20年来虽然活动水平较低，但仍偶有微震发生。可认为该水库地震活动至少延续12年的时间。

鲁布革水库1988年11月开始蓄水后当月即诱发地震，次月即发生 $M_{max}=3.1$ 级地震，但1989~1999年11年间库区地震活动水平很低。2000年、2004年和2008年又活跃起来，尤其2008年活动水平超过1988年11月。难以预料这种现象今后是否重演。目前只能说，该水库地震活动至少延续20年。

水口水库1993年3月蓄水后很快诱发了地震，1993年5月至1995年上半年地震频度很高，并于1996年4月21日发生了 $M_L=4.1$ 级（$M_S=3.6$ 级）地震。之后地震活动起伏衰减，尤其2004年下半年至2007年上半年地震频度很低，人们原以为1996年4月21日的 $M_L=4.1$ 级地震为最大地震，但2007年底至2009年初库区地震活动异常活跃，并于2008年3月6日发生了 $M_S=4.4$ 级地震。目前尚难以预料该库区地震活动可能延续多长时间。

综上所述，鉴于在水库蓄水的“晚期”，库区地震活动与库水加卸载无明显的相关性，其发生机理仍有待研究，所谓水库地震的延续时间本身是一个模糊的概念。如果暂不顾及这一问题，根据有限的资料统计分析，总体上来说，触发 $M_{max}\geqslant 5.0$ 级地震的水库，地震活动的“延续时间”显著长于诱发 $M_{max}<5.0$ 级地震的水库，$M_S\geqslant 4.0$ 级地震活动可能至少延续20年以上的时间，有感地震的延续时间则更长，可能长达几十年；诱发 $M_{max}<5.0$ 级地震的水库，有感地震的“延续时间”虽明显较短，且不同水库之间差异较大，但可能至少在5年以上，甚至长达20年以上。

这里要补充说明的是“延续”不等于“持续”。水库蓄水后，库区地震活动的时间分布不均匀的特征很明显，尤其是诱发 $M_{max}<5.0$ 级地震的水库，地震活跃的时段可能彼此间隔若干年。因此不宜根据若干年里缺少地震活动认为库区地震活动已平息。鉴于库区地震的烈度明显偏高，坚持库区地震监测将有助研究“晚期”库区地震发生的机理，深化对水库地震机理的认识。

2.3 水库地震的分类

在构造地震的研究中，人们通常按地震断错的性质把地震分为走滑型、正断型、逆断型地震；按照地震序列的特征把序列分为前震—主震—余震型、主震—余震型、双主震—余震型、双震型、震群型等（陈章立，2004）。前一种划分是针对地震个体的破裂方式而言的，后一种划分是针对有限区域地震群体能量释放的时间过程而言的。可见强调的特点有别，对地震类型有不同的划分。对水库地震，也可类似构造地震作相应的划分。例如，夏其发（1984）根据水库地震发生的地质构造环境将其分为构造型、非构造型和混合型，指出构造型水库地震，应变能量集于活动断层的活动地段，是在初始应力较高的背景下，由于库水的各种物理、化学作用而诱发的。往往具有震级相对较大、频度相对较高、延续时间较长，震源相对较深，以及序列多呈前震—主震—余震型等特点；非构造型（岩溶塌陷型或重力型）水库地震是由于库区存在多层大小不等的岩溶，水库蓄水改变了外力地质作用的条件，使局部岩体或岩块失稳所造成的，往往具有震级小、频度低、延续时间短、震源极浅和序列多呈震群型等特点；混合型意指在同一库区同时或先后发生构造和非构造型水库地震，其特点兼而有之；夏其发（1984）和其他人根据库区岩体的性质和水文地质条件等把水库地震分为四种可能的类型：松软岩体型、裂隙岩体型、构造破裂岩体型和岩溶型。指出松软岩体的库区尚没有诱发地震的实例。裂隙岩体型和岩溶型水库地震多以微震为主，而构造破裂岩体型水库地震，强度相对较大。我们在第 1 章已论及，Simpson（1986）和其他许多人则根据库区地震活动对库水加卸载响应的快慢将水库地震分为快速响应型、延迟响应型和混合响应型。近十几年来，关于库区地震活动对库水加卸载响应的快慢一直是水库地震研究的重要问题之一。不同人的研究既有共识，也有一些不同的认识。本节将着重对这一问题作简要的评论和探讨。

2.3.1　响应的对象和条件

在水库地震的研究中，“响应”是一个具有特定含义的术语，描述库区地震活动对库水加卸载的反应，包括反应的强度和速度。本章 2.1 节着重论述了反应的强度问题，上一节和本节则着重研究反应的速度，即快、慢方面的问题。本节与前两节相衔接，在前两节的基础上展开。

如一般的物理问题，不同的边界条件和初始条件，其解有别，或者说，导致不同的结果。对地震问题也是如此。在构造地震的研究中人们早已注意到，板块内部不同地区由于构造背景和区域构造应力场有别，地震的频度、强度和大震复发周期也明显有别。对水库地震同样如此，只是“条件”不局限于库区地质构造背景和区域构造应力场，更主要的是水库蓄水这一特定的外力作用条件。把与蓄水前比较，蓄水后库区增强的地震活动冠之以“水库地震”正是强调水库蓄水在库区地震发生中的作用。即水库蓄水是响应的“条件”，在这条件下所导致的结果，即发生的地震是响应的对象。

正如一般物理问题一样，解应与边界条件、初始条件相对应。在这里，响应的“对象”应与响应的“条件”相对应。对象包括水库蓄水后库区全部的地震活动，从响应的角度，普遍关注的是上节所述的首发地震和最大地震的发生及晚期的地震活动，都理应分别与当时库水作用条件相对应。上节已指出，在水库蓄水的晚期，库区地震活动对库水加卸载没有明显的响应。这涉及到在水库蓄水的晚期库区地震的机理。第 4 章和第 5 章将对这方面的有关问题进行探讨，这里暂不赘述。仅在前两节，尤其上节的基础上，按照“对象”应与响应的“条件”相对应的观点，根据首发地震和最大地震对水库蓄水过程的响应对水库地震类型的划分作简要的评论和讨论。

2.3.2　响应类型划分的讨论与修正

鉴于有些水库蓄水后很快就诱发了地震，而有些蓄水后若干年才诱发了地震，Simpson（1986）和 Simpson 等（1988b）按库区地震活动对水库蓄水响应的快慢把水库地震分为快速响应型、延迟响应型和混合响应型。这里不妨首先将 Simpson 等的主要观点摘录如下：

Simpson 等定义“水库初始蓄水，地震活动立即增加，或水位迅速变化后地震活动急剧变化为“快速响应型”；而把“主要地震活动发生在水库蓄水历程中的较晚阶段”称为“延迟响应型”，强调“这类水库往往经历一系列非常类似的水位变化年循环，在主要地震活动发生之前地震活动没有增加”。同时指出：“虽然可以把一些场地的诱发地震分类为上述类型的一种，但在任何一个场地都可能同时存在两类响应，将其称为“混合响应型”。依此，Simpson 等认为蒙蒂塞洛罗维尔水库、阿斯旺水库和柯依那水库是延迟响应的典型；柯依那水库和米德湖水库“虽然蓄水后很快出现低震级地震活动，但经过一系列的年循环之后才出现突发性的重大地震活动，因此又属混合响应型”。

Simpson 等强调：“显示快速响应的场地倾向于具有震源浅（小于 10km）、震级低、集中在水库正下方或边缘附近的地震活动，这些场地的地震活动通常散布在活动空间内而不沿着已知的断层面集中”。“延迟响应型的例子通常具有地震活动震级大、震源深（大于10km），有时延伸到水库之外 10km 或更远。在有些例子（柯依那、阿斯旺、特别是奥罗维尔水库）中有证据表明地震活动与穿过水库的已知的断裂带有关”等特点。

Simpson 等还认为“快速响应主要受与弹性变形和耦合孔压变化有关的强度变化控制”，而“延迟响应主要与扩散或水从水库流出有关”。

在 Simpson 等以上的表述中涉及“主要地震活动”“初始蓄水”“较晚阶段”等关键词。这里所称的“主要地震活动”显然指的是包括最大地震在内的频度、强度较高的时段的地震活动。对“初始蓄水”和蓄水的“较晚阶段”，Simpson 等未对其时间尺度作具体的界定。但有一点是明确的，都是相对于水库开始蓄水而言的，或者说都是以水库开始蓄水作为时间零点。按文字表述和所列举的“典型”，这里理解 Simpson 等所称的“初始蓄水”似乎为水库开始蓄水几个月，最多 1 年半内，而“较晚的阶段”则至少在水库开始蓄水后 6 年以上的时间。由第 1 章表 1.2 可以看出，蒙蒂赛洛水库、马尼克水库、努列克水库和奥罗维尔水库、阿斯旺水库，柯依那水库及米德湖水库等符合 Simpson 等提出的类型划分的界定，但卡里巴水库则不然。该水库 1958 年 12 月开始蓄水，如图 2.17 所示，虽然半年后，即 1959 年 6 月即诱发了首发地震，但 $M_{max}=6.3$ 级的最大地震及之后一系列地震在水库开始蓄水后 4 年 9 个月才发生。这里不清楚 Simpson 等为何未将卡里巴水库列为混合响应型。若按此逻辑，同样不清楚 Simpson 等未把米德湖水库与卡里巴水库一样，列为“快速响应”的典型。米德湖水库 1935 年开始蓄水，1936 年 9 月 7 日诱发了 4.5 级的首发地震，间隔 1 年 4 个月，Simpson 等称“米德湖水库首发地震后很快出现低震级地震活动”，这实际上隐含着 Simpson 等把“初始蓄水”的时间尺度放宽到开始蓄水后 1 年半之内。且如图 2.14 所示，米德湖水库首发地震后，至 1939 年 5 月 4 日 $M_{max}=5.0$ 级地震前库区地震活动很活跃，其活动水平超过卡里巴水库 M_{max} 地震前。显然若把卡里巴水库列为快速响应的典型，而不作为混合响应型，也应把米德湖水库列为快速响应型，而不应作为混合响应型。

另外，Simpson 等强调“延迟响应型的例子通常具有地震活动震级大、震源深（大于10km），有时延伸到水库之外 10km 或更远”。而已报道的不少水库地震的实例并不都符合这一特征。由第 1 章表 1.2 可知，若按 Simpson 等的界定标准，卡多尔、卡宾溪、前进、南冲、克拉克希尔、大迪克逊、塔维拉、阿库和塞拉达姆萨等水库都为延迟响应型水库，但所诱发的最大地震 $M_{max}\leqslant 3.0$ 级。Simpson 等所阐述的延迟响应型的主要特征似乎主要源于奥罗维尔、阿斯旺和柯依那水库，而正如第 1 章所述，奥罗维尔水库和阿斯旺水库蓄水后所发生的地震，尤其是最大地震是否属水库地震，近几年来已提出了不少的质疑。柯依那水库虽然地震最大强度达到 6.5 级，但震源深度仅 8km，震中位于大坝下游 2~3km。作为延迟响应的典型，并不符合 Simpson 等所称的特征。

这里要着重指出的是，Simpson 等关于快速响应型的界定，实际上主要是针对包括首发地震在内的“早期”地震活动而言的，延迟响应型则是针对包括最大地震在内的主要地震活动而言，但都以水库开始蓄水作为时间零点。显然，这有欠合理。国内外许多研究都强调库水深度和“库容”是影响水库地震强度的重要因素，本章 2.1 节也对此作了进一步的论证。图 2.3 至图 2.32 所示的许多水库，首发地震发生时库水深度不大，相应的库水体积也不大，首发地震及后续地震的震级较低，这是合理的。而按 Simpson 等的定义，许多延迟响应型的水库，最大地震发生时，库水经若干准年周期变化循环，已接近或达最高水位。显然继续以水库开始蓄水为时间零点，以最大地震的发生日期相对于该时间零点的时间间隔来定义“延迟响应”有欠合理。

有鉴于此，根据响应的“对象”应与响应的“条件”相对应的逻辑和已有的观测事实，我们认为有必要对 Simpson（1986）和 Simpson 等（1988b）提出的近 20 多年被许多人广泛引用的水库地震类型划分的原则作必要的修正。我们认为快速响应不应限于对首发地震，还应包括对最大地震，同样，延迟响应不应限于对最大地震，还应包括首发地震。同时为减少具体划分时的任意性，鉴于绝大多数水库库水水位有准年周期的循环变化特征，将相应的时间尺度界定为 1 年。即首发地震发生日期相对于水库开始蓄水在 1 年之内，最大地震发生日期相对于库水达最高水位在 1 年之内。依此分别对快速响应型、延迟响应型和混合响应型作如下界定：

快速响应意指在水库开始蓄水 1 年内，库区地震活动明显增加，又发生了首发地震及后续的地震活动，以及库水接近或达最高水位 1 年内发生了以最大地震为标志的主要地震活动，分别称其为首发地震对水库初始蓄水呈快速响应，主要地震活动对水库蓄水达最高水位呈快速响应。如果两者同时存在，则称其为“完全快速响应”。

延迟响应意指着在水库开始蓄水后 1 年内库区地震活动没有增加，首发地震及后续地震活动在水库开始蓄水后 1 年才发生以及以最大地震为标志的主要地震活动在水库蓄水达最高水位 1 年之后才发生，分别称前者为首发地震对水库初始蓄水的延迟响应，后者为主要地震活动对水蓄水达最高水位的延迟响应。若两者同时存在，则称为“完全延迟响应”。

混合响应意指首发地震对水库初始蓄水快速响应，而主要地震活动对水库蓄水达最高水位延迟响应和首发地震对水库初始蓄水延迟响应，而主要地震活动对水库蓄水达最高水位快速响应。

按照上述界定，有水位观测曲线和虽无观测曲线，但有库水达最高水位报道的较为公认的蓄水后发生了水库地震的 39 个水库中，首发地震对水库蓄水快速响应的水库 29 个，占 74.4%，延迟响应的水库 10 个，占 25.6%，与表 2.7 所给出的统计结果很接近。考虑到不少水库缺乏库区地震台网记录，可以合理地推测，绝大多数诱震水库，首发地震对水库初始蓄水快速响应；最大地震对水库蓄水接近或达最大水位快速响应的 33 个，占 84.6%，延迟响应的水库 6 个，占 15.4%，可见快速响应的也占绝大多数；完全快速响应的水库 25 个，占 64.1%，完全延迟响应的水库仅 2 个（黄石水库和门多西诺水库），占 5.1%；混合响应的水库 12 个，占 30.8%，其中首发地震为延迟响应，最大地震为快速响应的水库 8 个，首发地震呈快速响应，而最大地震延迟响应的水库 4 个。这里要特别指出的是如果按照 Simpson 等（1988b）的划分原则，并约定 $\Delta T_2 \leqslant 1$ 为快速响应，则最大地震呈快速响应的水库仅占 28.4%，而按上述修正的原则，最大地震呈快速响应的水库占 84.6%。尽管有水位数据的水库仅 39 个，但修正了的原则强调响应的对象必须与响应的条件相对应，在科学上较合理，因此我们倾向于认为，不论是首发地震，还是最大地震，对水库蓄水呈快速响应的占大多数。

2.3.3 影响响应快慢的可能因素

前面的讨论实际上已经阐明，水库蓄水的进程是影响库区地震活动，尤其最大地震对水库蓄水响应快慢的首要因素。这是因为蓄水速率较大的水库，蓄水后库水较快达到最高水位。这里要补充说明的是有些水库蓄水的过程较复杂，对相应的快慢产生一定的影响。如湖南南冲水库不同人给出的水库开始蓄水的时间差别较大，胡毓良等（1979）、丁原章（1989）和夏其发（1992）给出的时间为 1967 年，而湖南省地震办公室刘奇武（1983）给出的开始蓄水时间为 1969 年。我们推测这可能是开始蓄水后库水持续维持在很低的水位，1969 后速率才开始增大。显然取不同的开始蓄水时间，首发地震对水库蓄水相应的类型有别；又如盛家峡水库蓄水—“排空”相互交替（何伟，1987），难以确定达最高水位的日期，并判别最大地震响应的类型。

除水库蓄水进程外，许多研究认为库区岩石也是影响响应快慢的重要因素。我们根据第 1 章表 1.2 提供的资料进行了统计分析。鉴于库水渗透扩散不仅与库区岩性有关，而且与库水载荷的重力作用有关，最大地震多在水库开始蓄水后若干准年周期之后，接近最高水位或达最高水位后发生，而不同水库库水深度不同，库水载荷的重力作用对渗透扩散的影响有别，因此为减小这方面的影响，突出岩性的作用，这里只讨论首发地震发生时间与库区岩性的关系。需要说明的另一个问题是在研究最大地震强度 M_{max} 与岩性的关系时，选用 M_{max} 震中区的岩性，而这里选用了坝区（库首区）的岩性资料，这主要是因在初始蓄水阶段，库水较浅，库水区的范围也相对小些，库水渗透首先开始于库首区，且根据已有的震例报道，多数水库的首发地震发生于库首区。在统计分析时，岩石的分类与本章 2.1 节相同，对开始蓄水时间、首发地震发生时间只给出年份的，其日期的约定与上节相同。依此得到表 2.8 的统计分析结果。

表 2.8 库首区岩性与 ΔT_1 的关系

岩性 \ ΔT_1（年）/ N、P	≤1		>1		合计	
	N	P（%）	N	P（%）	N	P（%）
质地坚脆	59	80.8	14	19.2	73	100.0
质地柔软	10	52.6	9	47.4	19	100.0

表 2.8 中 ΔT_1 的含义与上节相同，为首发地震与水库开始蓄水日期的时间间隔。N、P 的含义也与上节类同。如有库首区岩性和 ΔT_1 的诱震水库共 73 个，其中 $\Delta T_1 \leqslant 1$ 年的水库 59 个，占总数的百分比 $P=59/73=80.8\%$。由表 2.8 可以看出，岩性质地坚脆的水库，首发

地震在水库开始蓄水后 1 年之内发生的占绝对优势，而岩性柔软的水库，首发地震开水库开始蓄水后 1 年之内和 1 年之后发生的百分比相差不大。

综上所述，水库蓄水进程和库首区岩性是可能影响库区地震活动对水库蓄水响应快慢的重要因素。在初始蓄水阶段，库水深度不大，不同的水库之间库水深度的差别也相对较小，库首区岩性对首发地震响应的快慢影响可能更大些。而水库开始蓄水后多长时间才发生最大地震可能主要由水库蓄水进程，何时达最高水位所控制。除此之外，由于断裂带是库水渗透扩散的重要渠道，库水区断裂构造，包括分布、尺度、胶结状态理应也是影响响应快慢的重要因素之一。

第 3 章　水库地震的空间分布与环境

水库地震是在库水载荷这一特殊的外力作用下，在一定的构造环境里发生的。水库地震的空间分布不仅关系到库区的安全，而且与水库地震的成因机理相关联。这决定了水库地震的空间分布与发生环境是水库地震研究的重要问题之一。

地震定位的精度直接影响对地震空间分布特征的认识。由高精度地震定位给出的地震空间分布图像是研究水库地震发生环境与机理的不可或缺的重要基础。但遗憾的是全球发生了水库地震的多数水库缺少高密度的库区地方地震台网记录。在 20 世纪 70 年代以前这一缺欠更为突出，给出完整的水库地震空间分布图像的报道相对有限，多数只给出最大地震震源位置，且其中许多地震未能给出震源深度。也由于缺少库区高密度的地震台网记录，关于水库地震深部环境的报道甚少。有鉴于此，本章在对国内外这方的研究成果作简要的整理、分析、归纳之际，将着重根据近 10 年来一些库区数字地震台网记录，对水库地震空间分布特征和发生环境作初步的探讨。

3.1　水库地震的震中分布及与断裂带的关系

在水库地震的震中分布中，人们最为关心的是最大地震的震中位置，尤其是相对于大坝和库岸的距离，以及库区地震震中的总体分布特征与断裂带展布的关系。

3.1.1　最大地震相对于大坝及库岸的距离

第 1 章表 1.2 列出了最大地震震中相对于大坝的距离 Δ_1 和相对于库岸的距离 Δ_2。$M_{max}\geqslant 5.0$ 级地震相对于大坝的距离 Δ_1 关系到大坝的安全，而 Δ_2 的总体分布特征反映了水库地震活动可能的最大分布范围，有助于了解库水扩散，研究水库地震机理。下面根据第 1 章表 1.2 提供的数据分别对 Δ_1 和 Δ_2 的总体分布特征作简要的统计分析和讨论。

1. 最大地震震中相对于大坝距离的分布

第 1 章表 1.2 中较公认的水库蓄水后发生了最大地震的 103 个水库中，有 52 个水库给出了 Δ_1 的可能范围。凡标注位于“大坝附近”的，在统计分析时，一律视为 $\Delta_1\leqslant 3$km，凡给出取值范围的，一律取中值作为 Δ_1。表 3.1 给出了这 52 个水库的最大地震震中相对于大坝距离 Δ_1 的分布。

表 3.1 中 N、P 的含义与上章类同。例如，有 Δ_1 数据的发生 $M_{max}\geqslant 5.0$ 级地震的水库 10 个，其中有 4 个水库 $M_{max}\geqslant 5.0$ 级地震震中在距大坝 5km 之内，所占百分比 $P=4/10=40.0\%$，这里把 $\Delta_1\leqslant 5$ 称为“库首区”，$5<\Delta_1\leqslant 10$ 称为“近坝区”，$\Delta_1>20$ 称为“远坝区”。

由表 3.1 可见，如不顾及 M_{max} 的大小，最大地震发生在库首区和近坝区（$\Delta_1 \leqslant 10km$）居多，占 61.5%，就事关大坝安全的 $M_{max} \geqslant 5.0$ 级地震而言，10 次 $M_{max} \geqslant 5.0$ 级地震有 5 次发生在坝首区和近坝区，其中位于库首区的有 4 次，占 40%。4 次大于 6 级的地震，有 2 次发生于大坝附近，1 次发生在近坝区。

表 3.1　最大地震震中相对于大坝距离的分布

M_{max} \ Δ_1/km N、P(%)	$\Delta_1 \leqslant 5$		$5<\Delta_1 \leqslant 10$		$10<\Delta_1 \leqslant 20$		$\Delta_1>20$		合计	
	N	P	N	P	N	P	N	P	N	P
≥5.0	4	40.0	1	10.0	2	20.0	3	30.0	10	100.0
4.0~4.9	7	37.0	4	21.0	4	21.0	4	21.0	19	100.0
<4.0	10	43.5	6	26.1	2	8.7	5	21.7	23	100.0
合计	21	40.4	11	21.1	8	15.4	12	23.1	52	100.0

2. 最大地震震中相对于库岸的分布

第 1 章表 1.2 中，许多水库未给出 Δ_2 的数值。为此，这里作如此约定和处理：

凡仅标注“库内”“库尾”的，视震中都在库水区内；凡仅标注“左岸”“右岸”“库岸附近”“岸边”的，一律视为库水区外，$\Delta_2 \leqslant 5km$。

把大坝视为库岸的一部分，对只给出 Δ_1，而未给出的 Δ_2 的，凡标注“下游”的，取 $\Delta_2=\Delta_1$；凡标注上游库外的，取 $\Delta_2<\Delta_1$。

标注 Δ_2 的取值范围的，取中值作为 Δ_2，标注 $\Delta_2<10km$ 的，视为 Δ_2 在 5~10km 之间；标注“库外”并给出库长和 Δ_1 取值的，按几何关系确定的 Δ_2 可能取值范围。如马拉松水库，库长 5km，$\Delta_1=10km$。显然若震中在下游库外，$\Delta_2=\Delta_1=10km$。若震中在上游库外，$5<\Delta_2<10km$，故统计分析时，取 $5<\Delta_2 \leqslant 10km$。

在作了上述约定和处理后，有 Δ_2 取值范围的水库共 71 个。表 3.2 给出这 71 个水库最大地震震中相对于库岸的分布。

表 3.2　最大地震震中相对库岸距离的分布（P 为百分比）

M_{max} \ Δ_2/km N、P(%)	库水区		$\Delta_2 \leqslant 5$		$5<\Delta_2 \leqslant 10$		$\Delta_2>10$		合计	
	N	P	N	P	N	P	N	P	N	P
≥5.0	5	41.7	5	41.7	1	8.3	1	8.3	12	100.0
4.0~4.9	5	21.7	15	65.0	3	13.1	0	0.0	23	100.0
<4.0	17	47.2	18	50.0	1	2.8	0	0.0	36	100.0
合计	27	38.0	38	53.6	5	7.0	1	1.4	71	100.0

表 3.2 中 N、P 的含义与表 3.1 类同。例如，发生了 $M_{max} \geqslant 5.0$ 级地震，且有 Δ_2 数据的

水库共 *12* 个，其中 M_{max}≥5.0 级地震震中位于库水区内的水库 5 个，其百分比 $P=5/12=41.7\%$，由表可以看出以下两个重要特征：

首先，71 个水库中有 70 个水库的最大地震震中位于库水区和距库岸 10km 的区域内。只有 1 个水库，即印度基尼萨尼水库 1969 年 4 月 13 日发生的 M_{max}=5.3 级地震，震中距库岸可能略大于 10km，据有关目录（夏其发，1992），震中距库中心 14km。这里鉴于库水宽度可能不大，估计 Δ_2 可能在 10～14km。但这只是一种推测，同时考虑到地震定位的误差，该地震震中相对于库岸的距离是否超过 10km，存在一定的不确定性。至少可以说，最大地震震中绝大多（98.6%）分布在距库岸 10km 的范围内。

其次，不论是 M_{max}≥5.0 级，还是 M_{max}<5 级地震都是以发生在库岸附近居绝对优势。鉴于绝大多数水库库水宽度不大，这里把库水区和库外 $\Delta_2 \leqslant 5$ 的区域视为“近岸区”。依此，最大地震发生“近岸区”，或者说库岸附近的占 91.6%，且似乎 M_{max}越小，发生于“近岸区”的比例越大，M_{max}<4.0 级的地震和 M_{max}4.0～4.9 级，M_{max}≥5.0 级地震发生在“近岸区”的比例分别是 97.2%、86.7%和 83.4%。

3.1.2　水库地震震中分布的主要特征

前面论及了最大地震震中相对大坝及库岸的分布，着重阐明在有资料可供分析的 71 个水库中，除基尼萨尼水库最大地震震中相对于库岸的距离存在一定的不确定性外，其他 70 个水库，最大地震震中都位于距库岸 10km 的范围内，尤以库岸附近占绝对优势。但对每个水库，许多 $M_S<M_{max}$的地震在最大地震的震中区外，因此为了更客观地描述水库地震震中分布的特征，应对全部地震的震中分布做进一步的分析。遗憾的是许多水库缺乏高密度的库区地震台网。有些水库虽然有库区台网记录，但多数是在首发地震，尤其最大地震发生后建立的，也只能给出某时段的震中分布，且有些定位的精度较低。尽管如此，但对我们研究水库地震震中分布的特征仍有重要的价值。图 3.1 至图 3.15 展示了其中部分水库在某时段的地震震中分布。

以上 16 个水库（图 3.6 给出大化和岩滩两个梯级水库库区震中分布）虽然最大地震强度虽然明显有别，库水区范围的大小也有别，但都显示以下两个共同的重要特点：

首先，绝大多数地震都分布于距库岸 10km 的区域范围内，尤以库岸附近最为集中。这里我们注意到在这 16 个水库中，柯依那水库和米德湖水库的特殊情况。图 3.1 显示，1967 年 12 月 10 日柯依那 M_{max}=6.5 级地震后，库区及周围区域地震分布在三个条带里。6.5 级地震位于其中活动水平最高的 NNE 向条带与 NW 条带相交的位置，两条带近于共轭。这两个条带上有些地震震中与库岸的距离显著大于 10km。根据有关研究（Langston，1976），6.5 级地震的破裂面走向 N16°E，大致与该 NNE 走向的条带一致，NW 向条带则与 6.5 级地震震源机制的另一个节面走向接近。我们认为，这可能是 6.5 级地震的发生引发 NNE 向走向断层和共轭的 NW 向正断层活动的结果。另一 NE 向条带位于水库以西，距库岸 20km 左右；图 3.3 显示，米德湖水库也有少数地震震中距库岸大于 10km，这究竟是由于当时库区只有环绕湖面的边长约 80km 的三角形台网（Gupta，1992），定位精度较低所致，还是因 1939～1942 年间 3 次 5.0 级地震的发生引发外围区域地震活动，难以作出判断。鉴于中强以上地震的发生引发外围区域地震活动是常见的现象，这里倾向于不论是柯依那水库、还是米

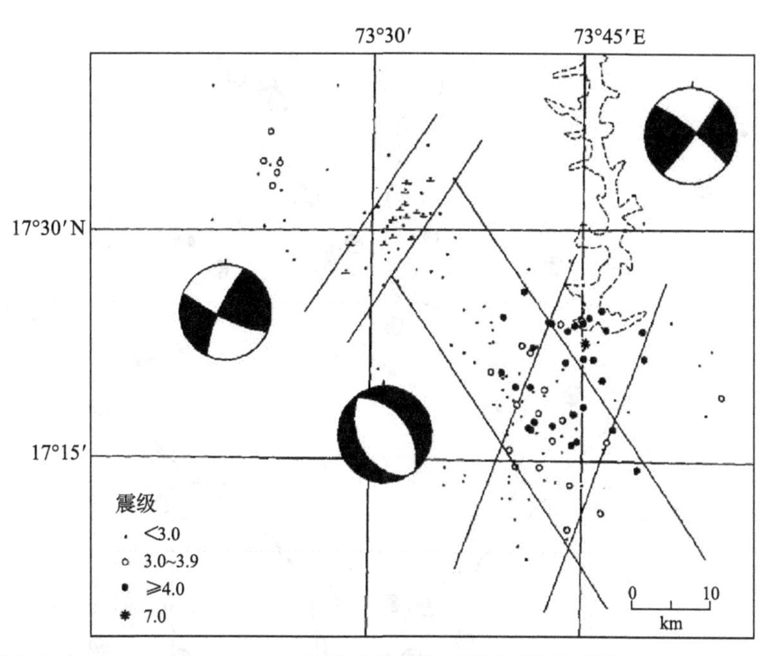

图 3.1　柯依那水库库区（1967. 12~1973）地震震中分布及复合震源机制解（引自 Rastogi 等（1980））

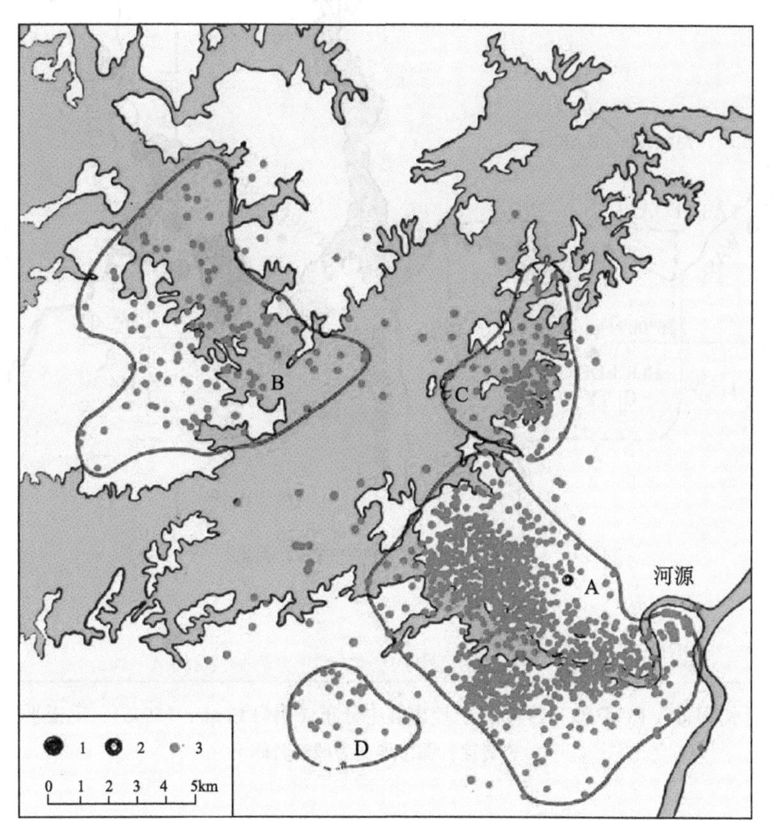

图 3.2　新丰江水库库区（1961. 07~1978. 12）地震震中分布（引自丁原章（1989））

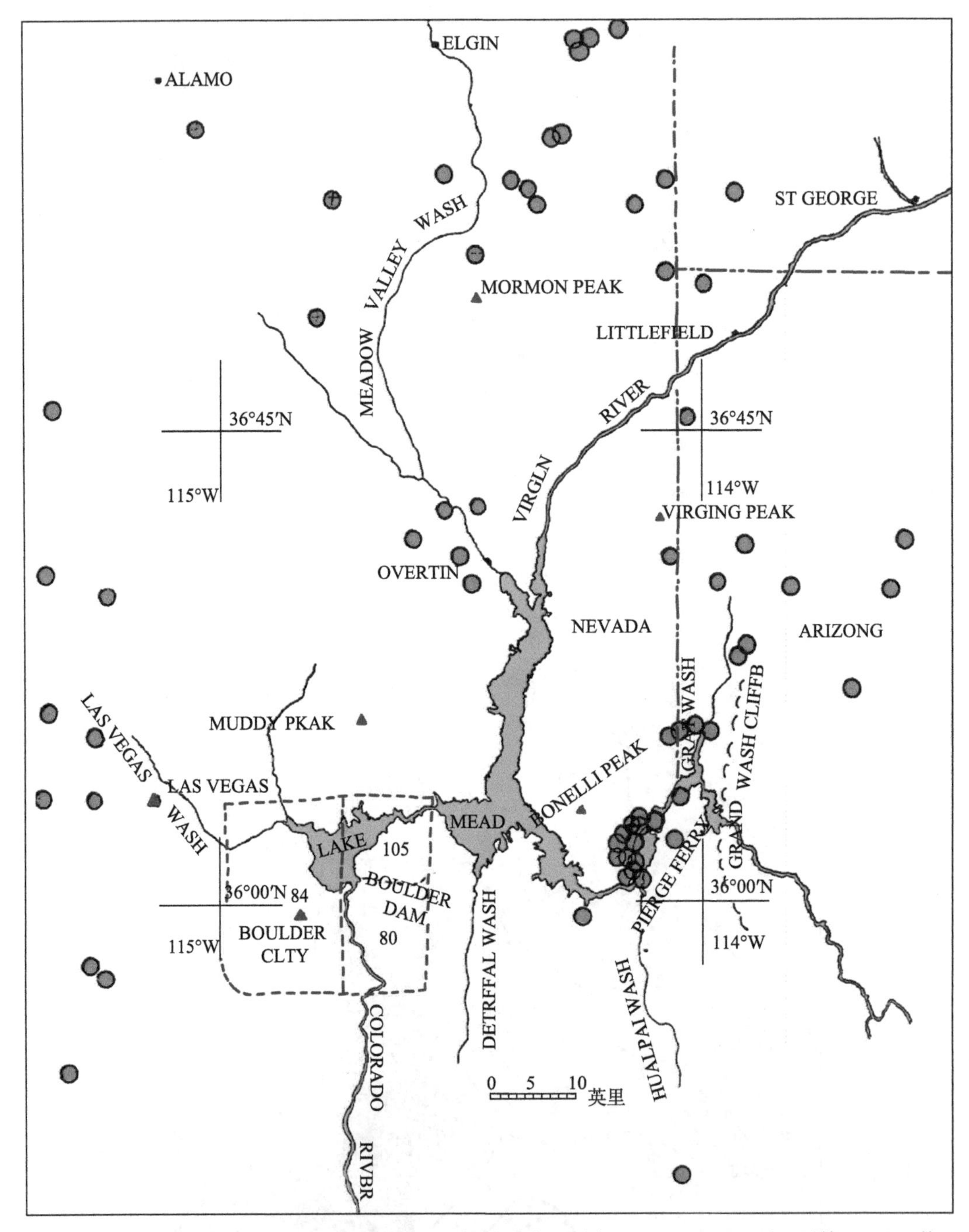

图 3.3　米德湖水库库区（1942.06~1944.12）地震震中分布（引自 Carder（1945），毛玉平等（2008）修）

作者注：图中外文为城市名称

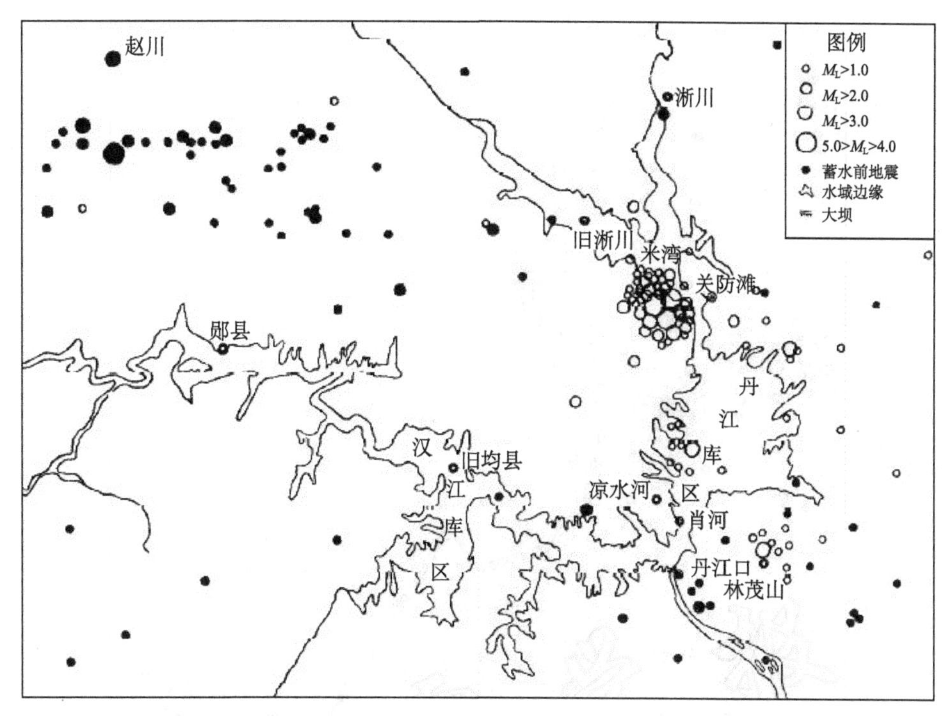

图 3.4　丹江口水库区库蓄水前后地震震中分布（引自高士钧等（1981））

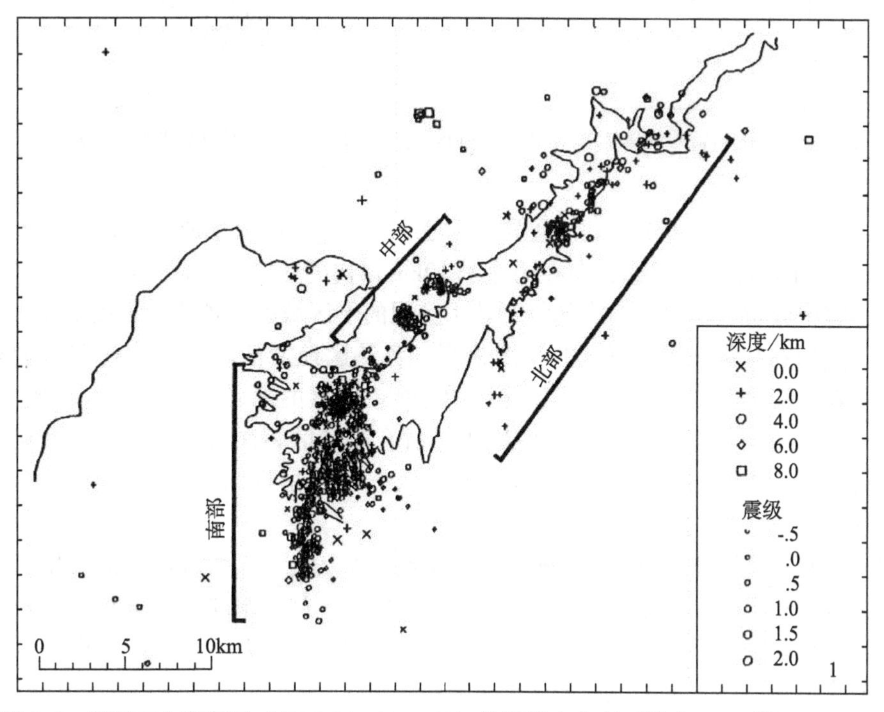

图 3.5　努列克水库库区（1976.09~1977.02）地震震中分布（引自 Keith 等（1982））

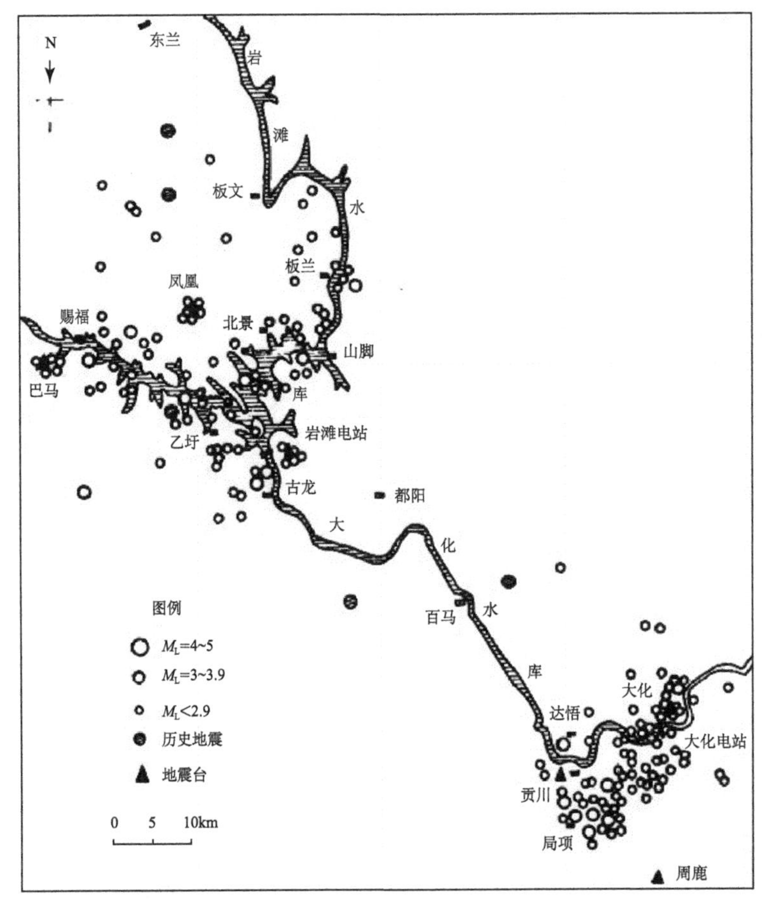

图 3.6　大化和岩滩水库库区（1982~1995）地震震中分布（引自光跃华（1996））

德湖水库，少量距库岸大于 10km 的地震，可能是由 M_{max} 地震发生所引发的。除上述特殊情况外，其他 14 个水库的地震都分布在距库岸 10km 以内的区域，尤以库岸附近最为集中。

其次，震中分布不均匀，但多丛集于若干有限的小区域里。各丛区地震活动水平彼此有别，多以 M_{max} 所在丛集区或库首区的频度最高。各丛区地震活动的起伏过程可能有别。柯依那水库、新丰江水库和米德湖水库始终以 M_{max} 所在丛区的地震频次最高，而 M_{max}<5.0 级，尤其 M_{max}<4.0 级的水库则不然，不一定以 M_{max} 所在的丛区频次最高，各丛区地震活动多呈现为小震群活动，其强度、频度的差别不是很大，只是呈现为不同时段主要活动区域的变换。

总之，虽然不排除 M_{max}≥5.0 级地震的余震或其由 M_{max}≥5.0 级地震的发生所引发的外围区域的地震活动中，少数地震震中距库岸大于 10km，但根据现有的资料不论是水库蓄水后发生的最大地震，还是 M<M_{max} 的绝大多数地震都发生在距库岸 10km 之内的区域，且以库岸附近最为集中，这是水库地震的一个重要特征。

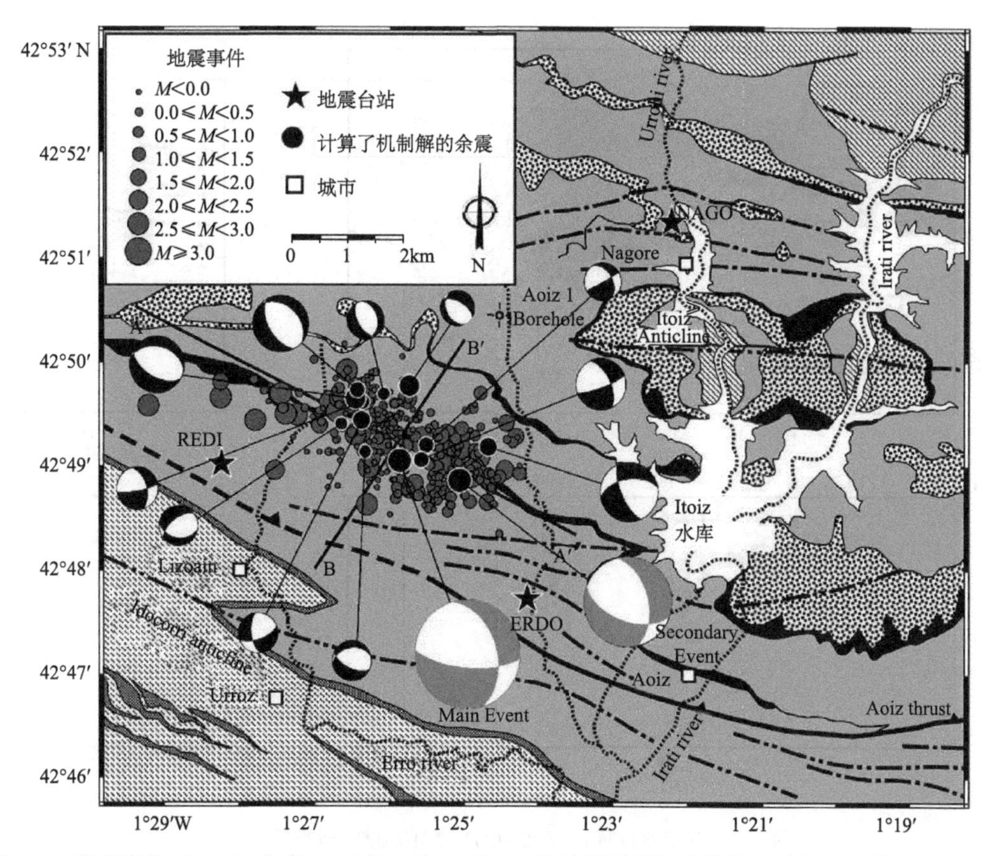

图 3.7　意托意兹（Itoiz）水库 2004 年 9 月 18 日 4.6 级地震序列震中分布（引自 Ruiz 等（2006））

作者注：图中外文为城市名称

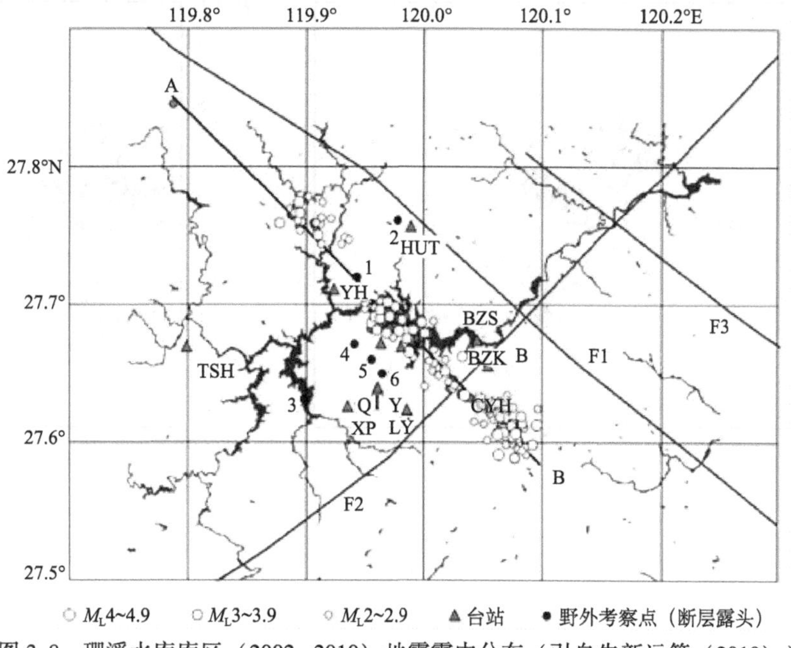

图 3.8　珊溪水库库区（2002~2010）地震震中分布（引自朱新运等（2010））

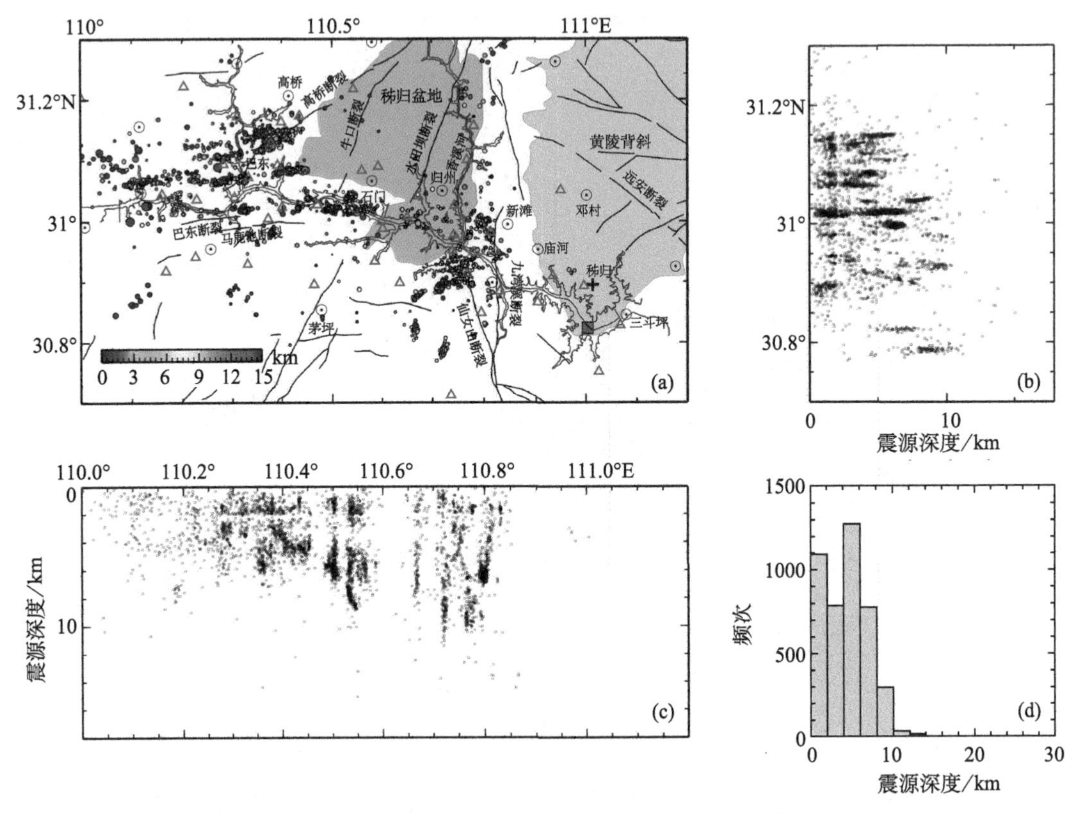

图 3.9　三峡水库库区（2009. 03～2010. 07）地震震中分布

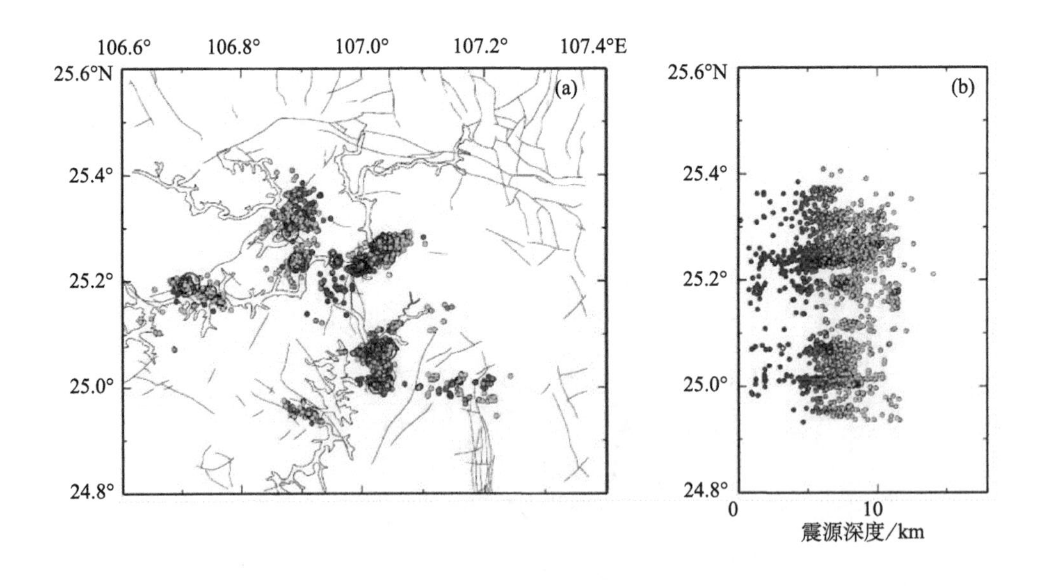

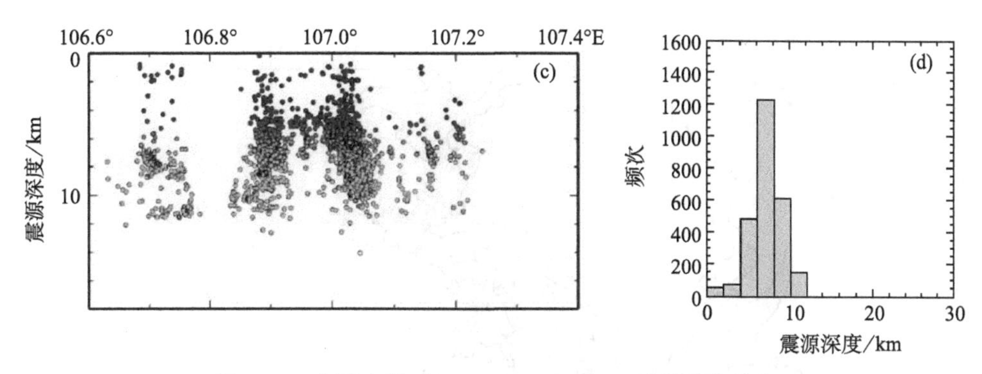

图3.10　龙滩水库（2009.04~2010.05）地震震中分布

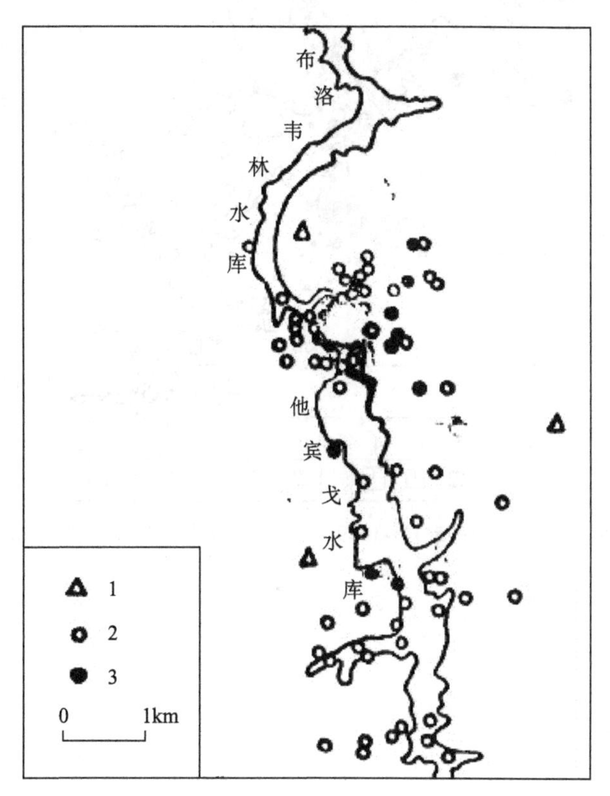

图3.11　他宾戈水库库区地震震中分布（引自丁原章（1989））

1. 台站；2. 1971.08震中；3. 1971.12震中

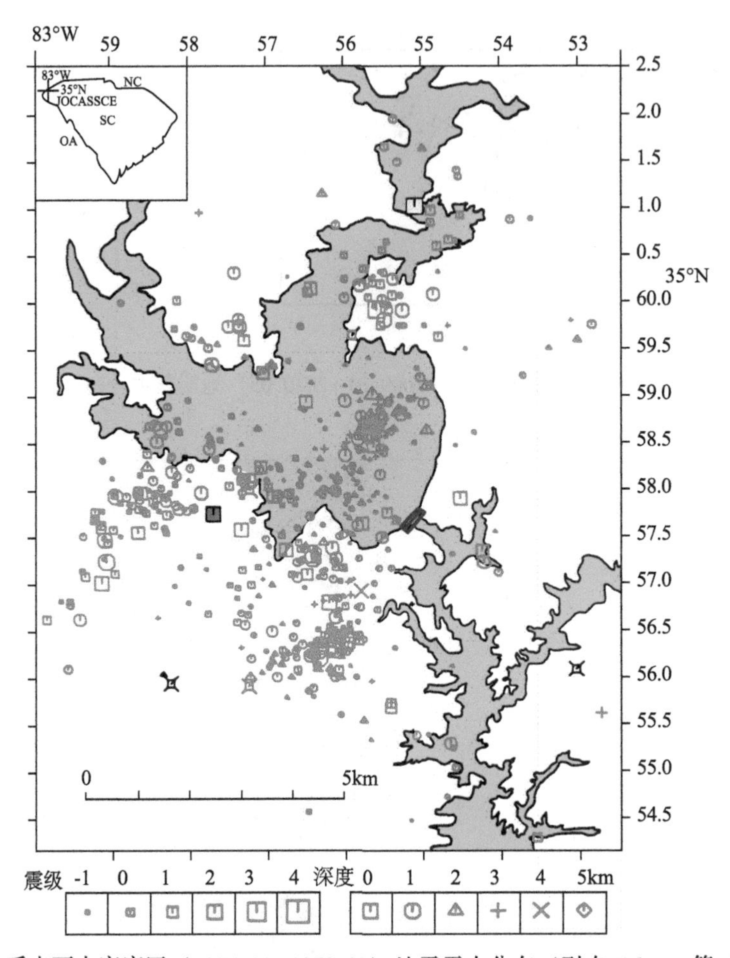

图 3.12　乔卡西水库库区（1975.11~1979.09）地震震中分布（引自 Talwani 等（1980））

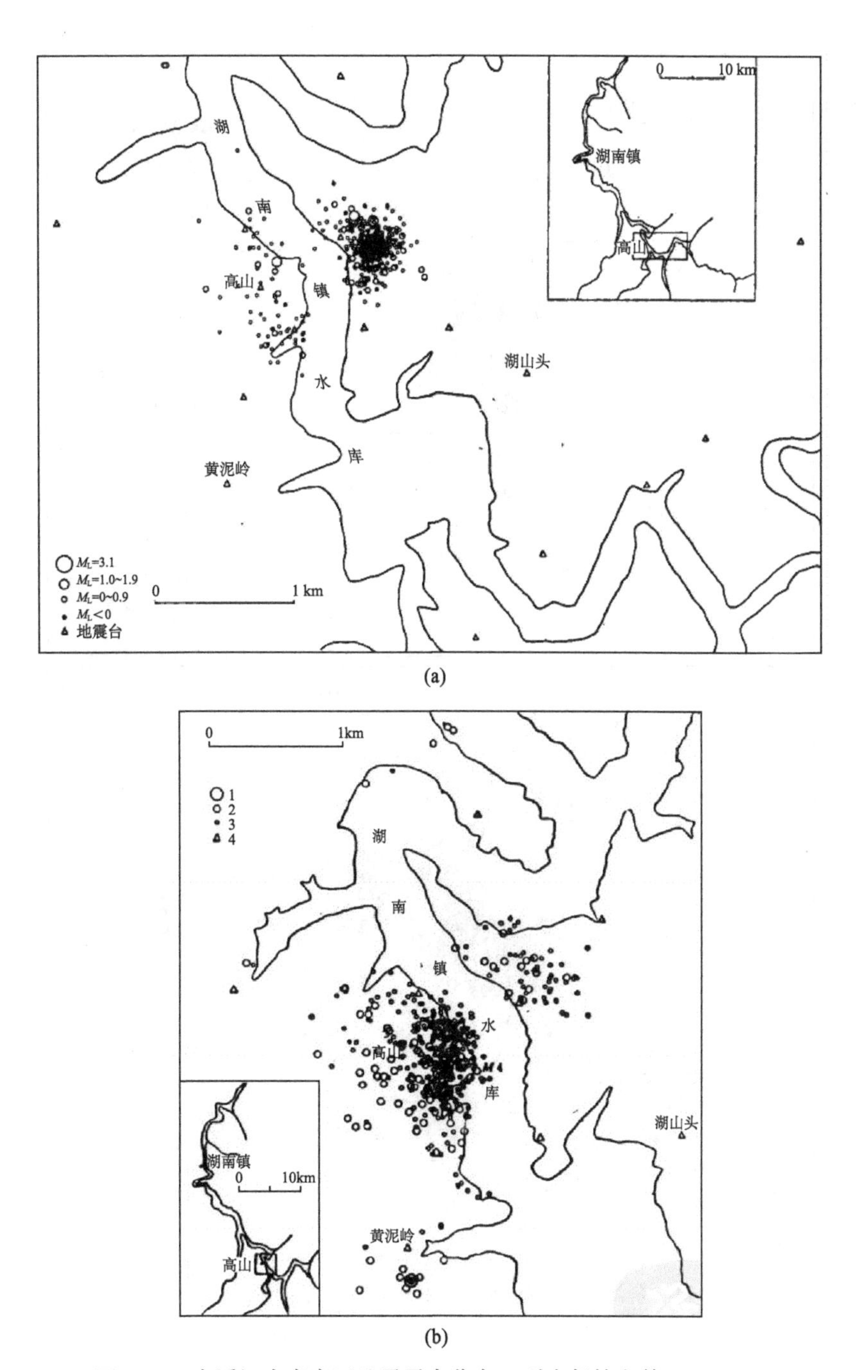

图 3.13　乌溪江水库库区地震震中分布（引自胡毓良等（1986））

（a）1982 年 4 月 11 日至 6 月 9 日；（b）1983 年 5 月 23 日至 7 月 13 日

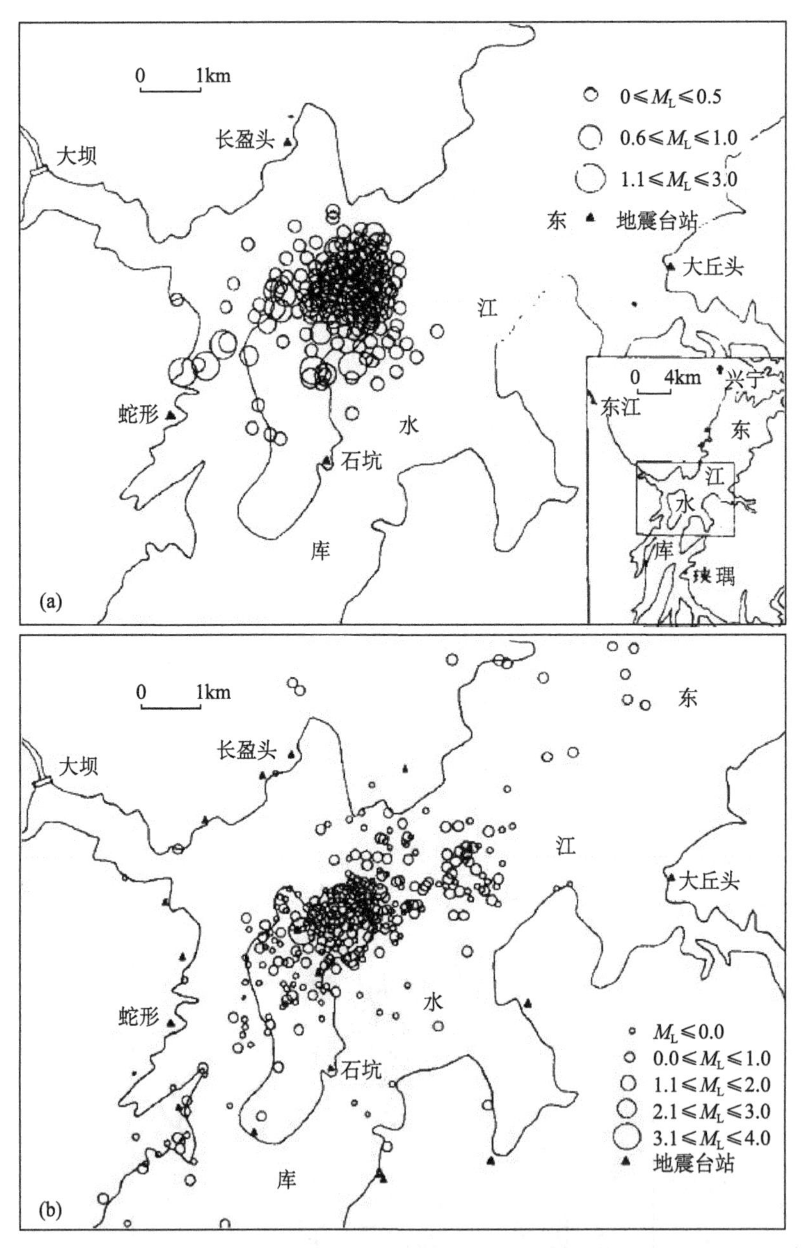

图 3.14　东江水库库区地震震中分布（引自胡平等（1997））

（a）1987 年 11 月至 1990 年 12 月；（b）1991 年 1 月至 1992 年 7 月

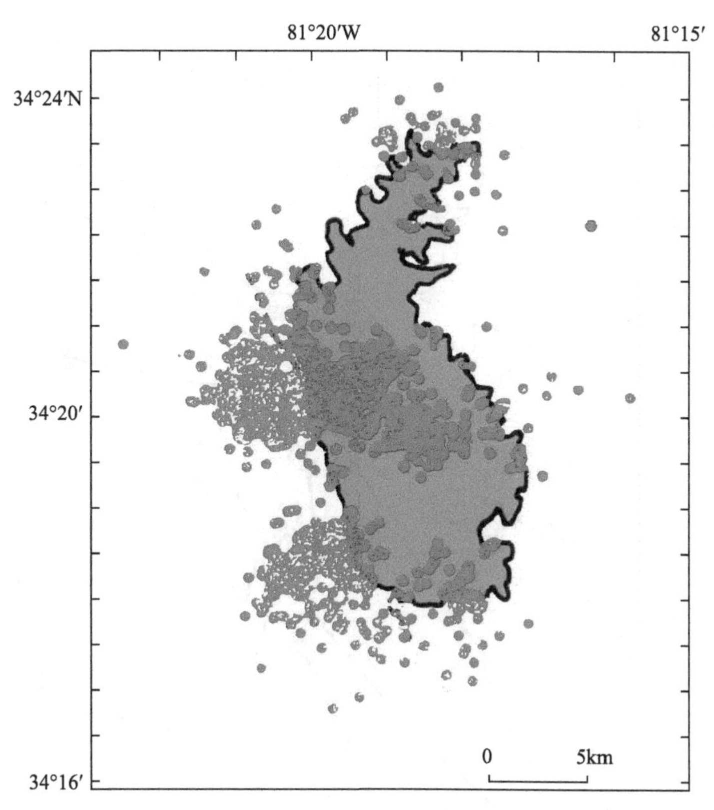

图 3.15　蒙蒂赛洛水库库区（1977.12~1979.07）地震震中分布（引自 Talwani 等（1980））

3.1.3　水库地震震中分布与库区断裂带的关系

不论是构造地震研究，还是水库地震研究，地震与断裂构造的关系都是研究的重要问题之一。对构造地震，已有的研究已取得较广泛的共识：$M_S \geqslant 5.0$ 级，尤其 $M_S \geqslant 6.0$ 级地震多数发生在活动断裂带上或其近邻；而 $M_S < 5.0$ 级的中小地震并不都发生在主要断裂带上，具有一定的随机分布特征。对水库地震则仍缺乏较广泛的共识。这主要在于多数库区或缺乏地震台网或台网密度低，地震定位精度不高，难以描述库区的地震活动空间分布与断裂构造的关系。这里以地震定位精度相对于较高的，且断裂构造较清晰的几个水库地震为例，对这一问题作初步的探讨。

1. 新丰江水库库区地震活动与断裂带展布的关系

1962 年 3 月 19 日新丰江 6.1 级地震是全球第一个大于 6 级的水库地震。1960 年 10 月开始在大坝下游约 0.7km 处建立了库区第一个地震台，1961 年 6 月起增加了两个流动台，流动于苟排、新港、龙王庙、回龙、湖羊角和老鼠石等地。1961 年 7 月建成了包括双下、苟排、碉楼、回龙 4 个三分向地震仪在内的地震台网。1962 年 3 月 19 日 6.1 级地震发生后又增设了湖羊角、洞源、杨梅坑、麻竹窝、七寨地震台，这些台站都位于库区及近邻区域。同时在库区开展了 1：100000 和 1：50000 的构造地质填图和综合地球物理探测等基础工作（丁原章，1989）。图 3.16 根据丁原章（1989）给出的有关资料和数据，展示了库区断裂构

造和 $M_S \geqslant 3$ 级地震（1960~1987 年）震中分布，其中 6.1 级地震后地震定位的精度较高。6.1 级地震前的地震是根据库区流动台和区域地震台网测定的，定位精度相对较低，但不影响图像总体分布的轮廓。

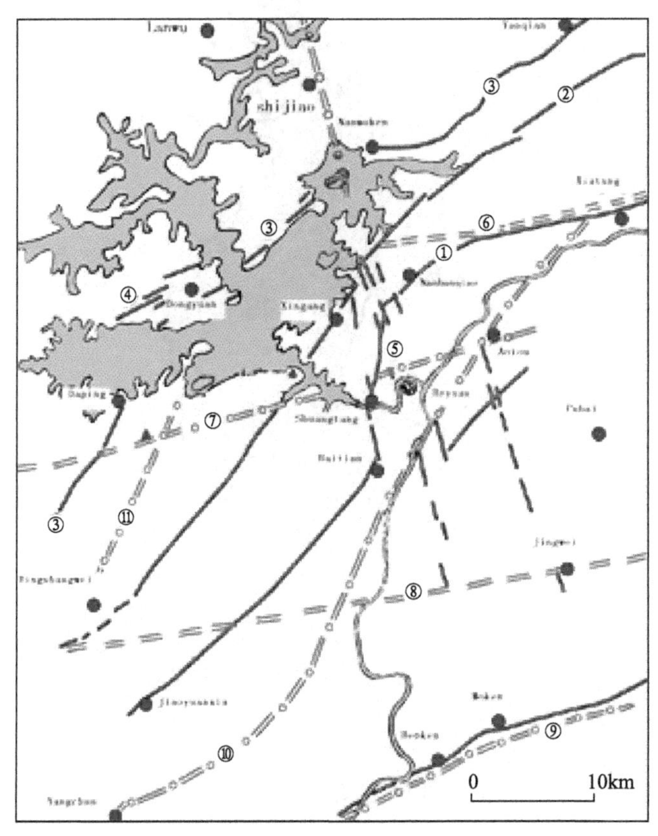

图 3.16　新丰江库区断裂构造及地震（1960~1987 年）

作者注：仅展示相应曲线

我国许多学者对新丰江水库地震作了大量的研究，丁原章（1989）对这些研究成果作了归纳和提炼，指出：新丰江水库主要坐落在燕山期花岗岩基之上，库区的断裂构造十分发育，不论花岗岩体及被侵入的围岩，或稍晚形成的白垩纪和第三系岩体都被多条断裂构造所切割。库区主要断裂有三组，分别为北东—北北东，北北西和北东东向。图 3.16 中用实线表示的为地表出露的断裂带，用折线表示的为由综合地球物理探测刻画的断裂带，圆圈里的数字表示断裂带的编号，依次为：

①河源断裂：属河源—杨村红色盆地西边缘断裂带，大致可分为三段：北段自下屯延伸至南板桥一带，走向 N80°E，倾角 35°~50°；中段自南板桥向西南延伸至白田一带，走向 NNE，倾向 SE，倾角 30°~45°左右；南段由白田向西南延伸至焦园下，走向 N45°E。河源断裂多处被北西向断层左旋平错，其中以双塘—白田段最剧烈。

②大字石断裂：位于河源断裂以西，呈 NE—SW 走向，纵贯全区，全长约 60km，在大字石以北，倾向 SE，倾角 60°~80°不等。大字石以南，倾角为 60°左右，具有明显的逆冲性

质。该断裂带的走向比较稳定，受其他构造的影响较弱，表明其新构造活动较强。

③大坪—岩前断裂：南段位于大字石断裂以西，主要出露于水库西北岸，走向 N35°～50°E，倾向 SE，倾角 65°至直立。断裂向西南延伸至水库以外；东北段，即岩前—南太坑段位于水库东北角，走向变化较大（N25°～80°E），形成弧形弯曲，倾向 SSE 或 SE，倾角平缓，小于 40°。

④洞源断裂：位于太坪—岩前断裂以西，是由多条规模较小的 NE 向断裂组成的断裂带，局部被扭动和错动，这主要是受其他走向的活动断裂带的改造所致。

⑤石角—新港—白田断裂：这是库区最主要的 NNW 向断裂，由多条大小不等的断裂组成。北段走向 N20°W，倾向 SWW，倾角 65°～75°；中段被库水淹没，情况不明，但循其延伸方向至水库南段，形成了走向 NNW 的断裂破碎带和石英脉群；南段多处切割河源断裂，而且使某些 NE—NNE 向断裂局部扭曲，表明 NNE 向断裂具有左旋错动性质。其他 NNW 向断裂的规模不大，延长不远，延伸不深，属陡倾角的小型平推断层和剪切节理，多为左旋扭动。

⑥洞源—下屯构造带：这是由地球物理探测推断的构造带，位于洞源—下屯低磁场带内。东段为地表出露的下屯—南板桥断裂，因此该带的东段可视为下屯-南板桥断裂追踪至深部的表现；洞源一带发育有多条 N60°～70°E 的断裂带，倾向 NNW 或 SSE，倾角多在 80°以上，表现为斜冲右旋错动。

⑦南山—坳头构造带：也是由地球物理探测推断的构造带，位于重力高的北坡，也是高磁带与低磁带的交接带。根据重力资料分析，该带总体上为 NEE 走向，以高角度插入地下深处，为库区切割最深的基底断裂，切割深度在 10km 以上。该带在地表的表现远不如深部那么明显，在地表仅显示一些断续分布而延伸不长的小断裂或挤压带。根据构造分析，深部断裂的新活动以水平右旋扭动为主。

⑧印上围—径尾构造带：也是由地球物理探测推断的构造带，位于石坝—径尾低磁带的北缘，其北磁场变化较乱，推测磁场变化交界处存在深部断裂。该构造带处于 NEE 向重力低值区的南部边界，其南侧显示为以 NE 向为主体的重力异常区。

⑨茨莨嶂断裂带：也是由地球物理探测推断的构造带，总体走向 N70°，倾向 SE，倾角 40°～80°，新生代以来显示为逆冲右旋平移错动。

⑩东江构造带：也是由地球物理探测推断的构造带，走向 NE 至 NNE，自下屯经坳头延伸至杨村一带。根据重力垂向二次导数图分析，沿杨村经黄泥金直至下屯一带有多个呈边幕式延伸的低槽带，可能是断裂带的反映。河源东北（坳头）在地表可见断裂带出露，走向 N30°E，倾向 NW，倾角 60°～70°。

⑪印上围—东星构造带：也是由地球物理探测推断的构造带。南段自东星至印上围一带，西边航磁异常轴向近直角相交。布格重力异常分布显示，该带为 NNE 的重力低槽带。东星至印上围一带重磁异常反映该带走向大致为 NNE，并以高角度插入地下。在地表，这个异常带附近有走向 N20°左右，倾向 NW，倾角 62°～70°的南山东侧断裂带等。

以上不同走向的构造断裂带把新丰江库区及周围区域地壳分割为若干大小不等，形状不一的地壳块体，更新世以来在区域构造应力场的作用下，块体的相对运动使其边界地带——断裂带发生变形。水库蓄水后，这些断裂带则成为库水渗透扩散的有利渠道，从而使水库地震震中分布与这一复杂的构造格局呈现出一定的关联，图 3.16 表明，这种关联主要表现在以下两个方面：

首先，水库蓄水后，最大的 6.1 级地震发生在构造活动性较强的断裂带的交会部位附近。如上所述，库区的三组构造断裂带的活动性以 NNW 向最强，NEE 向次之，NE—NNE 向相对较弱。在 NNW 向的断裂带中，以石角—新港—白田断裂带的构造活动最强，而在 NEE 向的断裂带中以南山—坳头断裂带最强。这两条断裂带由于深度不同，交而不会，6.1 级地震就发生在交而不会的部位，石角—新港—白田断裂带的中段为 6.1 级地震的发震构造断裂带，6.1 级地震的前震活动也发生在该断裂带上，呈 NNW 展布（丁原章，1989）。

其次，图 3.16 及图 3.2 显示，库区地震活动的 4 个集中区与构造格局相对应。地震活动频度和强度最高的 A 区位于上述石角—新港—白田断裂和南山—坳头断裂带的交会部位附近。NNW 向活动穿插有 NEE 向活动，使 A 区呈现为 NW 走向的展布，长约 12km，宽 8km 左右，且受 NE 的大字石断裂和东江断裂的限制，A 区西北部止于库岸附近，东南部止于东江右岸；A 区东北和西南的 C 区和 D 区都位于构造活动相对较弱的大字石断裂带上。其中 C 区位于该断裂带与石角—新港—白田断裂及下屯—洞源构造带的汇合部位附近，活动水平高于位于大字石断裂与南山—坳头构造带汇合部位附近的 D 区；B 区地处水库的上游，位于由多条小规模的 NE 向断层组成的洞源断裂带附近。A 区与 B 区之间构造不清晰的库水区只有零星的微震发生。

2. 柯依那水库库区地震活动与断裂带展布的关系

柯依那水库位于印度半岛地盾德干高原西部，距西海岸 100km 左右，由高 103m 的大坝拦截柯依那河而成。柯依那河自北向南流，穿过一深 500～600m、长约 60km 的山谷，然后转向东流（图 3.17）。由于基底岩层被很厚的德干基性岩所覆盖，难以直接观测到基底是否有断裂带展布。但据重力异常图推测，柯依那河西岸有一条次生断层，大致 NS 走向。另外，在柯依那防护工程的引水隧道中，可清楚地看到一组取向北至北北西，断层泥宽 1～20m 的断裂带（Gupta，1992）。而如图 3.18 所示，卫星影像显示柯依那地区存在 NNE—NE 和 NW 两组断裂带。这两组断裂带大致与图 3.1 所示的柯依那库区及周围区域地震震中分布图像相吻合。$M_{max}=6.5$ 级地震位于柯依那河由 NS 转向 EW，上述两组断裂带的交会部位附近。

3. 几个 $M_{max}<5.0$ 级水库库区地震活动与断层带展布的关系

图 3.4 至图 3.15 展示了 12 个 $M_{max}<5.0$ 级地震的水库库区地震震中分布。其中三峡和龙滩水库库区地震分别由图 3.19 和图 3.20 所示的数字地震台网记录，采用双差（DD）和波形互相关技术定位方法测定的，垂向（深度）的精度为 1km，水平精度为 500m，地震定位精度较高，因此这里首先对这两个水库库区地震震中分布与断裂带的关系作简要的说明：

三峡库区地震多发生于长江及其支流的岸边附近（图 3.9），呈若干带状分布，巴东以西主要呈近 E—W 取向，巴东以东则呈近 N—S 取向。这似乎与巴东以西和以东地区断裂带的取向相同，但只有部分地震震中位于断裂带上，许多偏离断裂带。表明地震分布并不完全由断裂带所控制。

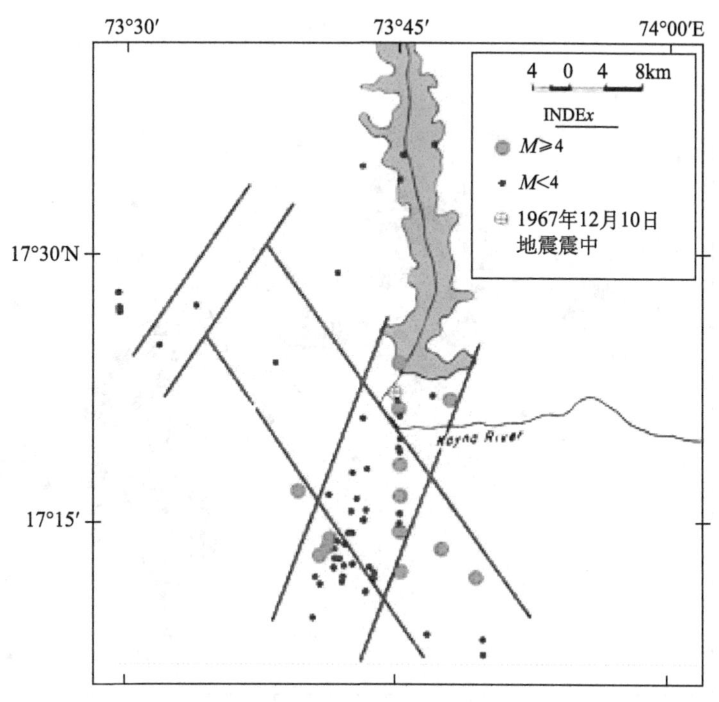

图 3.17　1973~1976 年 $M \geqslant 4.0$ 级地震及其前震、余震震中分布（引自 Gupta（1980））

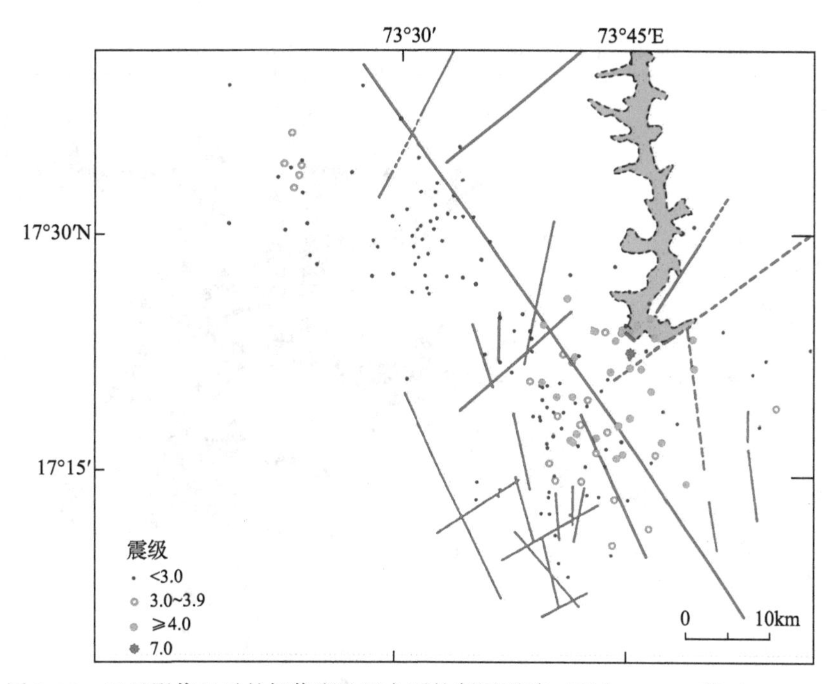

图 3.18　卫星影像显示的柯依那地区主要的断层形貌（引自 Rastogi 等（1980））

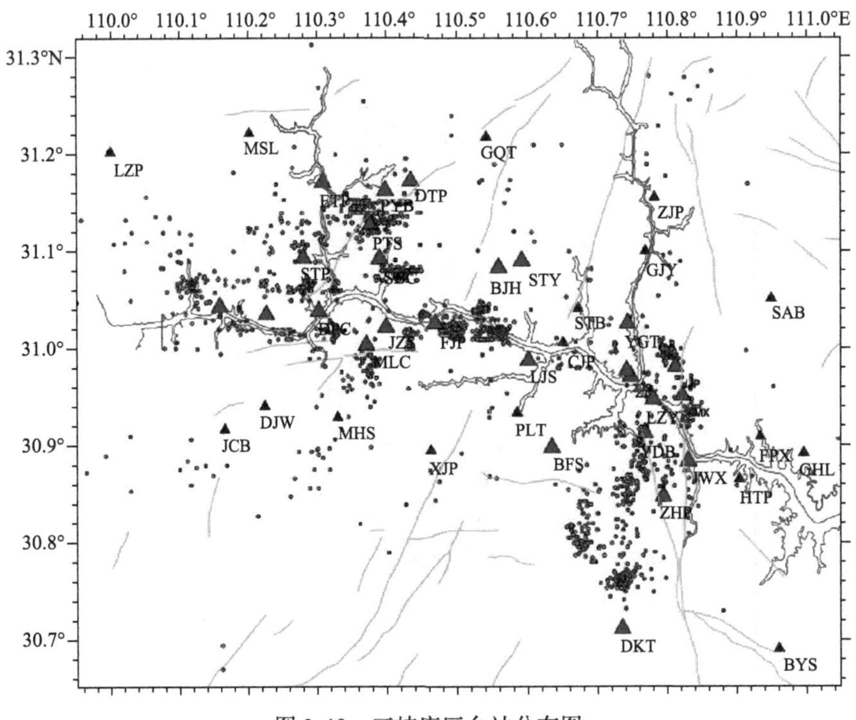

图 3.19　三峡库区台站分布图

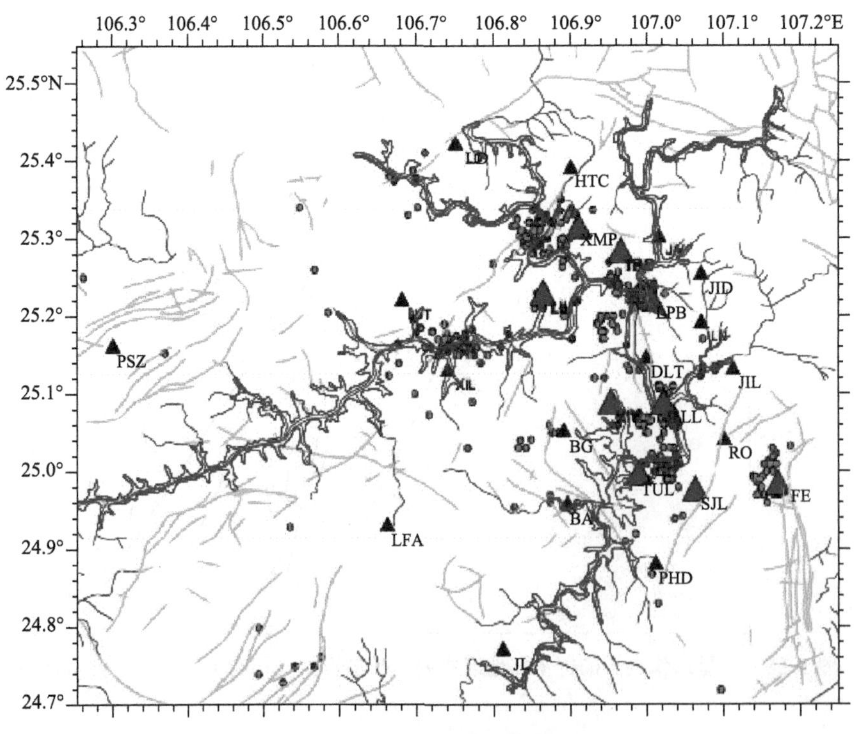

图 3.20　龙滩库区台站分布图

蓝色三角形：库区测震台网；黑色三角形：本研究加密台站

龙滩水库库水区主要为几条山间河流。水库外围张性断裂很发育，但库区及近邻区域只有一些小规模的断裂带。地震主要分布于几条山间河流的岸边附近，呈若干丛区分布（图 3.10）。每个丛区的附近虽然有小尺度的断裂带，但多数地震不发生在断裂带上，且丛区的趋向与断裂带的走向有别。表明地震分布不由断裂带所控制。

其他 M_{max}<5.0 级的水库，虽然许多地震定位精度不高，但根据有关的研究，至少说，没有充分的证据表明库区地震活动由断裂带所控制。例如，根据夏其发等（1986）和丁原章（1989）的研究，乌溪江水库库区断裂构造以 NE—NNE 走向为主，但不发育，不仅规模小，且向下延伸不深，后期胶结良好，近期没有明显的差异活动。在水库地震的震中区（图 3.13）虽然有两条相向倾斜，并于地下 1.2~1.5km 深处相交，走向为 N50°E 的小断层，但与图 3.13 所示的两个震中密集区的取向明显有别；还有些水库，如蒙蒂赛洛水库库区没有发现有断裂通过（Secor 等，1982），更难以论及地震震中分布与断裂构造关系。

综上所述，尽管受地震监测及定位精度等的限制，对许多水库难以准确地描述库区地震与断裂构造的关系，但根据上述震例和其他有关的报道，似乎可得到这样的印象：$M_{max}\geqslant$ 5.0 级地震及其前震和余震发生于库区活动断裂上或其附近，而 M_{max}<5.0 级的水库，其诱发的中小地震与库区断裂构造的关系较复杂，并不一定位于断裂带上，或者说不一定由断裂构造所控制。

3.2　水库地震震源深度分布

水库地震震源深度的测定与研究对于认识水库地震的机理和震害特点来说，至关重要。遗憾的是，许多水库库区缺少高密度地震台网，或难以测定震源深度，或测定的误差较大，因此这里只能根据有限的资料对这一问题作初步的探讨。

3.2.1　最大地震震源深度的分布

第 1 章表 1.2 中较公认的蓄水后发生了水库地震的 103 个水库中，有 56 个水库给出了所发生的最大地震的震源深度 h，现将这 56 个水库 h 的分布列于表 3.3。统计时，凡第 1 章表 1.2 中震源深度一栏标志“很浅”一律视为 $h\leqslant$3km，凡给出 h 的取值范围的，一律取中值。

表 3.3　全球水库诱发的最大地震震源深度的分布（P 为百分比）

h/km N、P(%) M_{max}	$h\leqslant3.0$		$3.0<h\leqslant5.0$		$5.0<h\leqslant10.0$		$10.0<h\leqslant15.0$		合计	
	N	P	N	P	N	P	N	P	N	P
≥5.0	1	12.5	2	25.0	4	50.0	1	12.5	8	100.0
4.0~4.9	4	22.2	7	38.9	5	27.8	2	11.1	18	100.0
<4.0	25	83.3	5	16.7	0	0	0	0	30	100.0
合计	30	53.6	14	25.0	9	16.0	3	5.4	56	100.0

表 3.3 中 N、P 的含义与前面类同，例如，发生 $M_{max} \geqslant 5.0$ 级地震，且给出震源深度 h 的水库地震总数 $N=8$ 个，其中地震震源深度 $h \leqslant 3.0$km 的水库 1 个，所占的百分比 $P=1/8=12.5\%$，由表可见，震源深度的分布有以下两个明显的特点：

首先，水库地震的震源较浅。在统计分析的 56 个水库中，有 53 个水库最大地震震源深度 $h \leqslant 10$km，占 94.6%，其中 $h \leqslant 5$km 的 44 个，占 78.6%。只有 3 个水库的 $h>10$km，即克里马斯塔水库 $M_{max}=6.2$ 级地震，$h=12$km；本莫尔水库 $M_{max}=4.6$ 级地震，$h=12$km；买加水库 $M_{max}=4.6$ 级地震，$h=12 \sim 15$km；买加水库 4.5 级地震前，地震台网布设情况不详。克里马斯塔水库 6.2 级地震前，希腊只有 5 个地震台。本莫尔水库 4.6 级地震前，水库外围地区只有 3 个地震台，与库区的距离分别为 70、80 和 120km（Gupta，1992）。显然，这三个水库地震震源深度的定位精度不高。

其次，总体上，随着 M_{max} 的减小，震源深度有减小的趋势。$M_{max}<4.0$ 级地震的 30 个水库，最大地震的深度都在 5km 之内，其中 $h \leqslant 3$km 的占 83.3%；而 $M_{max}=4.0 \sim 4.9$ 级和 $M_{max} \geqslant 5.0$ 级的水库，$h \leqslant 5.0$km 的分别占 61.1% 和 37.5%，$h \leqslant 3$km 的分别占 22.2% 和 12.5%。

3.2.2 库区地震震源深度的分布

鉴于最大地震的深度尚难以充分揭示库区地震震源分布的特征，下面对几个有库区地震台网记录，可较精确地测定震源深度的水库，其地震震源深度的分布情况作简要的说明和讨论。

1. 新丰江水库地震震源深度的分布

上节已对新丰江水库库区地震台网的概况作了说明。丁原章（1989）认为从 1961 年 7 月开始，可对库区 $M_S \geqslant 3.0$ 级地震作较精细的定位，并给出了相应的地震目录。我们根据该目录对 1961 年 7 月至 1971 年 12 月这 10 年间库区地震震源深度的分布情况，作如下统计分析：首先由目录可以看出，虽然 $M_{max}=6.1$ 级地震的震源深度仅 5.0km，但库区地震震源深度变化较大，最大深度达 14km，最小仅为 1.5km。图 3.21 展示了这 10 年间库区 $M_S \geqslant 3.0$ 地震震源深度的分布及其随时间的变化。

图 3.21 表明新丰江库区地震震源深度分布具有以下两个明显的特点：

首先，尽管震源深度的波动范围较大，但绝大多数震源在 10km 以内，尤以 4~8km 的深度区间最为集中。

其次，不同时段震源深度的分布有别。大致可分为四个时段：1961 年 7 月至 1962 年 3 月 18 日、1962 年 3 月 19 日 6.1 级地震后至 1962 年 9 月、1962 年 10 月至 1963 年 6 月、1963 年 7 月以后。由第 2 章图 2.16 可以看出，第一时段库水由接近最高水位至在最高水位附近波动，库区地震活动明显增加，根据地震目录所给出的震中经纬度，这阶段的地震多位于之后 6.1 级地震的破裂区里，这里不妨将其视为 6.1 级地震的“前震活动”；第二时段，库水在最高水位附近波动，库区地震活动主要为 6.1 级地震的余震；第三时段库水由最高水位下降，以 6.1 级地震的余震为主的库区地震活动起伏衰减；第四时段，库水水位呈现有一定规则的循环变化，库区地震活动虽有起伏，但变化较平缓。图中显示，四个阶段库区地震震源深度的分布范围有别。在“前震活动”阶段，震源深度的变化范围最大，且在 6.1 级

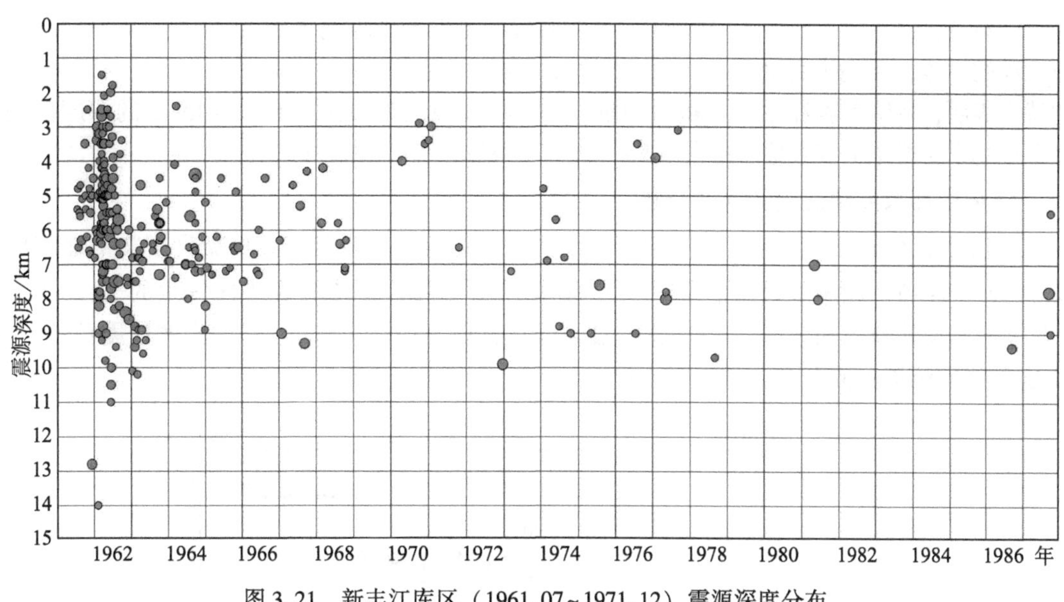

图3.21　新丰江库区（1961.07~1971.12）震源深度分布

地震前，似乎有加深的表现。6.1级地震后地震源深度的分布范围也较大，但随着余震的衰减，逐渐稳定在4~8km的范围内。为进一步描述这种特征，这里按上述四个时段进行统计分析，列于表3.4。

表3.4　新丰江库区不同时段地震震源深度

h/km N、P(%) M_{max}	h≤4.0		4.0<h≤8.0		8.0<h≤10.0		10.0<h≤15.0		合计	
	N	P	N	P	N	P	N	P	N	P
1961.07~1962.03.18	6	15.0	31	77.5	1	2.5	2	5.0	40	100.0
1962.03.18~1962.09	26	23.4	74	66.7	9	8.1	2	1.8	111	100.0
1962.09~1963.06	0	0	14	53.8	10	38.5	2	7.7	26	100.0
1963.07~1971.12	6	8.1	64	86.5	4	5.4	0	0	74	100.0
合计	38	15.1	183	72.9	24	9.6	6	2.4	251	100.0

表3.4中N、P的含义与前面类同。例如，1961年7月至1962年3月18日，库区M_S≥3.0级地震的总数N=40，其中震源深度h≤4.0km的地震6次，其百分比P=6/40=15.0%，由表可以看出在这10年间，库区M_S≥3.0级地震，97.6%地震震源深度在10km的范围内，尤以8km内最多，占88.0%，但不同时间段的分布情况略有差别。在前两个时段，即“前震”活动和主要余震活动（1961年3月19日至1962年9月）阶段，库区地震震源深度分布范围相对较大些。在第一时段最大深度达14km，最小深度为2.5km；第二时段最大深度达11km，最小深度为1.5km。这可能是因6.1级地震前发震断层已处于不稳定状态，发生了预滑，引发较深些地震的发生及余震沿主破裂面发生。第三时段虽然有2次地震深度略大于10km（10.2km

和 10. 1km)，但多数在 6~9km 范围内。第四时段，虽然 6. 1 级地震破裂区的地震仍是库区地震活动的主体，但起伏变化平缓，深度都在 4~8km 深度范围内，占 86. 5%，居绝对优势。上述特点表明，尽管前震和主要余震活动阶段，有极少数的地震发生在 10~15km 的深度范围，但不论哪个时段绝大多数地震都在 10km，尤其 4~8km 的深度范围内。

2. 柯依那水库地震震源深度分布

柯依那水库 1967 年 12 月 10 日 $M_{max}=6.5$ 级地震后，1969 年在库区架设了 7 个地震台。Gupta 等（1980）利用该台网记录对 1973 年 10 月至 1976 年 12 月在库区发生的 12 次 $M_S \geq 4.0$ 级地震及其前震和余震，共 71 次地震重新进行精定位。按 Gupta 等给出的地震目录，这 71 次地震震源深度的分布如图 3. 22 所示。

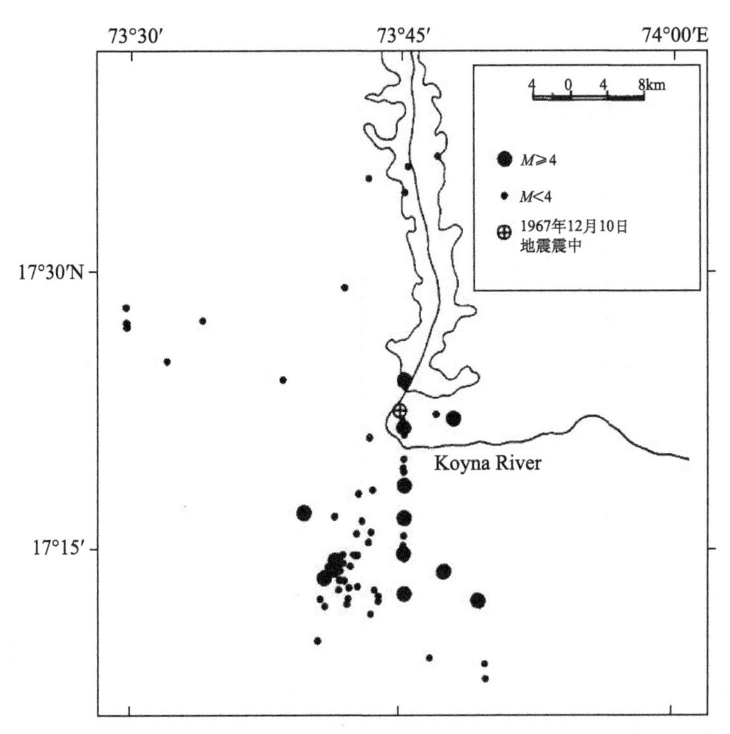

图 3. 22（a）　柯依那库区（1973~1976 年）12 次 $M_S \geq 4.0$ 级地震及其前震和余震空间分布

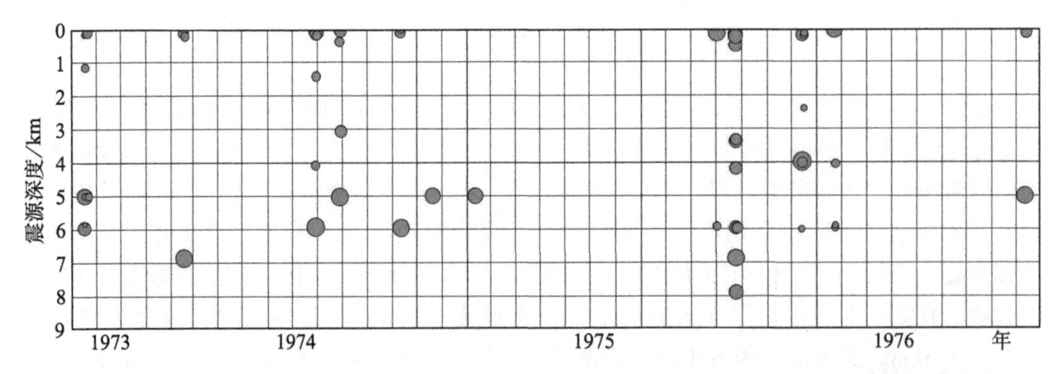

图 3. 22（b）　柯依那库区（1973~1976 年）12 次 $M_S \geq 4.0$ 级地震及其前震和余震深度分布

图 3.22 表明，这 71 次地震中，只有 2 次地震震源深度大于 10km，但都未超过 12km。其他 69 次地震（占 97.2%）震源深度都小于 8km，且主要分布在小于 1km 和 4~6km 的两个深度层位里。各有 30 次和 29 次地震，分别占总数的 42.3%和 40.8%。

3. 几次 M_{max}<5.0 级水库库区地震震源深度分布

塔吉克斯坦努列克水库，西班牙意托意兹水库和我国三峡水库、龙滩水库都有库区地震台网，可对库区地震作较精细的定位。下面分别对这四个水库地震震源深度分布的情况作简要的说明：

塔吉克抗震结构和地震学研究所从 1955 年开始就在努列克周围 100km 的范围内建立了由 15 个台站组成的区域地震台网。1972 年 4 月努列克水库开始蓄水后，当年 11 月 6 日就发生了 M_{max}=4.5 级最大地震。Keith 等（1982）对 1976 年 10 月 25 日至 1977 年 2 月 28 日库区地震进行精定位，给出了如图 3.23 所示的震源深度分布。图中 I—I’ 为沿图 3.5 所示的总体取向 NE 震中分布的剖面上震源的投影。表明震源深度在 10km 的范围内，尤以 2~8km 最为集中。

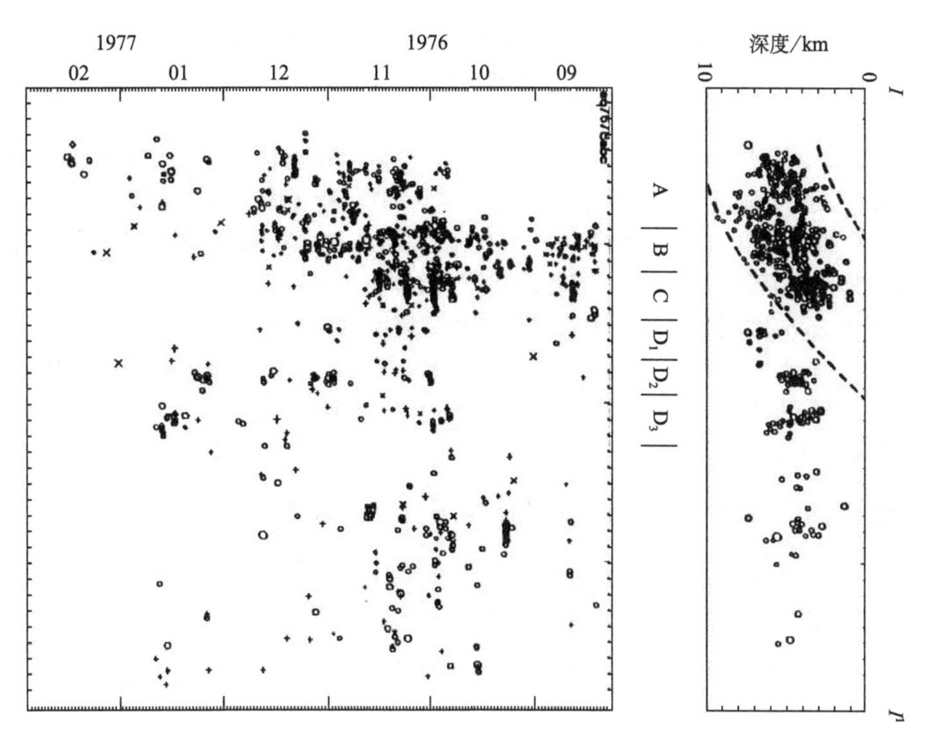

图 3.23　努列克库区（1976.10.25~1977.02.28）震源深度分布（引自 Keith 等（1982））

意托意兹水库 2004 年 1 月开始蓄水后，当年 9 月 18 日发生了 M_{max}=4.6 级最大地震。Ruiz 等（2006）对该库区 326 次地震进行定位。其震中沿 NW 走向分布。图 3.24 为 Ruiz 等（2006）给出的震源沿 NW(A—A’) 剖面和沿 NE(B—B’) 剖面的投影。在考虑了震源深度的测定误差（图中+所示）后，确认震源深度在 10km 的范围内。Ruiz 等对其中 70 个地震进行精定位，误差显著减小，震源深度集中在 4~9km 的范围内。

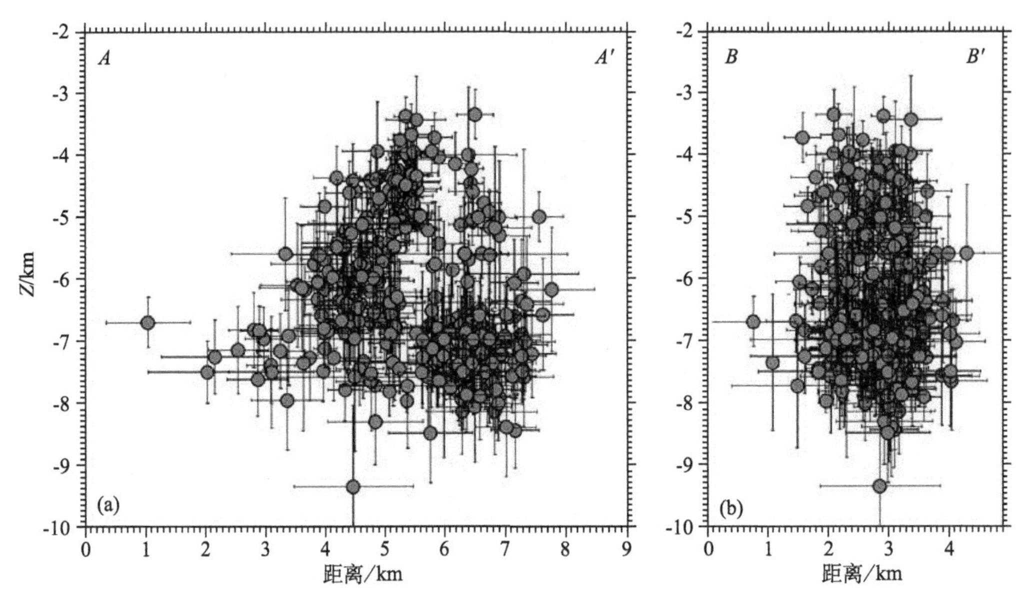

图 3.24　意托兹水库库区地震震源深度分布（引自 Ruiz 等（2006））
（a）沿 NW 剖面的投影；（b）沿 NE 剖面的投影

三峡水库和龙滩水库蓄水后，很快就诱发了大量的地震活动，我们利用图 3.19 和图 3.20 所示的库区数字地震台网的记录，采用双差（DD）和波形互相关分析技术（WCC）分别对三峡库区 2009 年 3 月至 2010 年 7 月 1900 多次地震和龙滩水库 2009 年 4 月至 2010 年 5 月 3000 多次地震重新进行精定位，定位的水平和纵向（深度）的精度分别为 500m 和 1km。图 3.25 和图 3.26 分别展示对这两个水库精定位后震源深度的分布。

由图可见，这两个水库重新精定位后绝大多数震源深度都在 10km 之内。三峡库区虽有极少数地震震源深度大于 10km，但未超过 14km。在龙滩库区虽有少数地震震源深度大于 10km，但未超过 12km。

3.2.3　水库地震与浅源构造地震震源深度分布的对比

综上所述，不论是全球 56 个水库的最大地震的震源深度分布，还是 6 个有密度相对较高的库区地震台网，地震定位精度相对较高的水库库区地震震源深度分布都表明，水库地震的震源深度较浅，95%左右的地震震源在 10km 的深度范围内，虽然有少数地震震源深度大于 10km，但都未超过 15km。

“深”与“浅”是相对的，这里所称的“浅”是相对于浅源构造地震而言的。为了说明水库地震的震源较浅，我们对我国大陆东部和川滇地区 1970 年区域地震台网建立以来测定的 $M_S \geq 4.7$ 级地震的震源深度（资料取自于中国地震台网中心地震目录）进行了统计分析，其统计结果列于表 3.5。

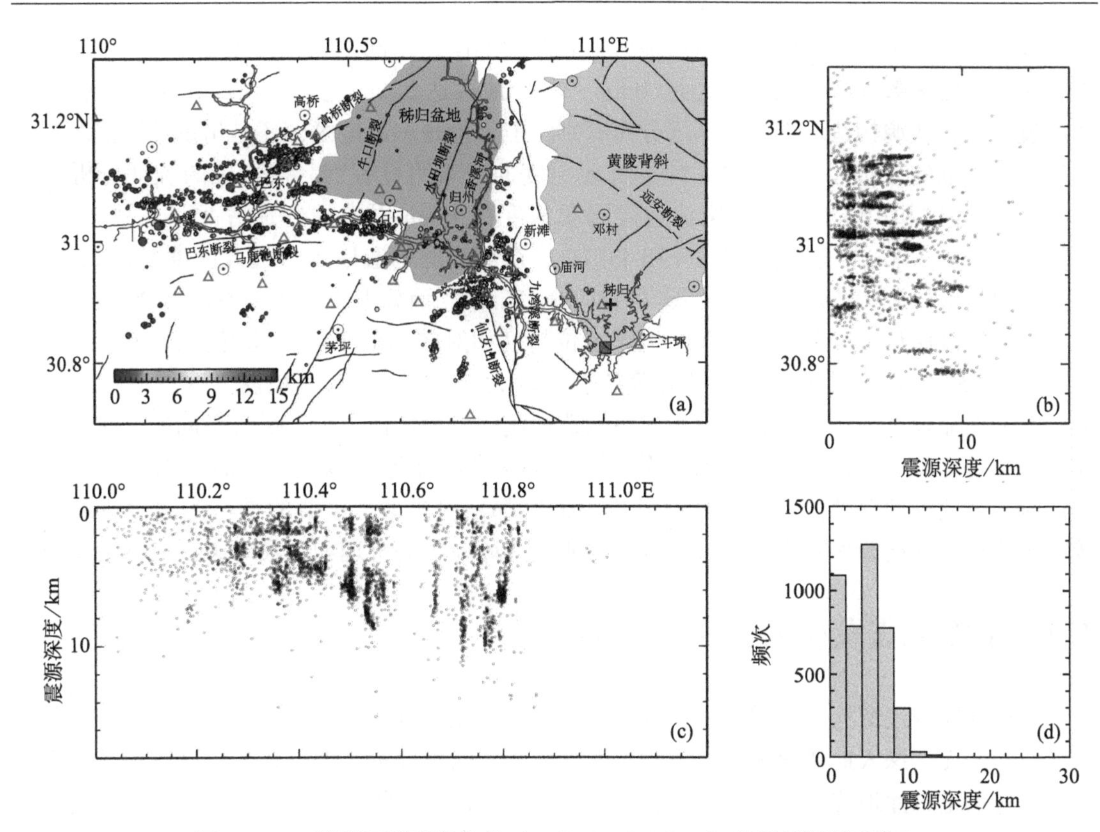

图 3.25 三峡库区精确定位的（2009.03~2010.07）地震震源深度分布

（a）地震平面分布；（b）沿纬度方向剖面的投影；（c）沿经度方向剖面的投影；（d）不同深度区间地震数目

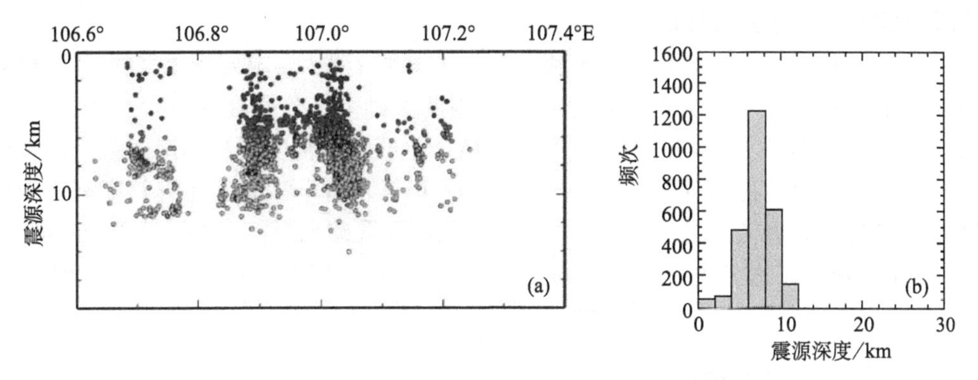

图 3.26 龙滩水库精定位的（2009.04~2010.05）地震震源深度的分布

（a）沿经度方向剖面的投影；（b）不同深度区间地震数目

表 3.5 中国大陆东部和川滇地区（1970~2022.12）M_S≥4.7 级地震震源深度分布

区域	H≤10km	H≤15km	H≤20km	H≤30km	≤40km
川滇	334	439	508	543	574
中国大陆东部	108	131	151	161	164

可见，尽管由于东部地区与川滇地区地壳厚度不同，东部多数地区地壳厚度为30km左右，川滇地区多数地区地壳厚度超过40km，不少地区达50km左右，因此，相应的脆裂圈的厚度不同，浅源构造地震震源深度分布有别，但不论是东部地区，还是川滇地区浅源构造地震震源深度的分布都与上述水库地震震源深度的分布明显有别。按这里的统计分析“样品”，东部地区和川滇地区浅源构造地震震源深度在10km以内的分别占25.9%和30.8%。震源深度大于15km的分别占43.2%和43.1%，东部浅源构造地震的最大深度可达20多千米，川滇地区浅源构造地震的最大深度可达30多千米。而如上文所述，不论是全球56个水库最大地震震源深度分布，还是几个地震定位精度相对较高的水库，地震震源深度在10km以内的占95%左右，且至今为止没有确认有深度大于15km的水库地震。这鲜明的对照表明，震源明显较浅是水库地震有别于浅源构造地震的重要特征之一。尽管不同的水库，由于库区的构造环境（库区岩性、断裂带分布、岩溶发育程度等）以及库水载荷的大小有别等的影响，彼此震源深度分布可能略有差别，但这都是次要的。重要的是与浅源构造地震比较，水库地震的震源深度明显较浅。这是在研究水库地震的机理和震灾时必须充分考虑的。

3.3 水库地震发生的介质和应力环境

水库地震与浅源构造地震一样，发生于地壳里。无须赘述，弄清库区地壳介质结构和应力场对于全面、深入地认识水库地震发生的环境和成因机理是至关重要的。遗憾的是，至今为止，这仍是水库地震研究的相当薄弱的环节，有关这方面的研究报道甚少。有鉴于此，作为国家重点科技支撑项目《水库地震监测与预测技术研究》所属课题“水库地震发生条件探测技术研究”的主要承担者，我们与合作者一起，以新丰江、三峡、龙滩三个库区作为重点研究的区域开展了这方面的探索。

鉴于水库地震发生于库区有限的区域里，尤其震源较浅，要求层析成像的空间分辨率较高。因此，我们在这三个库区已有数字地震台网的基础上，分别在这三个库区布设了20、25、15个临时数字地震台，与已有固定台网相结合，形成了密度较高的库区数字地震台网。所有临时台观测的时间都不少于一年。同时鉴于近几年来新丰江库区地震频度相对较低些，我们在新丰江库区开展了人工地震探测，包括主动源和爆破观测，在人工地震探测期间观测台站达73个。根据在这三个库区所取得的大量波形数据开展了库区介质结构和应力场的研究。

3.3.1 研究方法原理说明

由地壳介质各部分的岩性、非均匀度和水饱和程度等多种因素所决定，地壳各部分介质的物理性质既可能相似，也可能有差异较大。地壳介质结构是对一定区域范围内地壳各部分介质物理性质的异同及相互关系的定量描述。描述介质物理性质的参数很多，在地震学研究中，地震学家最早用波速来描述地壳结构，20世纪80年代开始，用介质品质因子Q值来描述地壳介质结构，90年代初期开始，又用散射系数来描述地壳介质结构，并分别称其为速度结构、衰减结构和散射结构。这三种结构的反演研究虽然各自使用的数据有别、分别为体波震相到时、波形和尾波波形数据，各有所长，但都是对地壳介质性质，尤其是非均匀性和水饱和程度空间分布特征的描述。我们将其用于研究水库地震深部环境，并通过对比，相互印证，以求对库区地壳深部构造环境，尽可能得到较为客观的认识。

应力场包括主应力的大小和方向的分布。鉴于除非用水压破裂等绝对应力测量的方法，否则难以得到绝对应力的取值，因此在地震学研究中，往往用地震应力降来描述应力强度的时空分布，下一章将另行讨论。本节主要利用大量的地震记录，求解库区应力场，以完善对水库地震发生环境的认识。

关于速度结构、衰减结构、散射结构和应力场反演有多种方法，许多有关的文献和教科书都作了详细的介绍，这里仅对在本研究中使用的方法作简要的说明。

1. 速度结构层析成像方法原理的说明

速度结构研究包括一维人工地震探测速度剖面的反演和三维速度结构层析成像的研究。我们的研究同时涉及这两方面的问题，但鉴于一维速度剖面的反演的理论与方法较成熟，早已被广泛应用，这里不再赘述，仅就本研究所使用的三维速度结构层析成像的方法原理作简要的说明。

可不失一般性地把地震波的走时 T_{ij} 表示为：

$$T_{ij} = \int_{S_{ij}} \frac{\mathrm{d}s}{V} \tag{3.1}$$

式中，i 为第 i 个震源；j 为第 j 个台站；S_{ij}为从震源 i 到台站 j 的地震波射线路径；$\mathrm{d}s$ 为路径元；V 为波速。由上式可知，走时 T_{ij} 不仅取决于速度模型，而且与震源定位是否精确有关。不论是速度模型不精确，还是定位不精确，射线路径偏离，都可能导致观测的走时 T_{ij}^{obs} 与计算的理论走时 T_{ij}^{cal} 不一致，出现一定的偏差（称为残差），即：

$$r_{ij} = T_{ij}^{\mathrm{obs}} - T_{ij}^{\mathrm{cal}} = \int_{S_{ij}} \delta\left(\frac{1}{V}\right)\mathrm{d}s + \nabla_{m_i} T_{ij} \cdot \delta m_i \tag{3.2}$$

式中，m_i 为 $m_i(x_i, y_i, z_i, t_{oi})$；$x_i$、$y_i$、$z_i$ 为震源坐标；t_{oi}为发震时间。上式实际上表明，不论是地震定位，还是速度结构反演中，速度和地震定位之间都存在耦合的问题。于是，我们在把研究区域分成许多小块体和选择一定的一维速度模型作为初始参考模型，并把模型参数化后，采用走时残差迭代联合反演三维速度结构和震源参数 m_i 的地方震层析成像方法和程序 SIMUL2000（Thurber（1981）提出，Eberhart-Phillips（1986）多次修改优化程序），进行库区波速结构的层析成像。

2. 衰减结构层析成像方法原理的说明

介质品质因子是描述地震波衰减和介质物理性质的重要参数，通常将 $1/Q$ 称为“衰减”因子，将 Q 值的三维空间分布称为衰减结构。我们采用通过计算吸收特征时间 t^* 反演三维 Q 值的方法（Rietbrack，2001；Eberhart-Phillips 等，2002）研究了库区介质的衰减结构（Zhou 等，2011）。该方法原理的要点如下：

介质对地震波吸收的特征时间可表示为（Cormier，1982；Wittlinger 等，1983）：

$$t_{ij}^{*} = \int_{s} \frac{\mathrm{d}s}{(\mathrm{d}(r)v(r))} \tag{3.3}$$

式中，i 为第 i 个震源；j 为第 j 个台站；$v(r)$ 为波速；r 为震源距；积分沿地震波的射线密路径 s；$\mathrm{d}s$ 为路径元。由上式可知，当由速度结构的层析成像得到速度模型 $v(r)$ 后，只要求得一系列的 t_{ij}^{*}，即可进行 Q 值的三维层析成像，得到介质的衰减结构。

计算 t_{ij}^{*} 的要点如下：

由地震记录的内涵和 Brune（1970）的震源谱模型，台站 j 记录的地震 i 的扣除了噪声和仪器响应后的地面运动速度谱 $A_{ij(f)}$ 为：

$$A_{ij} = 2\pi f \frac{\Omega_0 f_c^2}{f_c^2 + f^2} e^{-\pi f t_{ij}^{*}} \tag{3.4}$$

式中，f 为频率；Ω_0 和 f_c 分别为地震 i 的震源谱振幅和拐角频率。

采用网格搜索法求解上式中的 Ω_0、f_c 和 t_{ij}^{*}。首先，选取 t_{ij}^{*} 的初始假想值（如 $t_{ij}^{*} = 0.02$），并根据波形，选取 f_c 的初始值 f_{ci}。固定 f_{ci} 和 t_{ij}^{*}，对记录到地震 i 的所有台站，在地震记录的频率范围内，按下式计算 Ω_{0ij}

$$\Omega_{0ij} = \sum_{f<f_{ci}} D_{ij}(f) * A_{ij}(f) \Big/ \sum_{f<f_{ci}} A_{ij}(f) * A_{ij}(f) \tag{3.5}$$

式中，$D_{ij}(f)$ 为观测的速度谱；$A_{ij(f)}$ 为计算的速度谱；$*$ 为褶积。然后固定 Ω_{0ij} 和 f_{ci}，按下式估算 t_{ij}^{*}：

$$t_{ij}^{*} = \sum_{f<f_{ci}} \lg(A_{ij}(f)) * f - \sum_{f<f_{ci}} \lg(D_{ij}(f)) * f \Big/ \pi \sum f * f \tag{3.6}$$

对每个新的 t_{ij}^{*} 估计值进行迭代，估算 Ω_{0ij} 和 f_{ci}，并按下式计算拟合误差 fit：

$$fit = \frac{1}{N} [\lg(A_{ij}(f) - \lg(D_{ij}(f)))]^2 \tag{3.7}$$

式中，N 为记录到地震 i 的台站数目。选取 fit 最小的频点确定该条地震记录的 f_{ci}。去掉 $t_{ij}^{*} \leq 0$ 的记录后，对由各台站得到的 f_{ci} 求平均，即得到地震 i 的拐角频率 f_c。再输入 f_c 进行迭代，最终得到地震 i 的 Ω_0 和各台站相应的 t_{ij}^{*} 值。

在得到一系列的 t_{ij}^{*} 值后，同样用 SIMUL2000 程序进行 P 波 Q 值和 S 波 Q 值的层析成像，得到 Q_P 和 Q_S 的三维空间分布图像。

3. 散射结构层析成像方法原理的说明

地震波的衰减包括吸收衰减和散射衰减。其中，散射衰减与介质结构的不均匀性直接相关联，且对介质里流体的存在，反应较灵敏。鉴于地震尾波是朝台站方向传播的散射波的合成，因此，一些人（如 Nishigami，1991，1997，2006；王勤彩等，2009）用 S 波的尾波来研究地壳和上地幔的散射结构。其方法原理的要点如下：

首先利用多次散射模型和多流逝时间窗方法进行吸收系数和散射的分离：挑选以某台站为中心的一定区域里的地震波形数据，计算自 S 波到时起三个连续时间窗的观测能量，并利用尾波归一化方法进行归一化，给出散射系数和吸收系数的值，计算三个连续时间窗的理论能量。不断调整散射系数和吸收系数的值，使理论能量与观测能量达最佳拟合，得到研究区域平均的散射系数和吸收系数。将所得到的吸收系数作为常数，而将所得到的散射系数作为初始值，进行散射系数的三维层析成像：把研究的区域在一定的深度范围内分为许多小的块体，则第 m 个震源，第 n 个台站，开始时间为 t_i，窗长 t^{win} 的第 i 个流逝时间窗的尾波能量密度 $E_{mn}^{\text{syn}}(t_i)$ 为：

$$E_{mn}^{\text{syn}}(t_i) = \sum_{j=1}^{N_{\text{block}}} W_m^{hyp} R_{mj}^{hyp} R_{mnj}^{sca} B_{mnj}(t_i) G_{mnj} A_{mnj} \Delta v_j^{\text{block}} g_j^{\text{block}} \Big/ V_{\text{S}}^{stn} t^{\text{win}} \tag{3.8}$$

式中，W_m^{hyp}、R_{mj}^{hyp}、R_{mnj}^{sca} 分别是震源辐射能量，震源辐射花样和散射系数对散射角的依赖效应。对小震采用球形震源辐射和各向同性散射模型，$R_{mj}^{hyp} = 1$，$R_{mnj}^{sca} = 1$，且不顾及表面效应；$\Delta v_j^{\text{block}}$ 和 g_j^{block} 分别是第 j 个小块体的贡献因子，如果在第 i 个流逝时间窗有能量到达，$B_{mnj}(t_i) = 1$，否则为0；G_{mnj} 是沿射线路径的几何扩散因子；A_{mnj} 是沿射线路径的总衰减效应；V_{S}^{stn} 是地表的 S 波速度；N_{block} 是小块体数目。

第 m 个震源，第 n 个台站，第 i 个流逝时间窗的观测能量密度 $E_{mn}^{\text{obs}}(t_i)$ 可由每个台站观测的三分量波形按下式计算：

$$E_{mn}^{\text{obs}}(t_i) = \rho_n^{stn} S_n^{stn^2} \sum_{p=1}^{N_{\text{win}}} \sum_{q=1}^{3} v(t_i + p\delta t^{samp})_{mnq}^2 \Big/ N_{\text{win}} \tag{3.9}$$

式中，$v(t_i + p\delta t^{samp})$ 是第 m 个震源，第 n 个台站、第 q 个分量的幅值时间序列；p 是流逝时间窗的采样点数；ρ_n^{stn}、$S_n^{stn^2}$、δt^{samp}、N_{win} 分别是介质密度、台站场地因子、采样间隔和流逝时间窗采样的点数。由式（3.8）和式（3.9）可得到连结观测和理论能量密度的关系式。由于很难同时计算震源的辐射能量，介质密度和场地响应参数，因此采用尾波归一化方法，用后面的尾波归一化前面的尾波（Aki，1980；王勤彩，2006）消除 ρ_n^{stn} 和 S_n^{stn} 得到：

$$\frac{\sum_{j=1}^{N_{\text{block}}} \left\{ R_{mj}^{hyp} R_{mnj}^{sca} B_{mnj}(t_i) G_{mnj} A_{mnj} \left(\sum_{i=1}^{N_{\text{grid}}} T_{jl}^{\text{block}} g_l^{\text{grid}} \right) \right\}}{\sum_{k}^{later} \sum_{j=1}^{N_{\text{block}}} \left\{ R_{mj}^{hyp} R_{mnj}^{sca} B_{mnj}(t_k) G_{mnj} A_{mnj} \left(\sum_{i=1}^{N_{\text{grid}}} T_{jl}^{\text{block}} g_l^{\text{grid}} \right) \right\}} = \frac{\sum_{p=1}^{N_{\text{win}}} \sum_{q=1}^{3} v(t_i + p\delta t^{samp})_{mnq}^2}{\sum_{k}^{later} \sum_{p=1}^{N_{\text{win}}} \sum_{q=1}^{3} v(t_k + p\delta t^{samp})_{mnq}^2} \tag{3.10}$$

式中，g_l^{grid} 是网格点上的散射系数，小块体的散射系数 g_l^{block} 由相邻的8个网格点上的 g_l^{grid} 值线性内插得到，T_{jl}^{block}是线性内插的权重因子；N_{later}是进行尾波归一化时所用的尾波数据总数。采用Menke给出的线性化迭代方法解式（3.10）式得到各网格点的 g_l^{grid}，由相邻的8个网格点的 g_l^{grid} 值线性内插即得到个小块体的散射系数 g_l^{block}，进而得到散射系数 g 的三维空间分布。王勤彩等用上述方法研究了库区散射结构。

4. 反演区域应力场方法原理的说明

在地震学研究中，人们早已注意到震源机制解所给出的主压应力轴P、主张应力轴T和零轴N与区域构造应力场的最大主应力 σ_1，最小主应力 σ_3 和中等主应力 σ_2 的取向直接相关联，但并不等同。只有当地震是完整岩石的破裂时，P轴、T轴、N轴才分别与 σ_1、σ_3、σ_2 的取向一致，但实际上绝大多数地震发生在预存的断裂带上，因此P、T、N轴分别与 σ_1、σ_3、σ_2 的取向成 $45°-\theta$ 的角度，θ 为 σ_1 与地震破裂面取向之间的夹角。但可以利用大量地震震源机制解来反演区域构造应力场（Gephait和Forsyth，1984）。陈翰林、赵翠萍等（2009b）用该方法研究了库区构造应力场。该方法的前提是必须取得所研究区域大量的地震震源机制解，如果震源机制解的数量少，区域应力场反演结果的可信度大大降低。鉴于库区地震，绝大多数为小震，传统的用P波初动极性求解震源机制的方法有较大的局限性，因此采用多年来广泛使用的用P波与S波振幅比加P波初动极性的方法求解震源机制。在取得库区大量地震震源机制后，依其反演库区构造应力场。其方法原理的要点如下：

假定断层面上的滑动方向与剪应力方向一致。以此设定两个地理坐标系（x_1'，x_2'，x_3'）和（x_1，x_2，x_3）。坐标系（x_1，x_2，x_3）的坐标轴分别为区域构造应力场三个主应力 σ_1、σ_2、σ_3 的取向，坐标系（x_1'，x_2'，x_3'）中的 x_1'垂直于地震断层面，x_2'平行于断层面并垂直于断层面滑动方向，x_3'为断层面滑动方向。这两个坐标系坐标轴的方向余弦为 β_{ij}，应满足：

$$\beta_{11}^2 + \beta_{12}^2 + \beta_{13}^2 = 1,\ \beta_{21}^2 + \beta_{22}^2 + \beta_{23}^2 = 1,\ \beta_{31}^2 + \beta_{32}^2 + \beta_{33}^2 = 1 \tag{3.11}$$

$$\beta_{11}\beta_{21} + \beta_{12}\beta_{22} + \beta_{13}\beta_{23} = 0 \tag{3.12}$$

由断层面上的滑动方向与剪应力方向一致的假设，在垂直于滑动方向的平面上剪应力为0，于是有：

$$\sigma_1\beta_{11}\sigma_{21} + \sigma_2\beta_{12}\beta_{22} + \sigma_3\beta_{23} = 0 \tag{3.13}$$

由式（3.12）和式（3.13）得到：

$$R = \frac{\sigma_2 - \sigma_1}{\sigma_3 - \sigma_1} = \frac{\beta_{13}\beta_{23}}{\beta_{12}\beta_{22}} \tag{3.14}$$

R 反映了 σ_2 相对于 σ_1 和 σ_3 的强度。

利用式（3.11）至式（3.14）对大量地震的震源机制解，采用格点搜索法，使最大剪切应力与滑动方向的残差达最小，即得到区域构造应力场主应力 σ_1、σ_2、σ_3 的取向和相应的强度比值 R。

我们将上述地壳介质机构层析成像和区域构造应力场反演的方法应用于新丰江、三峡和龙滩三个水库库区、对水库地震发生的介质和应力环境做了探讨。

3.3.2　新丰江水库地震发生的介质和应力环境

新丰江水库 1962 年 3 月 19 日 M_S=6.1 级地震是全球第一个大于 6 级的水库地震，也是我国强度最大的水库地震。这次地震的发生引起了我国有关部门和国内外许多学者广泛的关注，几十年来围绕新丰江水库地震的主要特点和发生环境，开展了许多研究。本书将根据前人的研究和我们新开展的工作，着手对新丰江水库地震发生的介质和应力环境作简要的归纳和讨论。

1. 新丰江水库地震发生的介质环境

新丰江 6.1 级地震发生前后，曾在库区及周围区域开展了航磁及重力测量，依此推断了库区及周围区域的深部断裂构造（丁原章，1989），第 2 章 2.1 节已对深部断裂构造做了简要说明。为了进一步揭示库区介质环境及其与库水渗透扩散的关系，我们会同广东省地震局、中国地震局地球物理勘探研究中心开展了新丰江库区介质结构探测与研究。鉴于库区目前地震频度相对较低，难以根据数字地震台网记录反演库区介质结构，因此在库区开展了人工地震，包括主动震源和爆破观测研究。其观测系统如图 3.27 和图 3.28 所示。

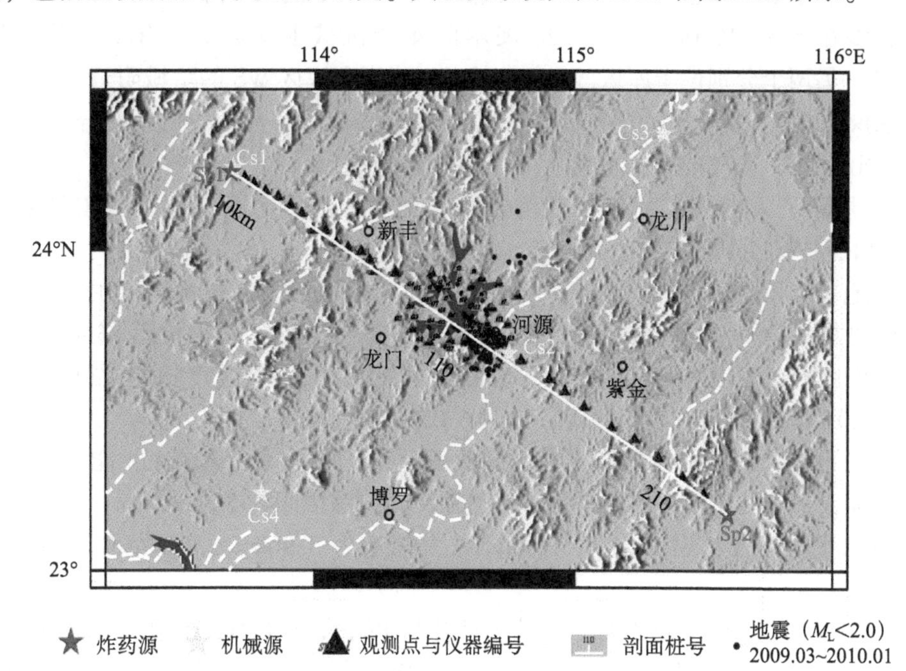

图 3.27　新丰江水库库区深地震测深综合观测系统

红色五角星：炸药源；黄色五角星：机械主动源；▲观测点及仪器编号；
绿色长方形为剖面桩号；·为 2009 年 3 月~2010 年 1 月地震震中；
图中震中密集区与图 3.2 的范围相似，为“库区”

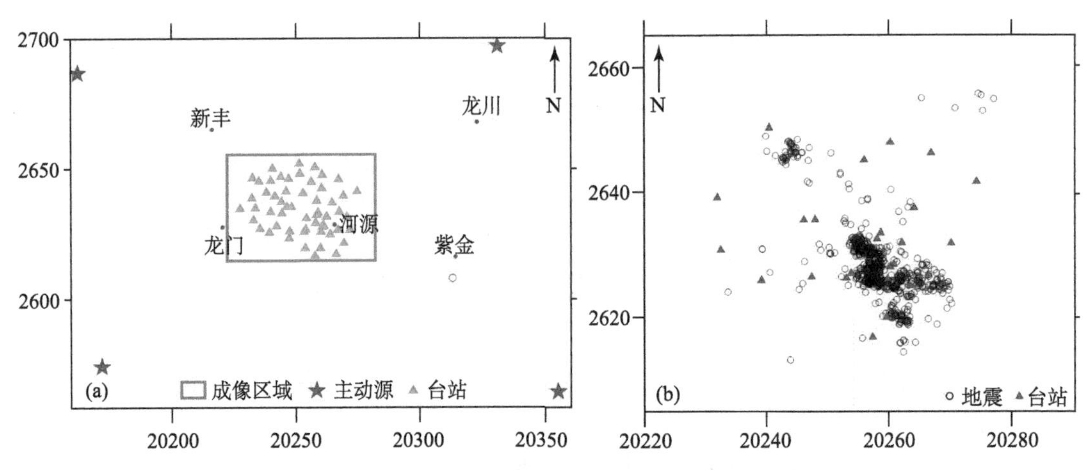

图 3.28　新丰江水库库区主动震源与地震台阵（a）和库区地震震中（b）分布

□为成像研究区域，▲为台站，红色五角星为主动震源

在实施爆破和机械主动震源观测期间共有 73 个数字地震仪观测台（点）。在图 3.27 所示的剖面上有 41 个台（点），在图 3.28 所示的台阵里有 50 个台（点）。图 3.27 展示人工地震（爆破）宽角反射/折射剖面穿过密集的地震活动区，全长 227.4km，分别在两端（SP_1，SP_2）实施了爆发击发。在剖面 135.86km 桩号（CS_2）实施了机械主动源振动。数字地震台（点）在地震活动密集的库区的点距多在 1.5~5.5km，在库区以西多在 4.0~5.5km；库区以东，多在 4.5~12.0km；图 3.28 展示的 4 个机械主动震源，有 2 个位于爆破源（SP_1，SP_2），另两个分别位于库区 NE 方向的龙川附近和库区 WS 的增城附近。台阵区域的面积约为 50×40km^2，多数台（点）间距 1~2km。台阵 50 个台站中有 24 个台运行 14 个月（2009.03~2010.05），记录到 1200 多次 $M_L \geqslant 0.1$ 级地震。

图 3.29 展示了人工地震的部分观测记录截面图，由截面图识别出的震相 Pg、Pc1、Pc2、Pm 和 Pn 具有以下特点（杨卓欣等，2011）。

Pg：为地表沉积层的回折波或基底折射波，作为地震记录的初始震相在各炮记录截面上都有清晰可靠的显示，可追踪距离为 90km 左右。Pg 波走时约在炮检距 25~50km 范围表现出超前，库区下方盖层速度相对较高，基底相对较浅。Pg 波视速度随炮检距增大而增大，约在炮检距 20~30km 之后，趋于稳定，约为 6.05km/s。

PC1：为壳内 C1 界面的反射波，在记录截面上表现出振幅变化较大，能量和连续性相对较差的特征，一般可连续可靠地进行对比追踪，其追踪区间为 30~120km。利用该波求得的上覆介质的平均速度：温江炮为 5.9km/s，大镇炮为 5.96km/s，C 界面的平均深度为 11.2~12.0km。

PC2：为壳内 C2 界面的反射波，其波组特征与 PC1 基本类似，连续性差，能量弱，但尚可连续对比追踪，其追踪区间为 40~150km。由该波走时计算的平均速度约为 6.05km/s，求得的 C2 界面的平均深度为 20~21km。

Pm：为莫霍面的反射波。在炮检距 60~70km 以明显较强波组出现，可追踪至 200~220km。从记录总体上看，该波的振幅能量最强，震相清晰，连续性好，对比追踪的距离

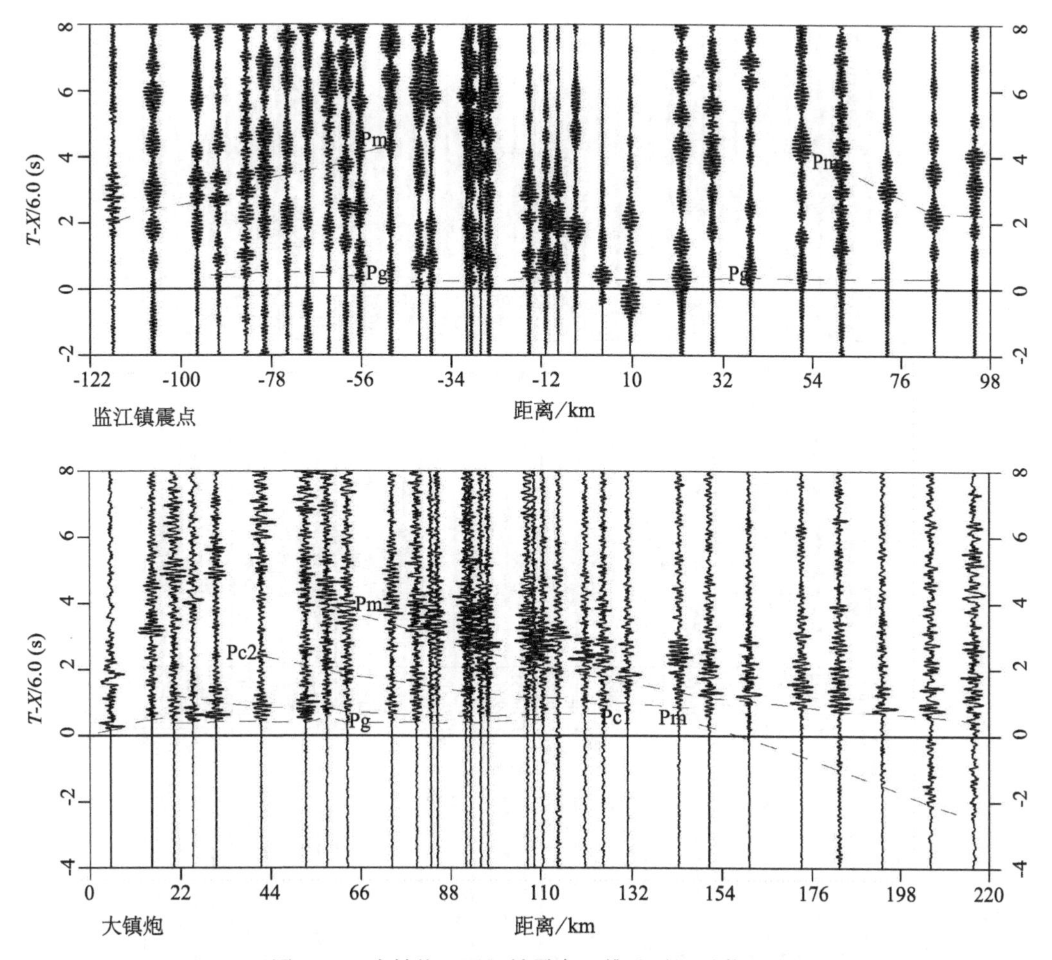

图 3.29　大镇炮、温江镇震点二维地震记录截面图

远，显示出优势波组的特征。由该波走时计算得到的地壳平均速度为 6.21～6.25km/s，地壳平均深度为 31.6km。

Pn：为上地幔顶部折射波，在两炮记录截面上都比较清晰且有较强的振幅，在距离炮点 140km 之后为初至波震相，可连续追踪对比，由该波走时曲线特征得到其视速度为 8.00km/s 左右。

将上述记录截面图和各震相分析的数据用于图 3.27 所示剖面的二维壳幔速度结构反演。

图 3.30 和图 3.31 分别展示了经相关叠加后得到的由机械主动震源激发的和爆破源激发的 P 波和 S 波记录图。

由图 3.30 和图 3.31 经资料整理，震相识别，共获得莫霍面反射 P 波走时数据 150 个，反射 S 波走时数据 135 个。将与人工地震剖面反射波走时及天然地震直达波走时一起，用于重建台站下方地壳三维 P 波、S 波慢度和 V_P/V_S 扰动分布图像。

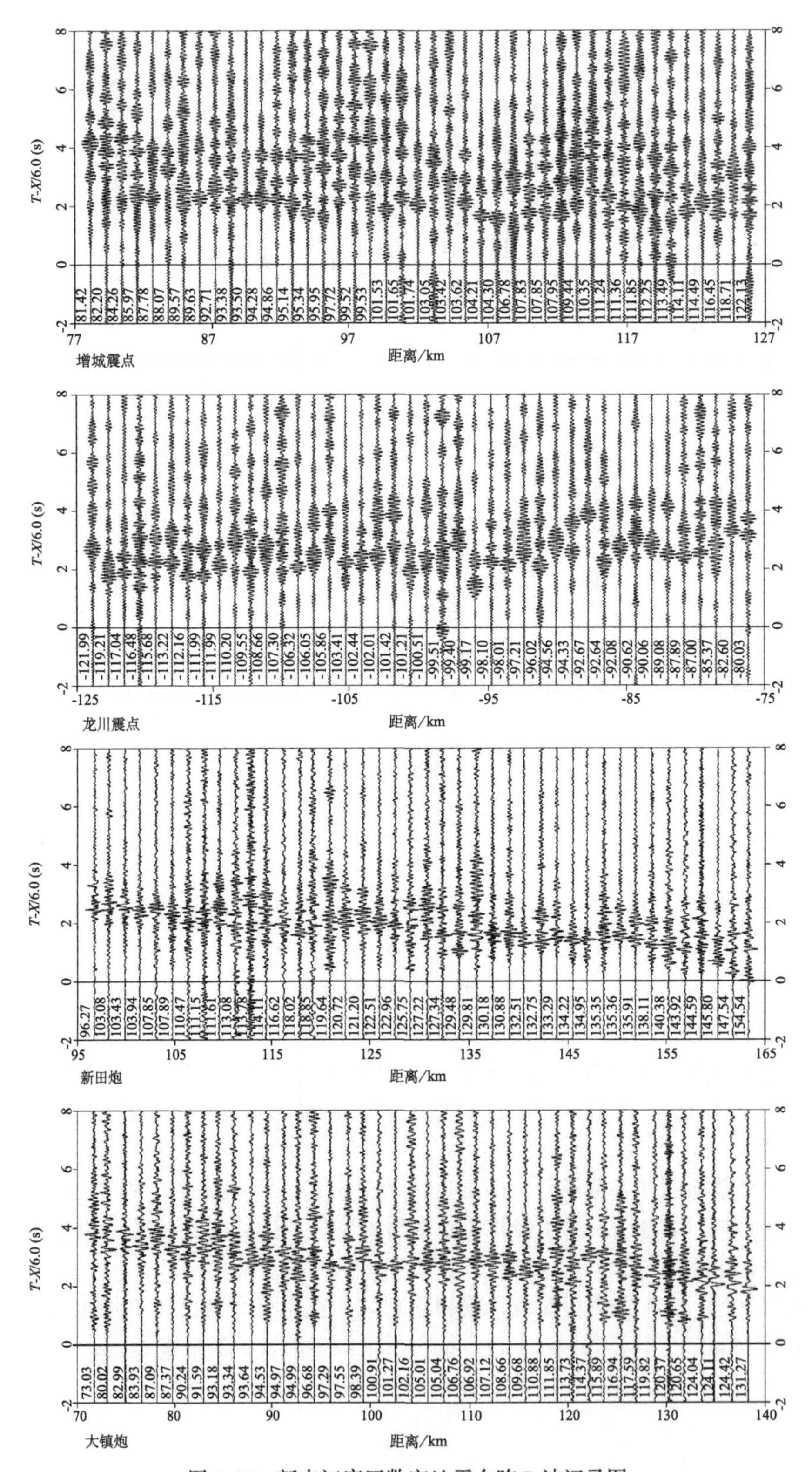

图 3.30　新丰江库区数字地震台阵 P 波记录图

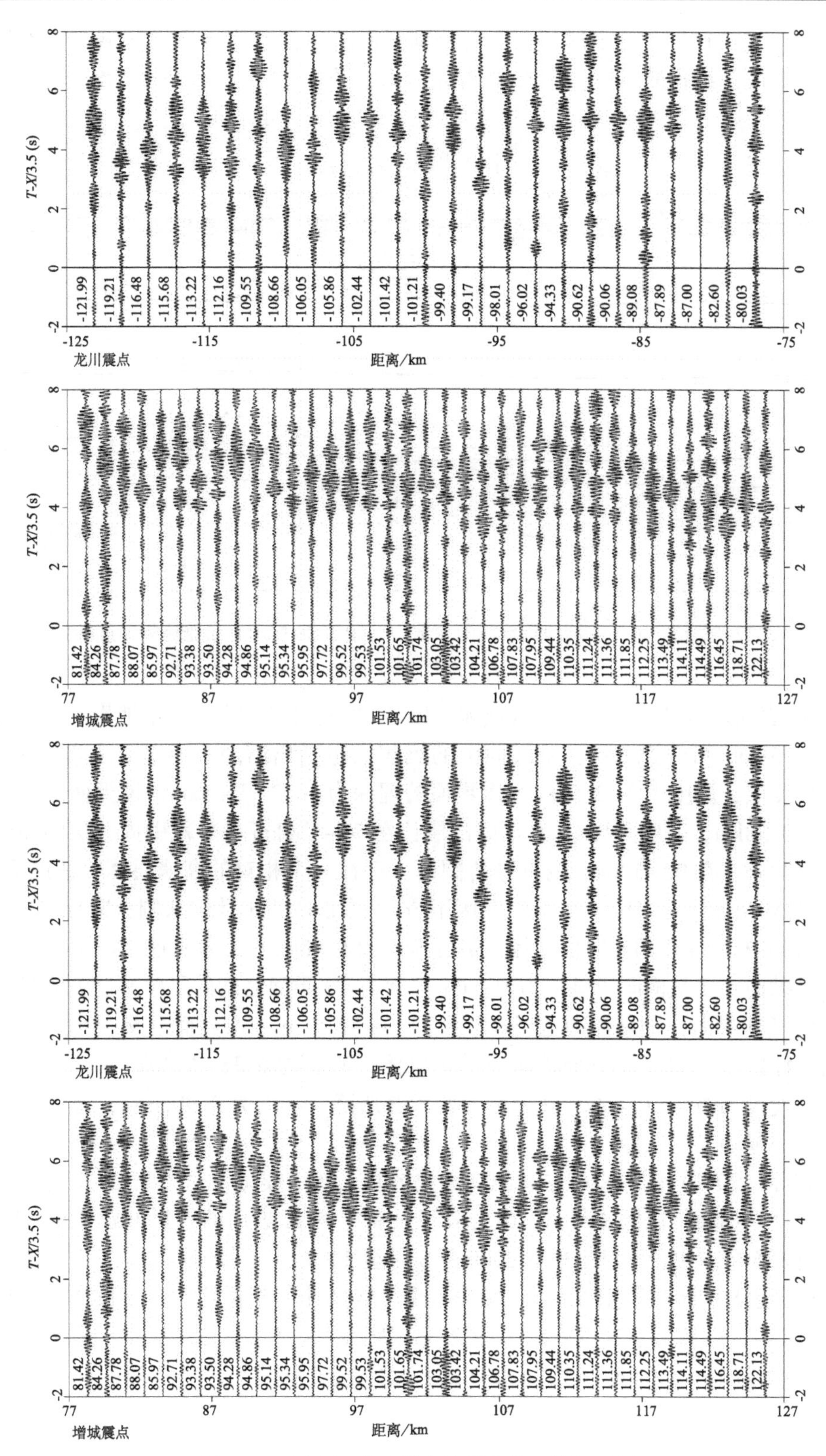

图 3.31　新丰江库区数字地震台阵 S 波记录图

杨卓欣等（2011）根据上述观测资料分别开展新丰江水库及周围区域二维地幔速度结构和库区三维波速结构的反演。图 3. 32 首先给出了图 3. 27 所示剖面的二维壳幔速度结构。

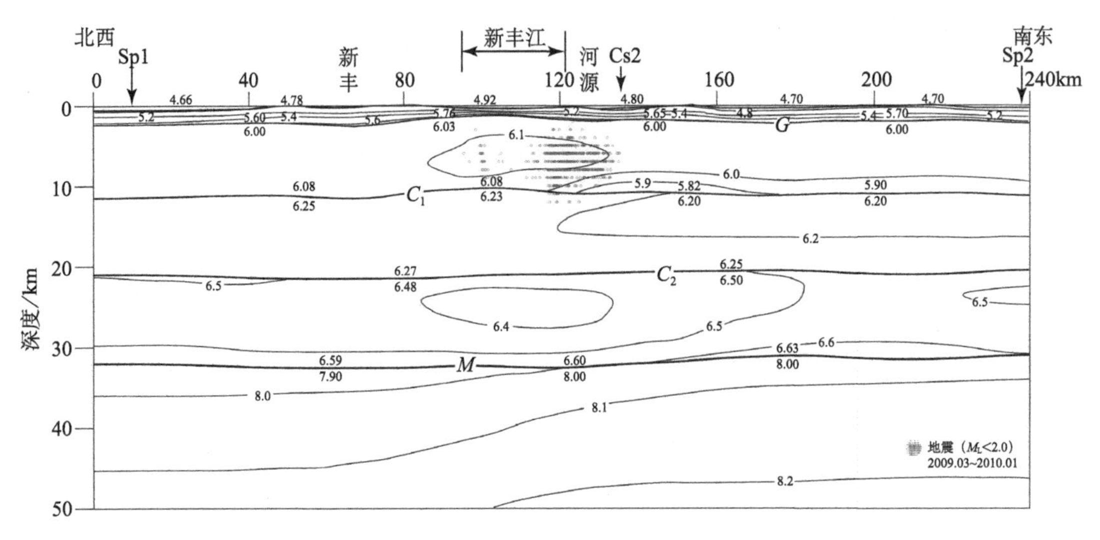

图 3. 32　莫德—河源—陆河深地震测深剖面（图 3. 28 所示）二维壳幔速度结构图

图 3. 32 表明新丰江库区及周围区域地壳以 C2 界面为界分为上、下地壳。上地壳的厚度为 20. 5~21. 5km，可分为三层：基底面上的沉积层包括出露地表的基岩上部破碎风化壳，为正速度梯度层，厚度 1. 2~2. 5km；C1 界面的埋深为 10. 3~11. 5km，该界面的速度跳跃差约为 0. 15~0. 38km，基底面与 C1 界面间的层位在 70~130km 桩号范围内，层的顶部，即基底面呈上隆状态。在 90~130km 的桩号范围内，存在一个相对的高速层体，速度为 6. 1km/s，基底隆起和高速体正好位于新丰江库区下方。而在 120km 号桩东侧，紧靠 C1 界面之上存在一个 1. 0~2. 0km 厚的相对低速体，最低速度为 5. 90km/s。表明在 120km 号桩附近区域速度不论是纵向，还是横向明显不均匀；C1 界面与 C2 界面之间的层位速度无明显的纵横变化；莫霍面（M 界面）的埋深即地壳厚度为 31. 0~32. 5km。C2 界面至 M 界面之间的下地壳在上述高速体的正下方存在一个较弱的低速层体，速度为 6. 35~6. 40km/s；上地幔顶部在剖面东段，速度约为 8. 00km/s，在剖面的西段有所降低，约为 7. 90km/s，总体上看，上地幔速度没有明显的横向差异。

杨卓欣等（2011）同时根据主动源观测记录和天然地震记录对图 3. 28 所示的台阵区域进行三维速度结构层析成像的研究。由台阵记录获得的 M 界面的反射 P 波走时 150 个，反射 S 波走时 135 个。由台阵精定位的 2009 年 3 月至 2010 年 5 月的地震 1410 个，获得的直达 P 波走时和直达 S 波走时数据分别为 15340 个和 15404 个。根据这些走时数据联合反演所得到的三维 V_P、V_S 和 V_P/V_S 分布分别如图 3. 33、图 3. 34 和图 3. 35 所示。反演的区域都为 60km（282~222km）×40km（65. 5~61. 5km），图 3. 33 和图 3. 34 均为慢度（速度的倒数）。

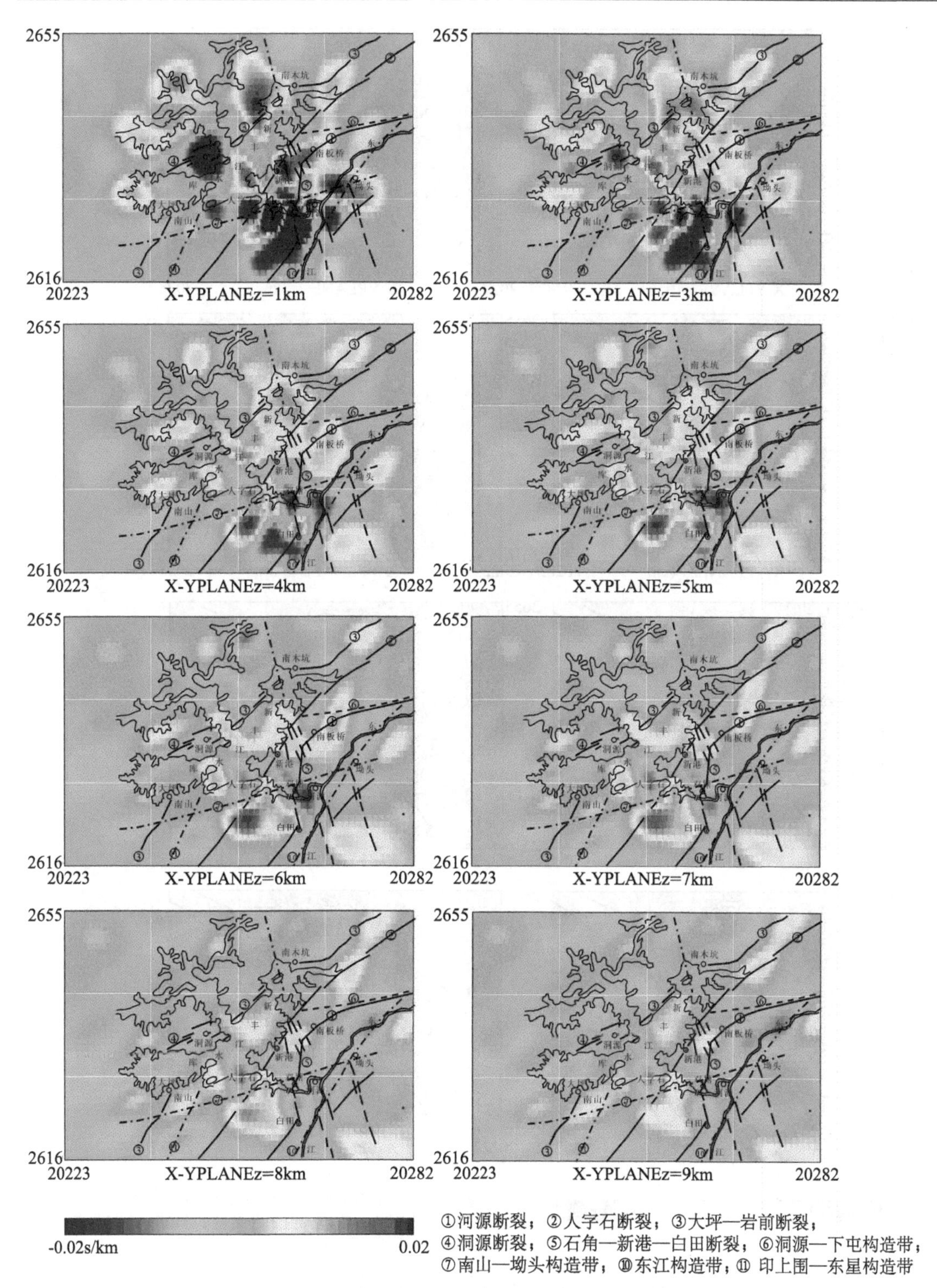

图 3.33　新丰江库区及周围区域上地壳三维 P 波慢度扰动分布

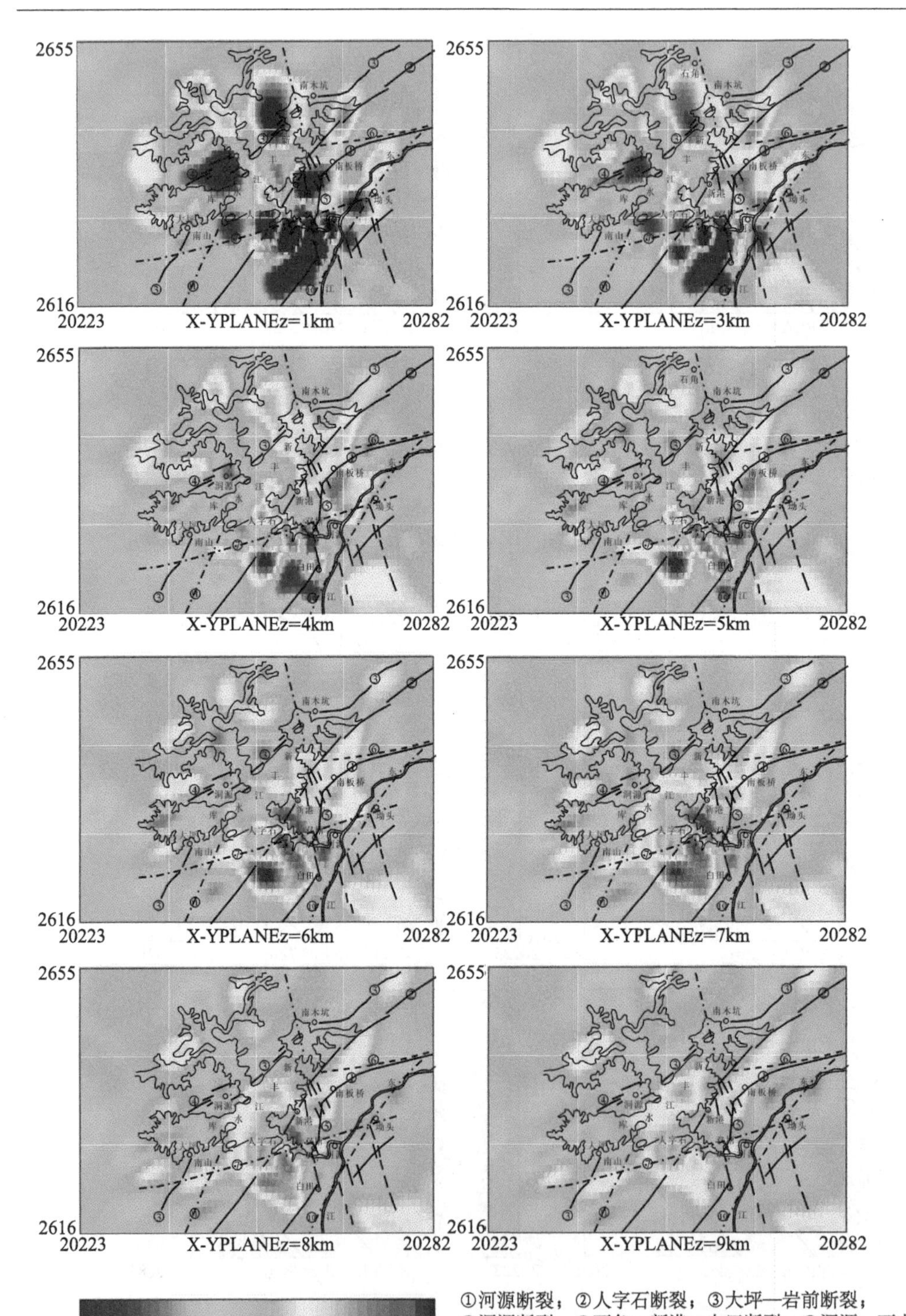

图 3.34　新丰江库区及周围区域上地壳三维 S 波慢度扰动分布

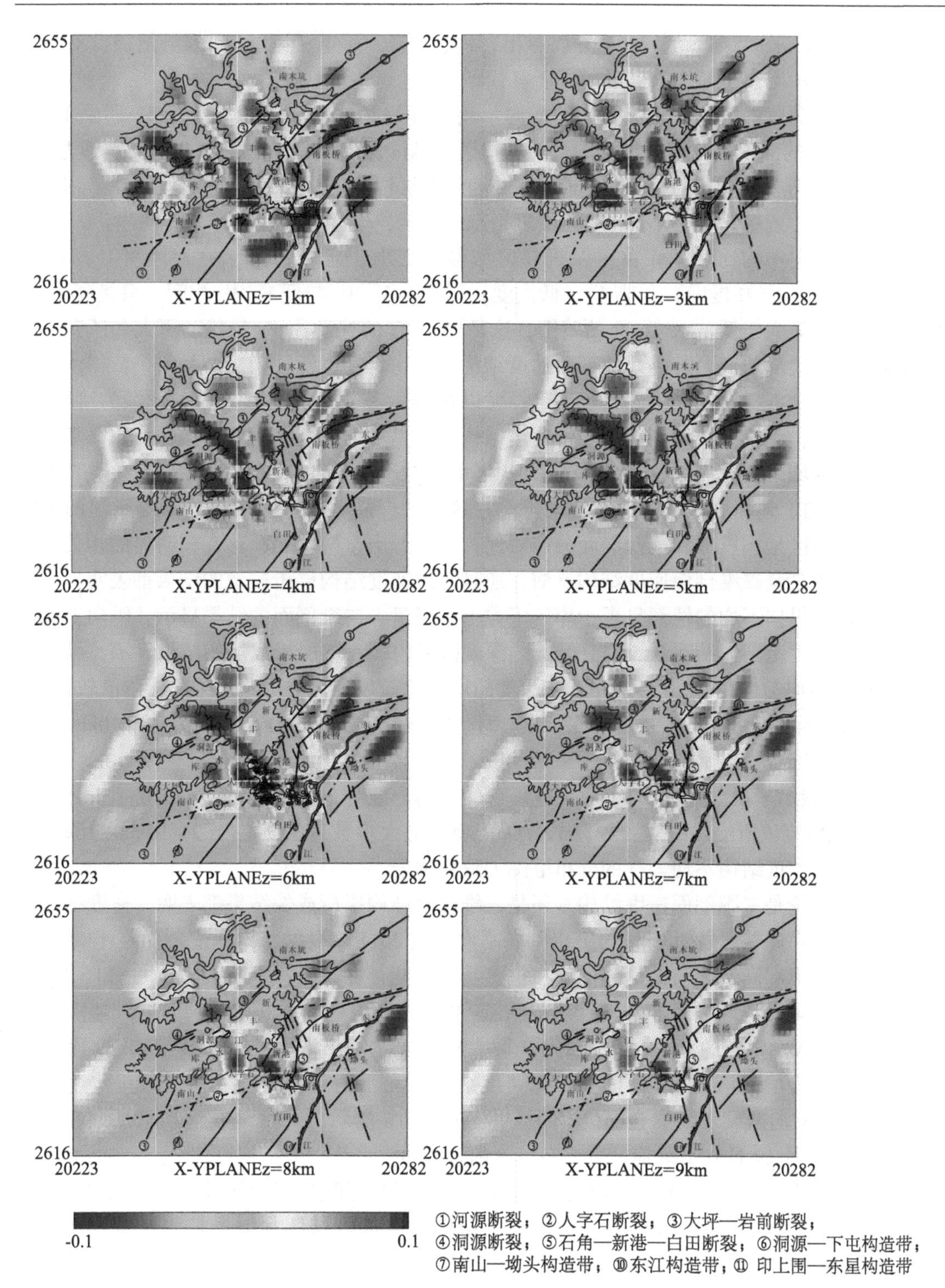

①河源断裂；②人字石断裂；③大坪—岩前断裂；
④洞源断裂；⑤石角—新港—白田断裂；⑥洞源—下屯构造带；
⑦南山—坳头构造带；⑩东江构造带；⑪ 印上围—东星构造带

图 3.35　新丰江库区及周围区域上地壳三维 V_P/V_S 扰动分布

由图 3.33、图 3.34 和图 3.35 可以看出，V_P、V_S 和 V_P/V_S 的扰动图像虽然彼此有一定的差别，但显示出以下两个共同的特征：

首先，随深度的增加，速度结构的横向不均匀性逐渐减弱。不论是 V_P、V_S 还是 V_P/V_S 的扰动在 2km 的深度层位横向不均匀性最为显著，4km 深度层位次之，在 8km 的深度层位，横向不均匀性仍有较清晰的显示，但在 10km 的深度层位，V_P、V_S 的横向不均匀性已相当模糊，基本消失。V_P/V_S 的横向不均匀性虽然仍有所显示，但已显著较弱。

其次，横向不均匀性以库首区及近邻区域最为突出。显著的低 V_P（高慢度）与高 V_P（低慢度）、低 V_S（高慢度）与高 V_S（低慢度）以及高 V_P/V_S 与低 V_P/V_S 相间。只是高 V_P/V_S 的区域范围明显大于低 V_P，低 V_S 的范围，这是由于 V_S 的扰动比 V_P 的扰动更大些所致。在研究区域的其他部位，尤其是西北部，速度结构的不均匀性也比较明显。另一个值得注意的特征是存在一个 NW 向的高 V_P/V_S 扰动带，尤以在 2km 和 4km 的深度层位显示最为清晰。

综上所述，无论是二维剖面的壳幔速度结构，还是三维速度结构的图像都表明，新丰江库区及周围区域地壳速度结构存在明显的纵向和横向不均匀性。这种不均匀性主要表现在 C1 界面以上的上地壳里。库区地震活动正是在这样的介质环境里发生的，与本章前两节所述的新丰江库区地震震中和震源深度分布对比，可以看出，两者之间存在较明显的相关性：

首先，不论是二维剖面速度结构反演，还是三维速度结构层析成像的结果都表明，速度结构的横向和纵向不均匀性都呈现于库区下方上地壳里。二维剖面的结果显示，纵向上速度结构的不均匀性范围大约在 3.5~11.0km 的深度范围内。三维层析成像的结果显示，纵向上速度结构的不均匀性在 2、4、6 和 8km 深度的层位比较明显，在 10km 深度层位已较模糊。这与表 3.4 所示的 1961 年 7 月至 1962 年间库区 $M_S \geqslant 3.0$ 级地震，97.6%发生于 10km 深度范围的特征相吻合。

图 3.36 展示了根据库区 24 个数字地震台的台网记录对 2009 年 3 月至 2010 年 5 月库区 1318 次地震精定位所给出的震源深度的分布。表明绝大多数地震都位于 2~10km 的深度范围，也与上述速度结构不均匀性的分布范围大致相吻合。

其次，无论是二维剖面速度结构，还是三维速度结构层析成像结果都表明，速度结构的横向不均匀性在库首区及近邻最为突出。杨卓欣等（2011）根据二维速度剖面在 120km 桩号附近上地壳下部高速体与低速体的存在推测其间可能存在一条深部断裂。与图 3.16 对照，该断裂应为由重力和地磁测量资料推测的 NEE 走向的南山—坳头断裂带；而三维速度结构层析图像中，NW 走向的高 V_P/V_S 带的 ES 段大致与石角—新港—白田断裂带的 ES 段相吻合，WN 段略为偏离该 NNW 向断裂带。速度结构横向不均匀性最显著的区域正位于上述 NEE 向和 NNW 向断裂带的交会部位附近，这是图 3.16 所示的库区地震活动水平最高的 A 区，1962 年 3 月 19 日 6.1 级地震发生在该区内。

再次，不论是低 V_P、低 V_S，还是高 V_P/V_S 区域都位于库水区及库岸附近几千米的范围，距库岸的最大距离不超过 10km。这暗示速度结构异常可能与库水渗透扩散有关，且由于 V_P/V_S 的异常更为明显，表明库水的作用对 S 波速度变化的影响更大些。

2. 新丰江水库地震发生的应力环境

1962 年 3 月 19 日 6.1 级地震后，库区地震活动一直较频繁，不少人，如王妙月等（1976），丁原章（1978，1989），Ishikawa 等（1982）和其他一些人对新丰江库区地震震源

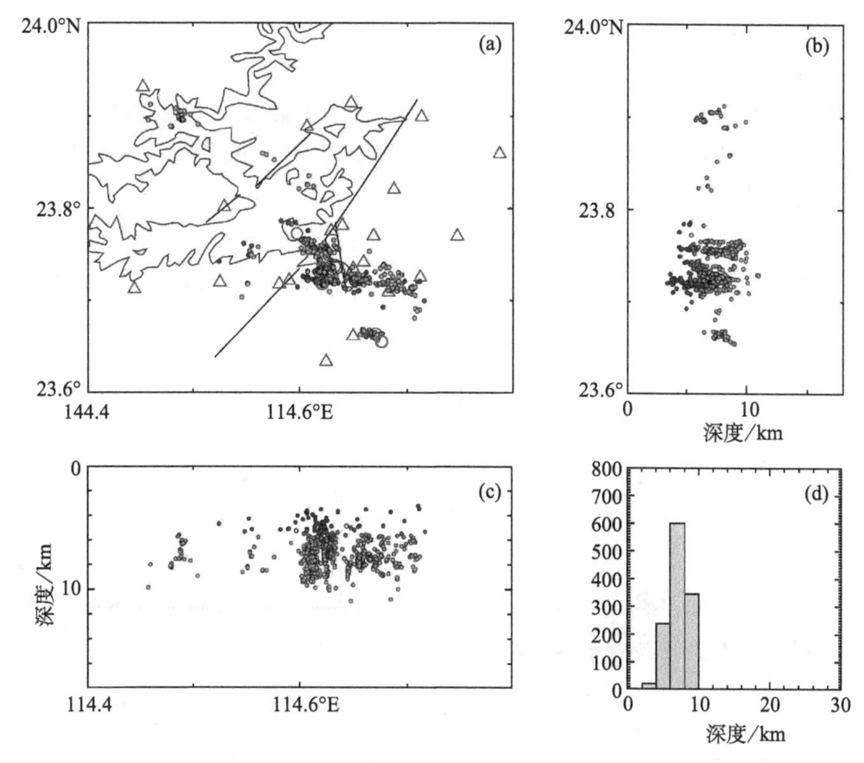

图 3.36　新丰江库区（2009.03~2010.05）地震及震源深度分布

机制和构造应力场进行了研究。图 3.37 展示了丁原章（1989）根据收集到的震源机制解结果给出的新丰江水库及外围区域的震源应力场。

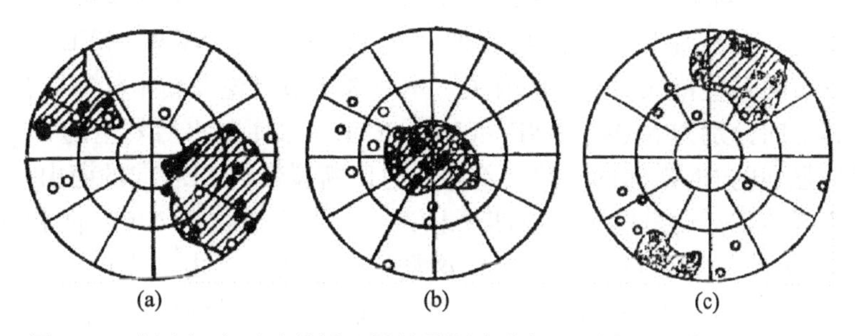

图 3.37　新丰江库区及外围区域的震源应力场（引自丁原章（1989））

（a）P 轴投影；（b）N 轴投影；（c）T 轴投影

●新丰江 6.1 级地震；・强余震；○外围构造地震

图 3.37 表明新丰江水库库区 M_S6.1 主震和大部分的 4 级以上强余震的震源应力场与外围区域构造地震的震源应力场相似。其最大主应力的取向为 NWW—SEE，最小主应力取向为 NNE—SSW，倾角都较小，近于水平，中等应力轴近于直立。总体上来说，6.1 级主震和大部分强余震震源应力场仍基本反映区域构造应力场的特征，或者说其破裂特征

仍基本上受 NWW—SEE，近水平的主压应力的区域构造应力场所控制。在 20 世纪 60 年代强余震活动期间，库区绝大多数微震与主震及强余震的错动方式相似，以走滑错动为主。但 70 年代开始，倾滑型微震明显增多，这可能是主震及大量余震的发生使库区应力场调整，加之库水长期的重力作用的结果。尽管如此，并未改变库区主压应力呈 NWW—SEE 取向这一重要特征。

我们由 2009 年 3 月至 2010 年 5 月库区 24 个台站的数字地震台网记录得到了库区 83 个地震的震源机制解，多数为走滑型，也有少量的倾滑型地震，图 3.38 展示其中部分结果。

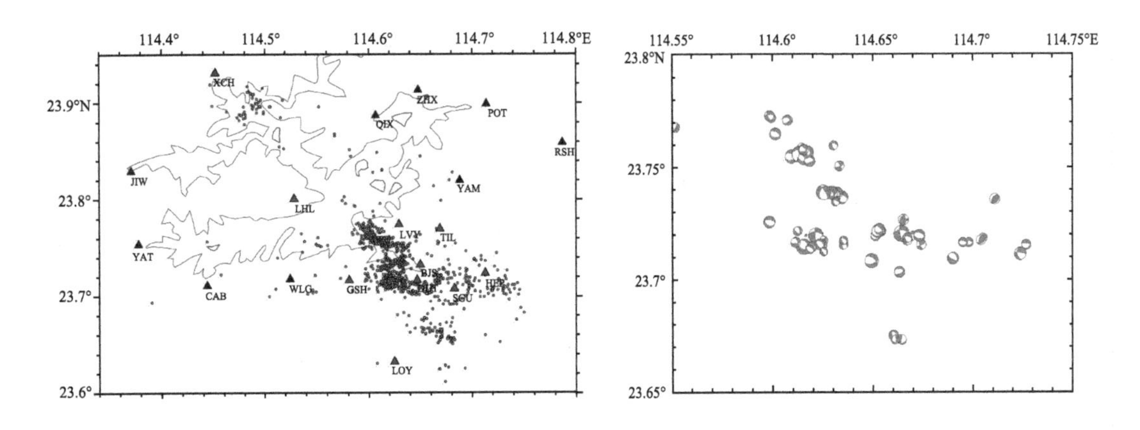

图 3.38 新丰江库区（2009.03~2010.05）部分地震震源机制解

根据这 83 个地震震源机制解，按式（3.11）至式（3.14）求得的库区应力场的取向为 NW—SE。综上所述，新丰江库区虽然在不同时期地震断错的类型分布略有差别，但库区应力场总体上较稳定，与区域构造应力场相似，其主压应力呈 NWW—SEE，近水平的取向。库区地震空间分布的某些特征似乎与此有关。本章 3.1 节已论及新丰江库区存在三组主要的构造断裂带，其走向分别为 NNW，NNE 和 NE—NNE。水库蓄水后发生的 $M_{max}=6.1$ 级地震位于构造活动最强烈的 NNW 向的石角—新港—白田断裂带与 NEE 向的南山—坳头断裂带交会部位附近。库区地震活动虽然集中成四个丛集区，但多数位于 NWW 向和 NEE 向断裂带附近，而 NE—NNE 向断裂带的地震甚少。这是不难理解的，由于库区主压应力（σ_1）呈 NWW—SEE 取向，与 NE—NNE 向的断裂带交角 θ 较大，近于相互垂直，于是由下 1 章将论的库仑-摩尔破裂准则，NE—NNE 走向的断裂带较稳定，尽管库水作用使断层面弱化，但也不易发生剪切错动。

3.3.3 三峡和龙滩水库地震发生的介质和应力环境

我们利用三峡库区和龙滩库区数字地震台网记录分别对这两个水库地震发生的介质和应力环境进行了研究。现将主要结果作如下简要介绍：

1. 三峡库区介质结构和库区应力场

周连庆等（2011）利用由 26 个临时台和 24 个固定台，共 50 个数字地震台网记录的

2009 年 3 月至 2010 年 7 月的库区地震进行三维 Q_P、Q_S 的层析成像，其反演的射线及网格节点分布和相应的反演结果分别如图 3.39、图 3.40 和图 3.41 所示。

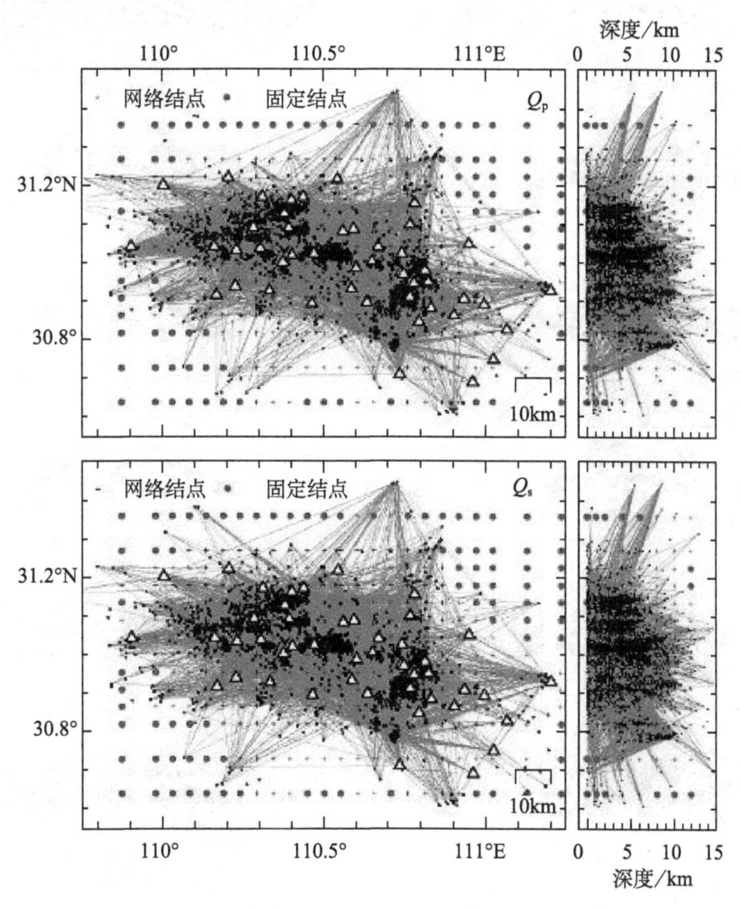

图 3.39　三峡库区及周围区域 Q_P、Q_S 反演的射线及网格节点分布

表明 Q_P 和 Q_S 的分布与库区河流及地质构造背景（图 3.42）有关，且两者分布的形态总体相似，仅略有差别。在 0、1、2、4、6km 五个深度层面，Q_P、Q_S 的分布都显示较明显的横向不均匀性。在 8 和 10km 的这两个深度层面 Q_P 的横向不均匀性基本消失，但在库区东段，九湾溪和仙女山断裂附近仍有低 Q_S 分布；在 0、1、2km 深度层位高 Q_P 与低 Q_S 相间，低 Q_P、低 Q_S 区位于库岸附近，但在黄陵背斜不论 Q_P，还是 Q_S 都很高。秭归盆地呈现明显的高 Q_P 特征，Q_S 也略高些，其间夹有低 Q_S 区域。4 和 6km 的深度层位，低 Q_P、低 Q_S 的区域显著缩小，主要在九湾溪和仙女山断裂附近，其他大部分区域为高 Q_P、高 Q_S 分布。

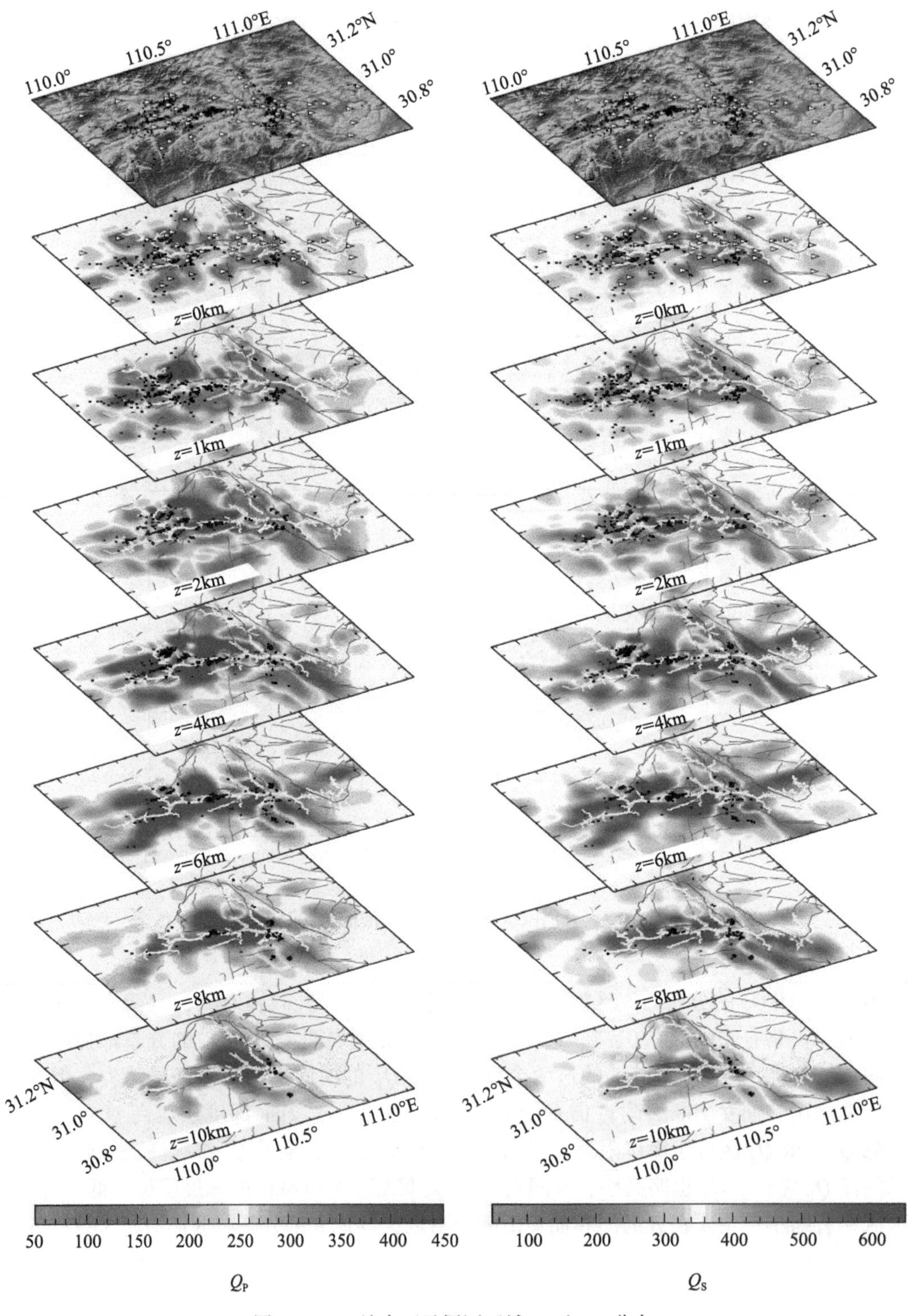

图 3.40　三峡库区及周围区域 Q_P 和 Q_S 分布

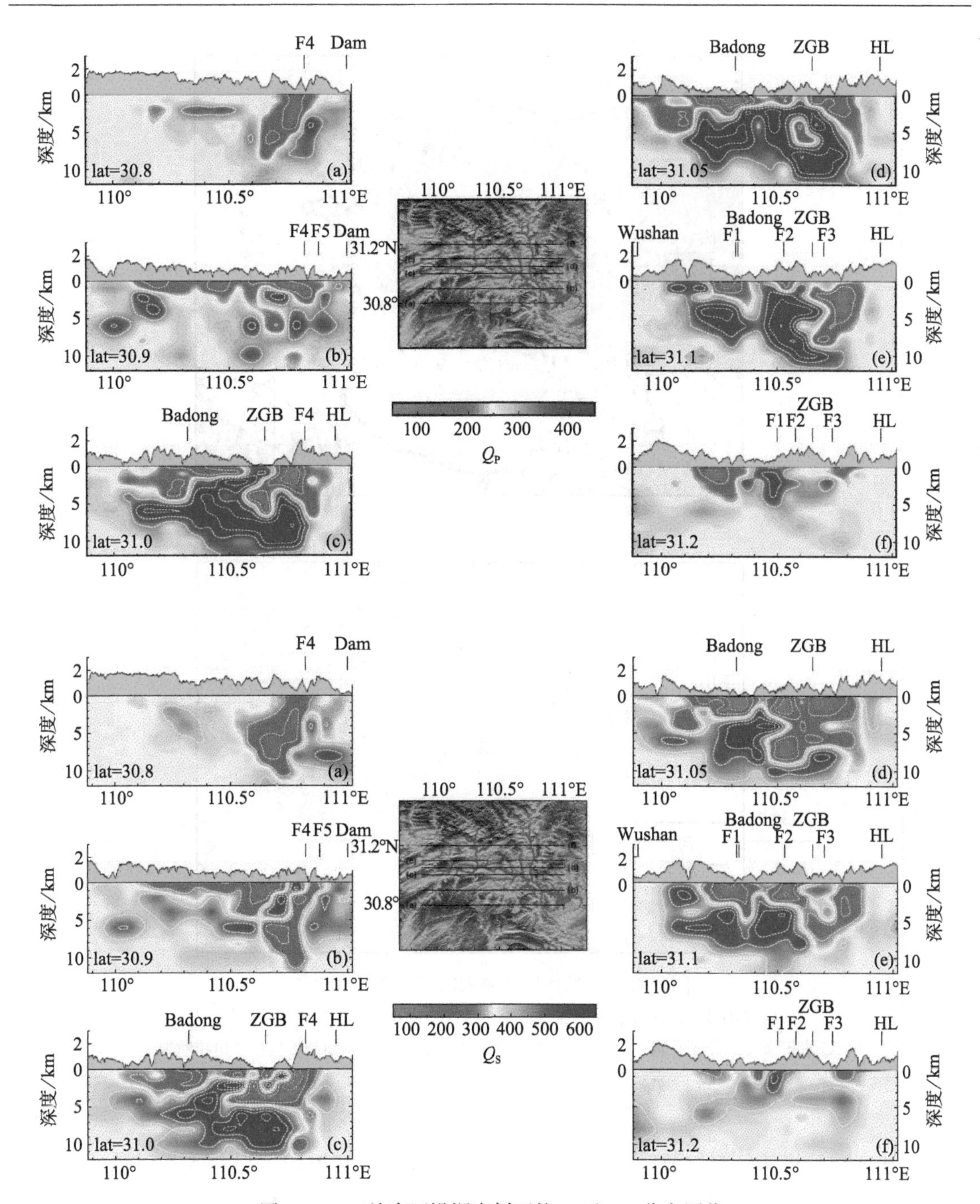

图3.41 三峡库区沿深度剖面的 Q_P 和 Q_S 分布图像

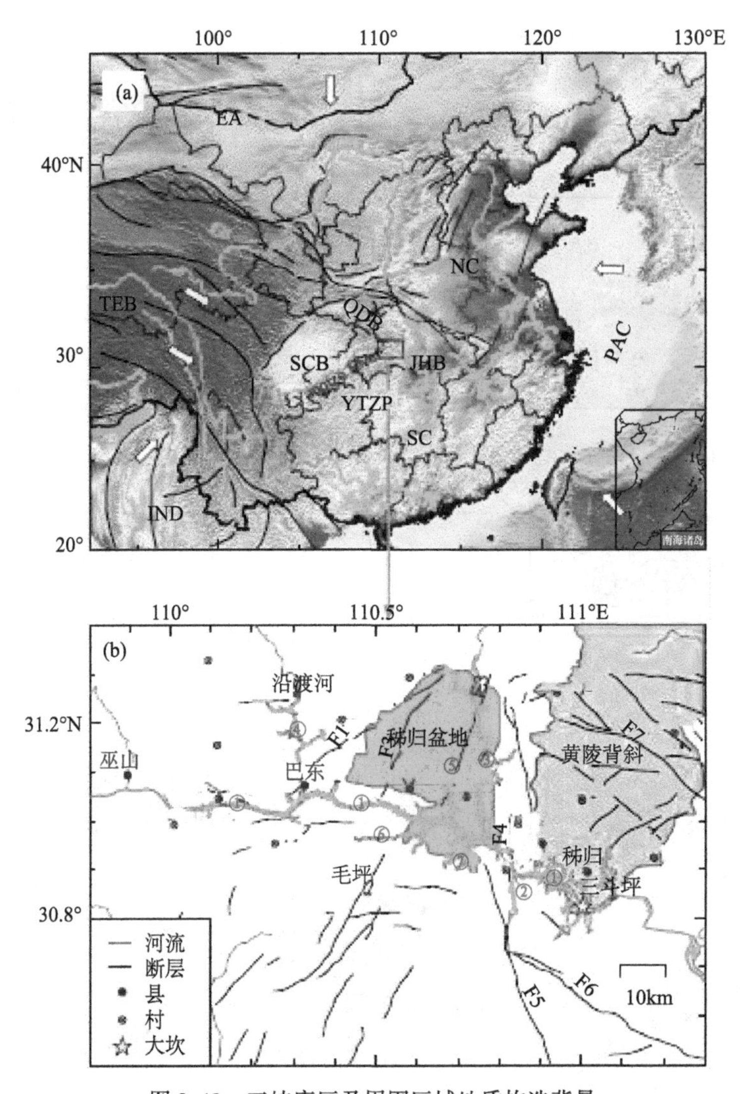

图 3.42　三峡库区及周围区域地质构造背景

HLA：黄陵背斜；ZGB：秭归盆地；①长江；②九湾溪；③香溪河；④沿渡河；⑤水田坝河；⑥青干河；⑦童裴河；F_1：高桥断裂；F_2：牛口断裂；F_3：水田坝断裂；F_4：九湾溪断裂；F_5：仙女山断裂；F_6：天阳坪断裂

上述衰减结构的分布与散射结构分布相似。王勤彩等（2011）利用 26 临时台记录到的 2009 年 3 月 16 日至 11 月 20 日的 317 个地震的尾波数据进行散射系数的层析成像。根据记录的信噪比，有 17 个台站使用的全部 317 个地震的尾波记录，另外 9 个台站使用的地震数目小于 150 个，其反演所使用的地震，台站和相位的射线及反演结构分别如图 3.43 和图 3.44 所示。

图 3.44 显示与 0 和 4km 深度层位的图像相比，在 8km 的深度层位高散射区范围明显缩小，在 12km 深度层位，散射系数横向分布不均匀性的特征已相当模糊，绝大部分区域为低散射。在前三个深度层位高散射与低散射的分布相间。黄陵背斜和秭归盆地呈现明显的低散

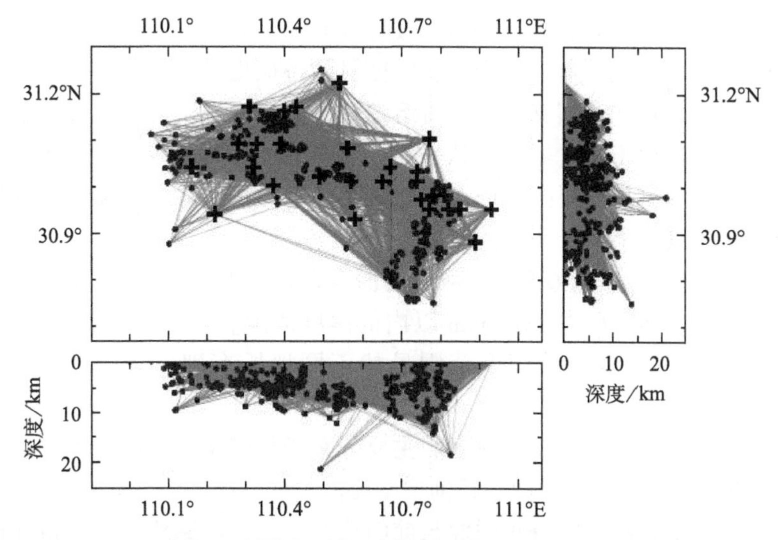

图 3.43　三峡库区及周围区域反演散射系数的地震、台站和射线分布

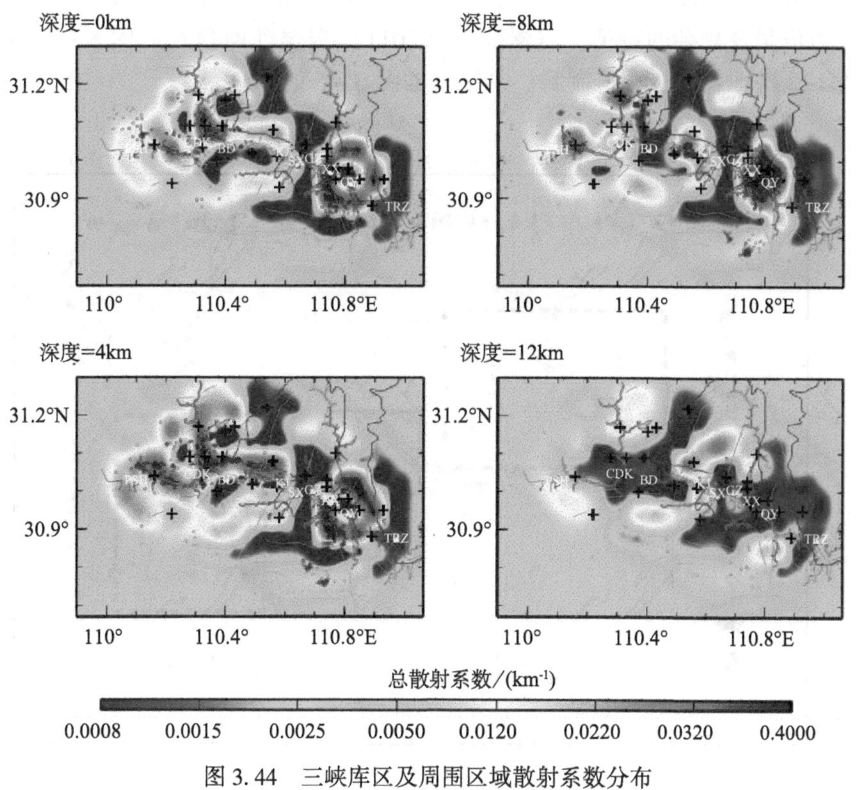

图 3.44　三峡库区及周围区域散射系数分布

射的特征。

上述衰减结构和散射结构分布所呈现的复杂特征可能与库区及周围区域复杂的地质构造背景有关。例如，黄陵背斜地块为前震旦系变质岩和侵入期间的花岗-闪长岩体，完整性较

好，断层多已胶结，岩体透水性微弱（王儒述，2010）。该地块的低衰减（高 Q_P、高 Q_S）和低散射特征可能与此有关。盆地低衰减、低散射的特征也可能与此有关。总体上来说，三峡水库属河谷型水库，长江及其支流虽然岩溶发育，但两岸岩溶管道系流不很发育。库区虽有若干断裂分布，但规模不大，岩层产状平缓，且具有多个隔水层（王儒述，2010）。上述衰减结构和散射结构所呈现的复杂特征可能与复杂的地质构造背景相关联。尽管如此，衰减和散射结构分布仍展现以下两个明显的特征：

首先，高衰减（低 Q_P、低 Q_S）、高散射的深度在几千米的范围内。Q_P、Q_S 的横向分布虽然较复杂，但低 Q_P、低 Q_S 主要在 6km 以内的深度范围。高散射主要出现在 8km 以内的深度范围。依此推测库水渗透的深度范围虽然不同地段有别，但最大深度可能在 10km 以内。

其次，在横向上，高衰减、高散射区域主要分布于长江及其支流附近，距岸边的最大距离 10km 以内。以此推测，库水扩散在距河岸 10km 之内。

上述衰减结构和散射结构的分布图像与前面论及的三峡水库地震的空间分布特征基本相吻合。

三峡库区复杂的地质构造背景不仅使库区衰减结构和散射结构较复杂，也使地震断错类型和库区应力场呈现复杂的特征。赵翠萍等（2011）根据前面提及的库区数字地震台网记录，测定了 122 次地震的震源机制解、其结果如图 3.45 所示。

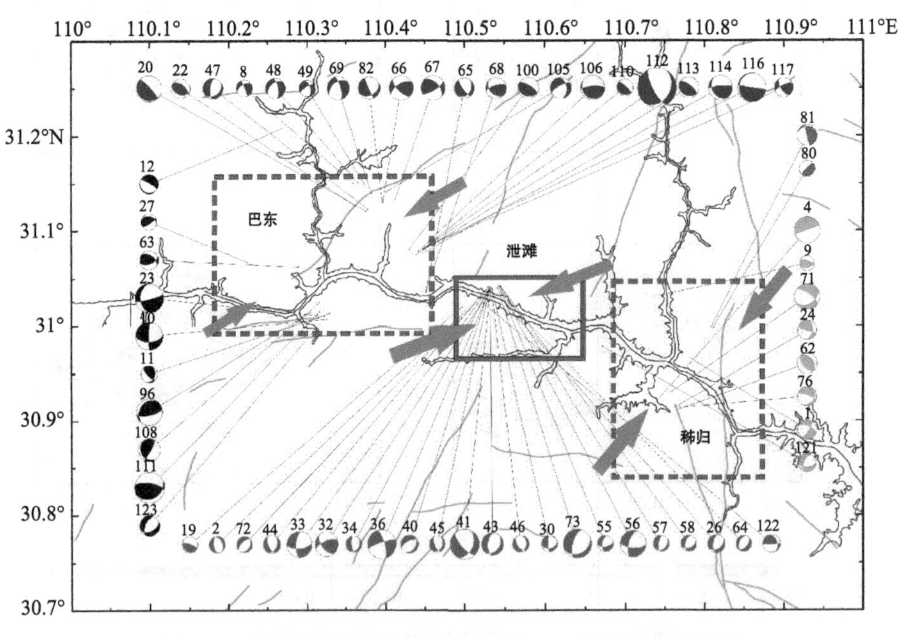

图 3.45　三峡库区（2009.03~2010.07）地震震源机制解

如图 3.45 可见，正断、逆断和走滑型地震皆有之，震源应力场也较复杂，但显示一定的分区特征，图示的三个分区，彼此存在一定的差异。根据震源机制解按式（3.11）至式（3.14）计算，得到表 3.6 所示的三个分区的区域应力场。

表 3.6　三峡库区分区应力场的反演结果

区域	误差	σ_1（max）		σ_2		σ_3（min）		R
		倾角（°）	方位角（°）	倾角（°）	方位角（°）	倾角（°）	方位角（°）	
秭归	7.6	33	230	57	50	0	140	0.75
泄滩	5.3	50	21	35	169	16	270	0.65
巴东	8.6	6	30	60	130	30	297	0.45
全部	9.6	3	201	78	98	11	292	0.65

总体上来说，三个分区主压应力的取向为 NE—NNE，但倾角明显有别。但如图 3.46 所示，2008 年 3 月 27 日诱发的位于秭归盆地东侧的 $M_S=4.4$ 级的最大地震的震源机制解表明，震源应力场 P 轴（主压应力）取向为 N75°W，即 NWW 取向，与由微震所给出的结果存在明显的差异。高锡铭等（1997）曾综合不同方法的原地应力测量结果，指出三峡库区不同区域最大主应力的取向有别，且 150～200m 以上的浅层与 300m 以下的深度最大主应力取向发生明显变化。高钖铭等对蓄水前，1972～1989 年的 45 次 $M_S \geqslant 2.1$ 级地震，测定了震源机制，指出断错以逆冲为主，主压应力呈 NW 向和 NE 向分别占 47%和 37%，还有少数地震，主压应力呈 EW 向。因此，这里认为，总体上来说，三峡库区应力场是较复杂的，不同地段，主压应力的取向有别。

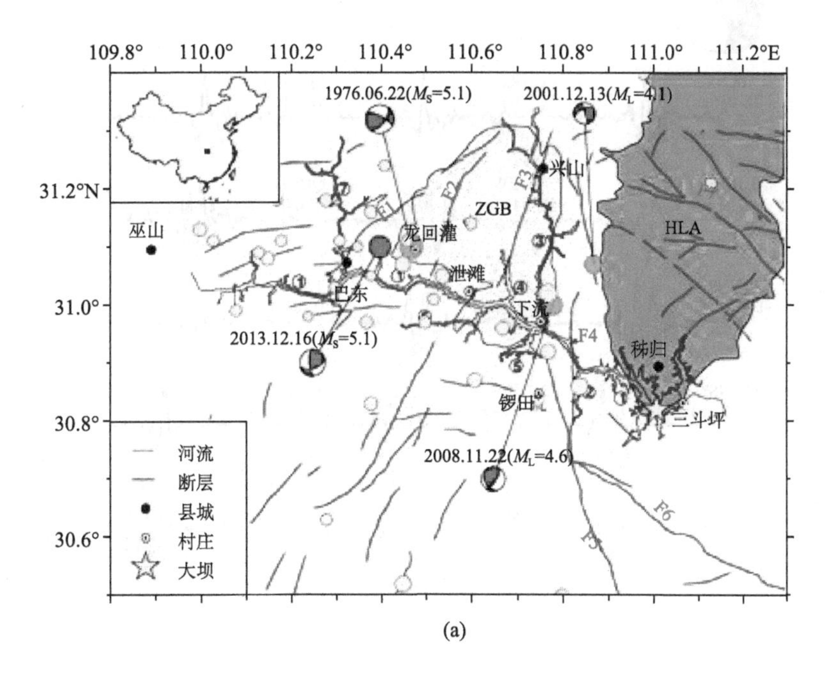

(a)

Event 2008327080115 Model sx_08 FM 145 30 31 Mw 3.98 rms 4.477e-05 236 ERR 2 2 7

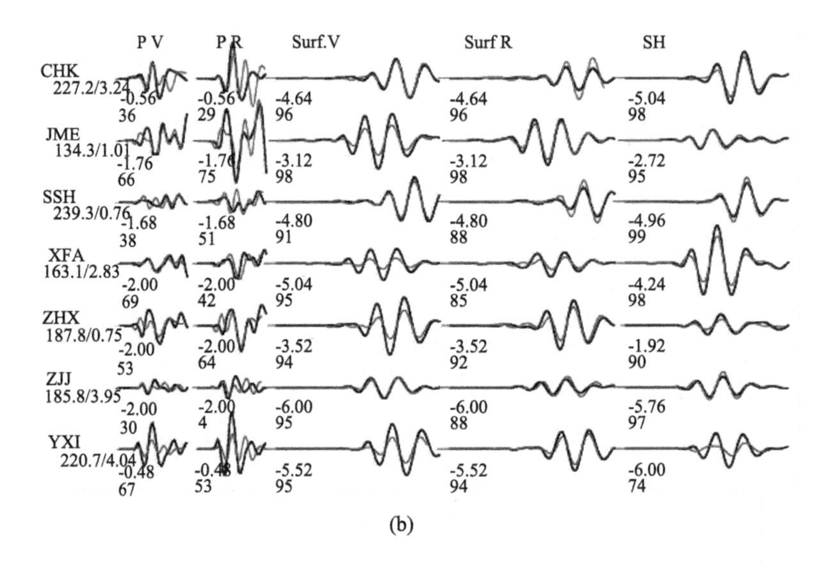

(b)

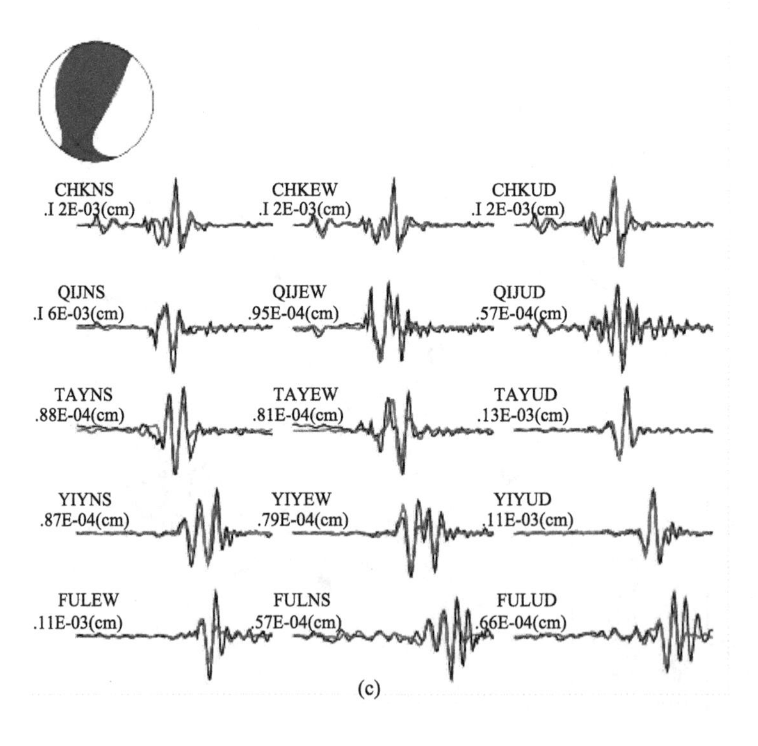

(c)

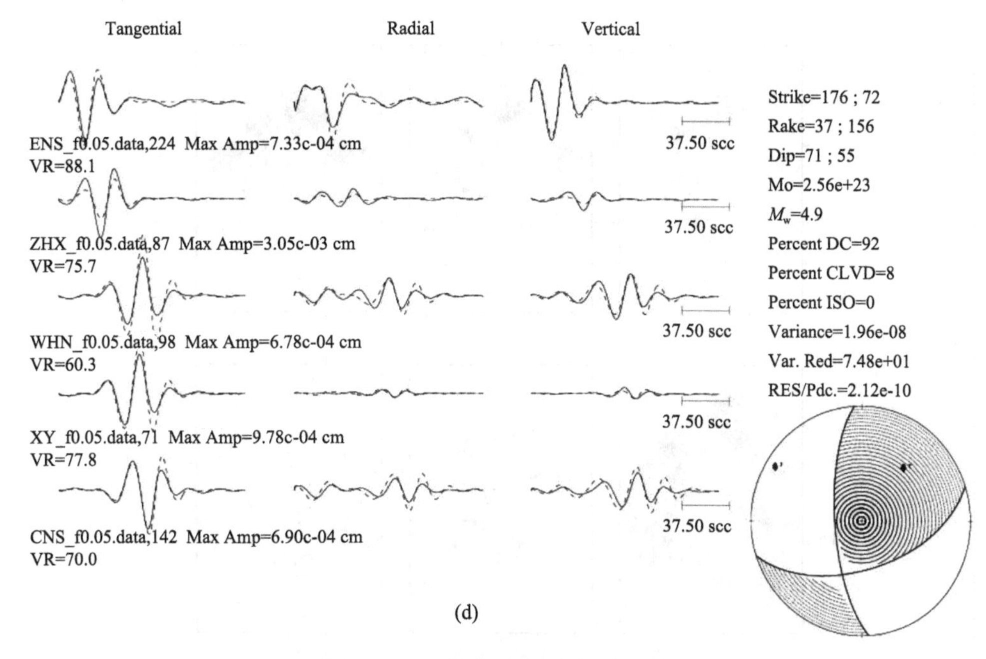

(d)

图 3.46　三峡库区地震震源机制解

（a）三峡库区几次 M_S4 以上地震的震源机制解；（b）2008 年 11 月 22 日 M_S4.1 地震；（c）2010 年 11 月 22 日 M_S4.4 地震；（d）2013 年 12 月 16 日 三峡 M_S5.1 地震

2. 龙滩库区介质结构和库区应力场

周连庆等和王勤彩根据图 3.20 所示的龙滩库区数字地震台网记录的 2009 年 4 月至 2010 年 5 月的地震分别开展了速度结构与衰减结构和散射结构的层析成像研究。这里不详细赘述其反演的过程，仅将其结构展示于图 3.47 至图 3.51。

尽管 V_P、V_P/V_S、Q_P、Q_S 和散射系数的分布图像彼此有某些类似差别，但仍展现以下两个共同的重要特征：

首先，在不同的深度层位，速度结构、衰减结构和散射结构的横向不均匀性彼此有别。V_P、V_P/V_S、Q_P、Q_S 的横向不均匀性在 0、2、4km 深度层位较清晰，在 7km 深度层位仍有一定的显示，在 10 和 14km 的深度层、横向不均匀性基本消失。也就是说，低 V_P、高 V_P/V_S 主要呈现于 7km 以上的深度范围内，散射系数分布的横向不均匀性在 0、4km 的深度层位较清晰，在 8km 的深度层位仍有一定的显示，在 12km 的深度层位已基本消失。也就是说，高散射主要呈现于 8km 以上的深度范围内。

其次，在横向上，低 V_P、高 V_P/V_S、低 Q_P、低 Q_S 和高散射的区域位于库区河流附近，尤其是三江汇合处和库首区附近。距离库岸的最大距离不超过 10km。

上述速度结构，衰减结构和散射结构的分布与前面所论及的库区地震空间分布基本上吻合。依此推测库水的渗透扩散范围，纵向上在 10km 的深度范围内，横向上距库岸也在 10km 的范围内。

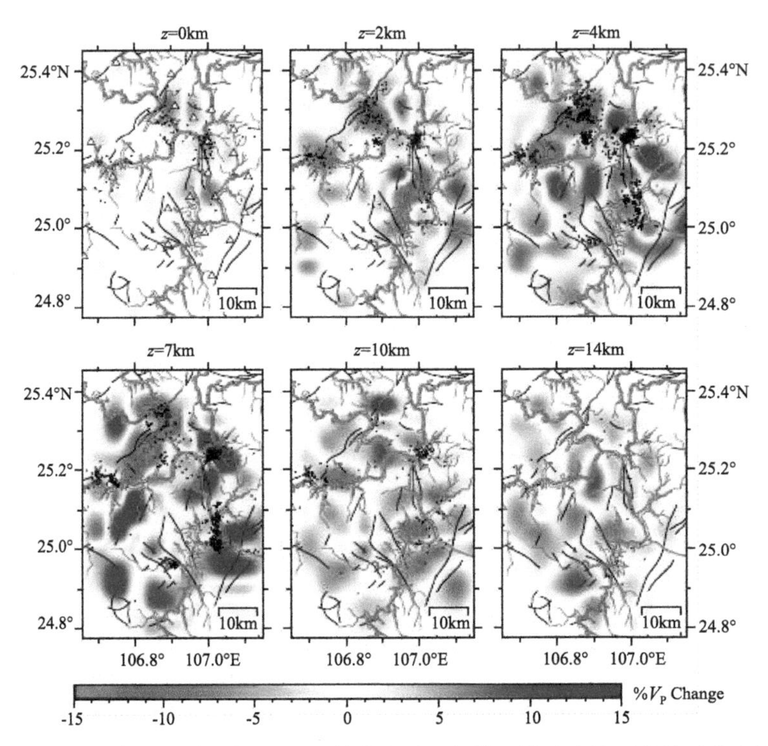

图 3.47　龙滩库区不同深度 V_P 速度结构相对于初始一维速度模型的扰动分布图像

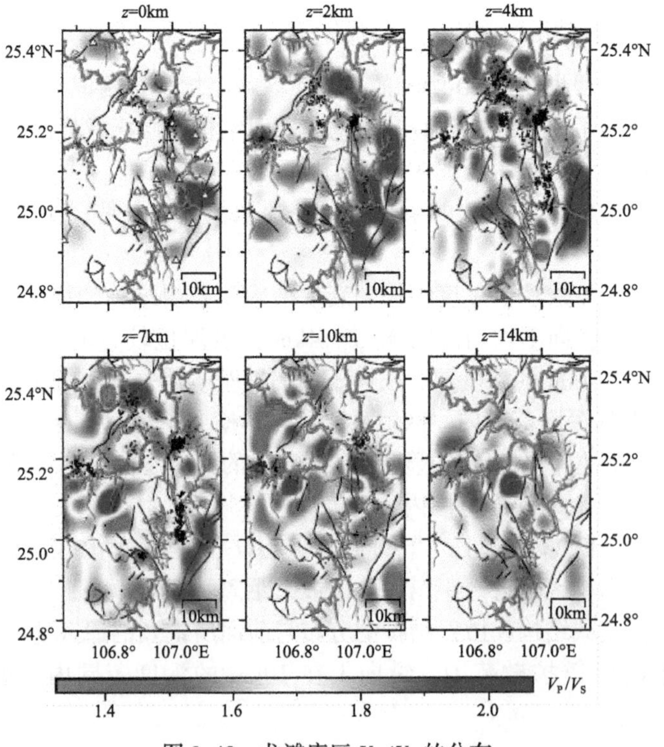

图 3.48　龙滩库区 V_P/V_S 的分布

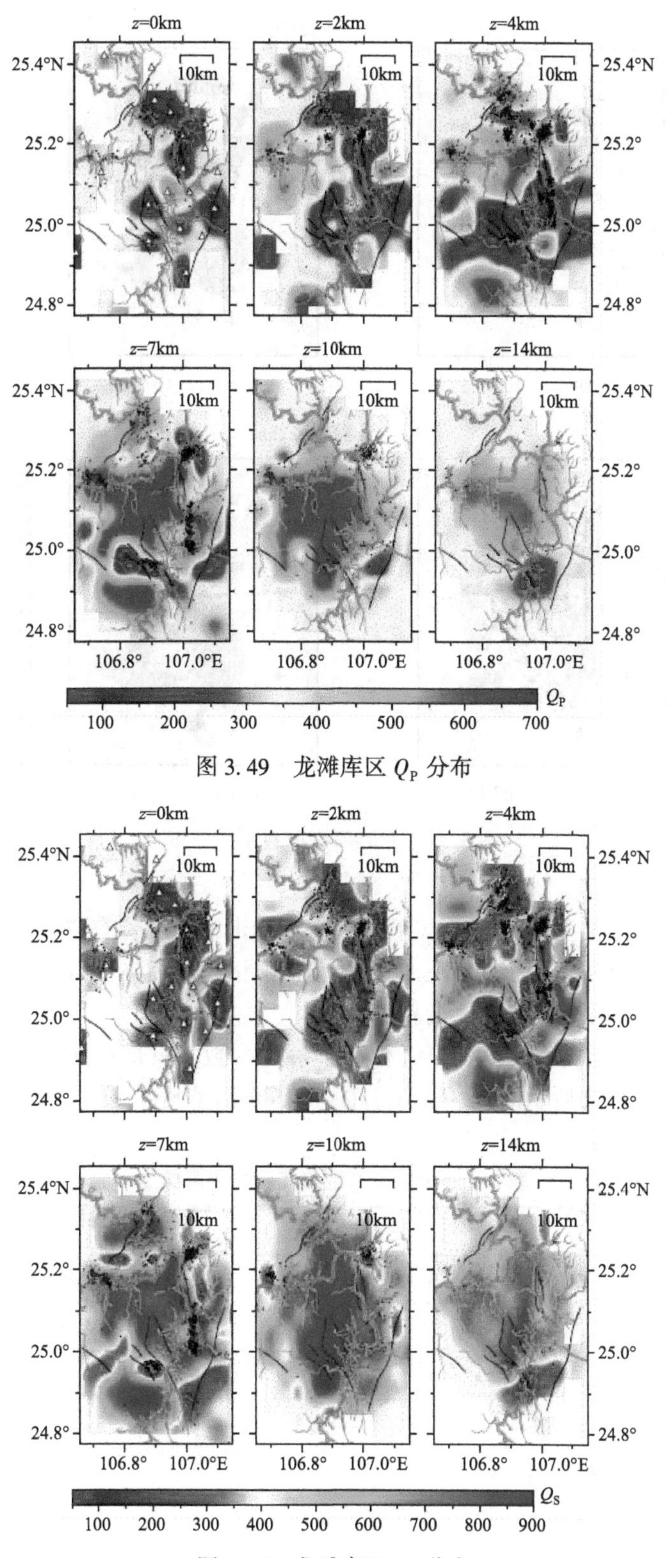

图 3.49　龙滩库区 Q_P 分布

图 3.50　龙滩库区 Q_S 分布

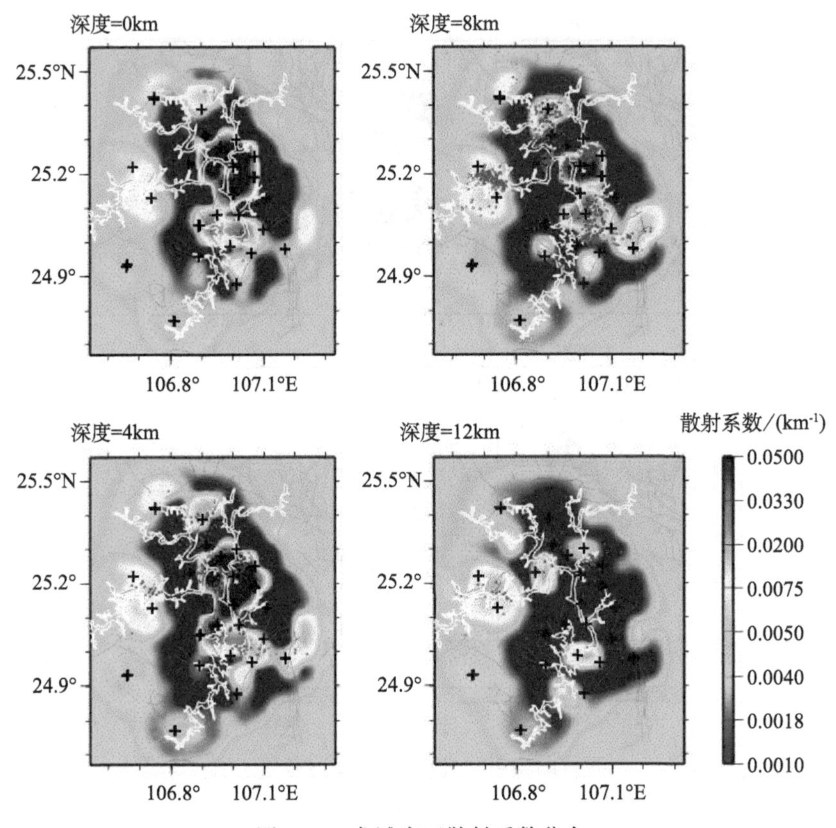

图 3.51　龙滩库区散射系数分布

龙滩库区地震断错类型比较复杂，正断、逆断和走滑断层皆有之，且不同的区域，断错类型有一定的差别。赵翠萍等根据库区数字地震台网记录求得图 3.52 所示 A-E 5 个活动丛区共计 73 次 $M_L \geqslant 2.0$ 级地震的震源机制解。

由图可见，地震断错类型虽然复杂，但以逆冲居多数，只是不同的丛区之间略有差别而已。表 3.7 给出了图 3.52 所示的 A、B、C、D、E 五个活动丛区不同类型震源机制解的数目。

表 3.7　龙滩库区地震震源机制解类型

主应力数值分值	正断层		逆断层		走滑断层		合计	
	N	*P*(%)	*N*	*P*(%)	*N*	*P*(%)	*N*	*P*(%)
A	5	17.8	19	67.9	4	14.3	28	100.0
B	1	16.7	4	66.6	1	16.7	6	100.0
C	0	0	7	87.5	1	12.5	8	100.0
D	1	12.5	6	75.0	1	12.5	8	100.0
E	6	26.1	13	56.5	4	17.4	23	100.0
合计	13	17.8	49	67.1	11	15.1	13	100.0

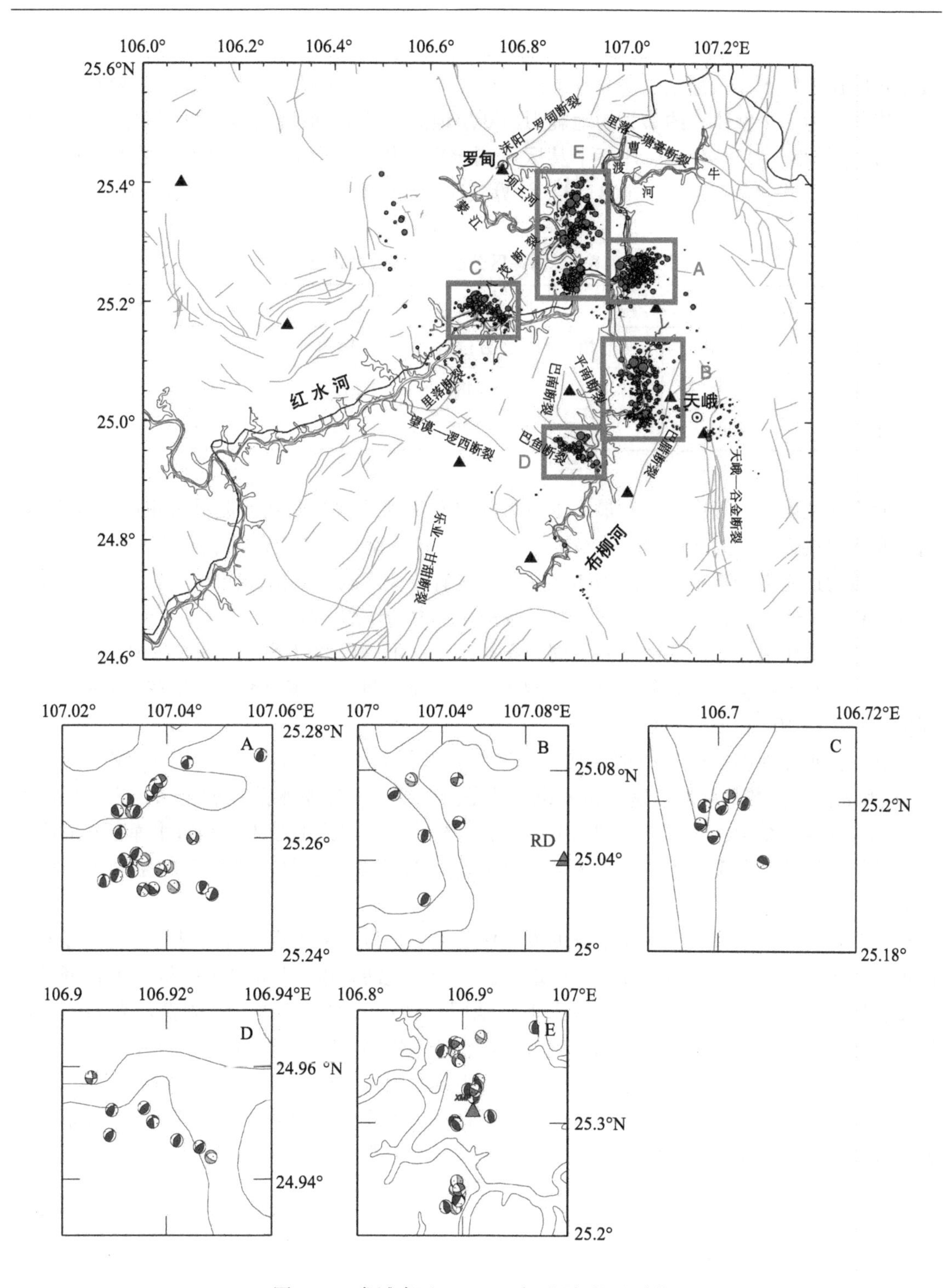

图3.52　龙滩库区 $M_L \geqslant 2.0$ 级地震震源机制解

表 3.7 中 N、P 的含义与前面类同。例如，对丛区 A 共得到 28 个地震的震源机制解，其中正断层地震 5 个，所占百分比 $P=5/28=17.8\%$。由表可见，各丛区都以逆断层地震居多，库区作为一个整体，约 2/3 的地震为逆断层地震。这 73 个地震震源机制解的 P 轴取向 NW，倾角较小。鉴于 B、C、D 三个丛区可测定震源机制的地震数目较少，因此仅对 A 丛和 E 丛区，按式（3.11）至式（3.14）计算其应力场的有关参数，将列于表 3.8。

表 3.8 龙滩库区分区应力场反演结果

主应力 分区数值	σ_1（最大）		σ_2（中等）		σ_3（最小）	
	方位角	倾角	方位角	倾角	方位角	倾角
A 区	124°	10°	248°	73°	31°	14°
E 区	128°	1°	37°	27°	220°	63°

两个丛区虽然中等主应力和最小主应力的取向和倾角略有差别，但最大主应力 σ_1 的取向和倾角很接近，都为 NWW 向近水平的主应力，与华南地区 NWW 向，近水平的最大主应力的区域构造应力场基本一致。表明水库蓄水没有改变库区区域构造应力，库区地震活动是在 NWW 向，近水平的最大主压应力的区域构造应力场作用下发生的。

综合本章所述，对水库地震的空间分布与环境，可以得到以下三点基本认识：

其一，水库地震的空间分布具有“双十”的特征，即绝大多数地震发生在 10km 以内的深度，距库岸 10km 以内的区域里。

其二，水库地震发生于速度结构，衰减结构和散射结构中的低 V_P、高 V_P/V_S、低 Q_P、低 Q_S 和高散射系数的区域。这里需要说明的是由于缺少水库蓄水前地震记录，未能反演蓄水前库区的速度结构，衰减结构和散射结构，层析成像所得到的结果只是对水库蓄水后库区介质结构的描述。但至少可以认为，水库地震是在库水渗透扩散所能达到的空间范围内发生的。

其三，虽然库水作用在水库地震的发生中居主要地位，但也离不开区域构造应力场和库区地质构造背景。例如，新丰江 6.1 级地震发生于构造活动最强烈的 NNW 和 NEE 向断裂带的交会部位附近，而 NE 向断裂带缺少地震地层活动；又如三峡水库地处黄陵背斜的库前区，虽然库水深，但因黄陵背斜基底完整性好，透水性很弱，因此地震活动水平很低。但应注意的是中强地震可能多数位于库区活动断裂上或其附近，而大量的中小地震并不一定都位于库区主要断裂带或其附近。换句话说，库区存在适当规模的活动断裂带可能是水库蓄水触发中强地震的必要条件，但库区活动断裂带不一定对大量的中小地震的发生起控制作用。

第 4 章　水库地震的特征与机理

“特征”是自然界一个事物相对于其他事物，内在本质差异的外在表现。水库地震的“特征”是相对于数量多、分布广的浅源构造地震而言的。作为在地壳内发生的快速破裂现象，不论是浅源构造地震，还是水库地震都是震源区介质的强度低于应力所导致的。显然，两者内在本质的差异不在于此，而在于导致震源区介质的强度低于应力的原因，即俗称的“机理”。依此，水库地震的特征应能客观地反映相对于浅源构造地震而言，水库地震在成因机理方面的差异。

自从水库地震的问题提出以来，国内外的研究集中于揭示水库地震与浅源构造地震成因机理的差异及相应的外在表现。研究的基本思路可概括为“反演”与“正演”相结合。这里所称的“反演”意指根据观测到的两者外在表现的差异来推测其成因机理的差异。“正演”则是抓住库水加卸载这一特定的外力作用条件，探讨水库地震相对于浅源构造地震在成因机理方面的差异，进而对两者外在表现的差异作物理解释。综观近几十年来国内外对两者“外在表现”差异的研究，主要包括地震活动图像和地震震源两大方面。后一方面至今仍较薄弱，前一方面的研究则相应广泛，主要包括地震空间分布和地震序列。上一章已论及地震空间分布的问题，本章将首先对国内国外关于水库地震与浅源构造地震的地震序列及震源差异的研究作简要的评述，并根据我们的研究阐明水库地震有别浅源构造地震的特征。在此基础上对水库地震的机理作初步的探讨。

4.1　水库地震序列

水库地震序列的特征是近几十年来水库地震研究的重点之一，国内外许多有关的文献对此作了论述，多数观点明确，结论相似。例如：胡毓良等（1979）认为，水库地震序列可分为前震—主震—余震型和震群两类。前震—主震—余震型水库地震序列与同类浅源构造地震序列比较具有以下特征：最大余震与主震震级的比值较高，一般从 0.8 到接近于 1（构造地震约为 0.6~0.7）；反映大小地震比例关系的 b 值较高，一般≥1.0（构造地震约为 0.6~0.8），且同一般构造地震的情况相反，前震的 b 值往往大于余震的 b 值；余震频次的衰减系数 p 值一般≤1.0，较一般构造地震小，余震衰减缓慢。丁原章也阐明了类似的观点。Gupta（1992）不仅阐明类似的观点，而且强调对“大”的浅源构造地震，最大余震与主震的震级差 ΔM 服从 Bath 定理，即：

$$\Delta M = M_0 - M_1 = 1.2 \tag{4.1}$$

式中，M_0 和 M_1 分别为主震和最大余震的震级。而对水库地震，则有；

$$\Delta M = M_0 - M_1 = 0.6 \tag{4.2}$$

其标准差为 0.3 级。

在 Gupta（1992）给出的 10 个震例中已不局限于前震—主震—余震型和“大”的水库地震，实际上已将上述“三个特征”扩展到各种类型的水库地震序列。这三个所谓的“特征”在国内外被广泛引用，作为水库地震有别于浅源构造地震的重要特征和识别水库地震的重要依据。但在实际应用中遇到不少的挑战，表明有必要对这三个似乎在国内外取得高度共识的重要特征重新审视。

4.1.1 地震序列的含义和研究思路

“地震序列”是一个似乎既清晰，但往往又模糊的概念。在地震活动性和地震预测研究中往往可以看到不同时空定义域的地震序列。在空间上，一种定义域为“大震”破裂区（通常视其为“大震”震源区）或震群活动区；另一种定义域则超出“大震”破裂区和震群活动区，空间范围较大，甚至为一个大尺度地震构造区、带。在时间上，跨度也较大，从几小时、几天、几十天，直到几年、甚至几十年、几百年。显然，对不同时空定义域的地震序列，其含义和特征有别。

水库地震序列也是一个似乎既清晰，但往往又模糊的概念。有些研究把水库蓄水后在库区发生的所有地震作为一个整体，分析其频度、强度随时间的变化；有些研究分析的则是最大地震及其前震后余震或震群的频度、强度随时间的变化。这里不妨分别将其称为“广义”和“狭义”的水库地震序列。显然两者的时空定义域不同，相应地，其序列的特征也往往有别。而且不论是“广义”还是“狭义”水库地震序列，其空间定义域往往存在这样或那样的问题。例如，对“广义”水库地震序列，“库区”的范围究竟多大？不同人的理解往往不尽相同。对“狭义”水库地震序列，其空间定义域似乎较明确，但由于与最大地震的强度相对应的震源区的尺度多不大，而地震定位的精度往往不高，不论是所称的前震—主震—余震型序列还是震群型序列中，有些地震的位置可能偏离主震震源区或震群活动区。定义域存在的这些问题，可能对统计分析所给出的序列特征产生不同程度的影响。

水库地震序列研究中遇到的另一个问题是关于序列类型的划分。许多学者认为水库地震序列可分为前震—主震—余震型和震群型两类。实际上，不论是浅源构造地震，还是水库地震，序列的类型都是较复杂的。这涉及到序列类型划分的原则与标准。人们多习惯于按最大地震所释放的能量占全序列释放总能量的比例来划分序列的类型，但比例应多大，不同人的标准往往有别，这里不对这个问题作进一步的赘述，仅指出在浅源构造地震序列类型的划分中，除了前震—主震—余震型（或主震—余震型）和震群外，至少还可见到以下两种类型的序列：“双主震—余震型”和“双震型”（陈章立，2004），前者意指在很短的时间内（通常在几分钟内）相继发生两次震级相近的“大震”，之后伴有大量的余震发生，如 1984 年 5 月 21 日南黄海 6.1、6.2 级地震序列和 1976 年 5 月 29 日云南龙陵 7.3、7.4 级地震序列；后者意指序列中两次震级相近的“大震”发生的时间间隔若干天，如 1976 年四川松潘

8 月 16 日 7.2 级和 8 月 23 日 7.2 级地震序列，北部湾 1994 年 1 月 31 日 6.1 级和 1995 年 1 月 10 日 6.2 级地震序列。这里要强调的是对水库地震，序列的类型也是较复杂的，有些研究对序列类型的界定及给出的相应的有关参数尚有待商榷。例如 Gupta（1992）在论述最大余震与主震的震级差时，把米德湖水库地震序列和卡里巴水库地震序列都视为“前震—主震—余震”型序列，给出的 M_0-M_1 分别为 0.6 和 0.1 级。而根据 Gupta 给出的这两个水库地震序列目录，米德湖水库地震序列有多次的 5.0 级地震，应属震群序列；卡里巴水库地震序列不仅在 1963 年 9 月 23 日和 9 月 25 日分别发生了 $M_b=6.0$ 和 $M_b=5.8$ 级地震，而且在这两次“大震”之间有 $M_b=5.4$、5.3、5.3 级地震，在 6.0 级地震前有 $M_b=5.6$ 级地震。5.8 级地震后，即使仅统计至当年底，也有 $M_b=5.4$ 级地震发生，序列类型并非“前震—主震—余震”型，似应介于“双震型”与震群型之间。

以上赘述在于强调不论是浅源构造地震，还是水库地震，序列的定义和类型的界定本身是复杂的问题，不同的定义和界定可能对序列的统计特征，如 M_0-M_1 产生一定的、甚至较大的影响，进而对水库地震序列“有别于”浅源构造地震序列的统计特征产生一定程度乃至较大的影响。

不论是把同一局部小区域在不同时间发生的地震作为一个地震序列，还是把较大区域不同时间发生的地震作为一个地震序列进行分析研究，其首要的前提是序列所包含的地震之间应存在某种关联。对水库地震而言，这种关联正是库水的加卸载。从这个角度来说，不论是“狭义”，还是“广义”水库地震序列都是有意义的。但鉴于水库地震的特征是相对于浅源构造地震而言的，为了增加可对比性，这里把对比分析限定于“狭义”的地震序列。自然，问题也油然而生，正如前面所述，由于地震定位的误差，视为水库地震序列中的某些地震的位置可能偏离主震震源区或震群活动区。但根据已有的实例经验，在包括诱发的最大地震在内的“主要地震活动”阶段（序列可能呈现为前震—主震—余震型或震群或其他类型），偏离一般居少数，对序列特征的提取影响不大。因此，这里忽略这种影响，相应地把水库地震与浅源构造地震序列的对比分析限定于“主要地震活动”阶段。其统计分析的时段视“主要地震活动”的持续时间而定，对诱发的最大强度为“小地震”的序列可能为十几天，几天，甚至几小时，而对 M_{max} 为 5 级以上地震的序列可能为几个月，甚至 1 年以上。

4.1.2　次大与最大地震的震级差及序列的衰减

前面已提及 Gupta（1992）认为与浅源构造地震比较，水库地震序列最大余震与主震的震级差较小的依据。这里有必要对其依据作简要的分析：

首先：Gupta（1992）认为浅源构造地震序列，最大余震与主震的震级差 ΔM 服从 Bath 定理，为 1.2 级。正如 Gupta 所述，Bath 定理是根据希腊 216 个 $M_S \geqslant 5.0$ 级地震序列的统计得到的。显然，由于地震发生的构造环境的差异，由希腊的地震资料所得到的结果不一定适用全球其他地区。我国大陆许多大震，最大余震与主震的震级差 ΔM 不符合 Bath 定理，例如近 10 年来在我国大陆发生的两次 8 级地震序列都不符合 Bath 定理，ΔM 都较大。2008 年 5 月 12 日汶川 $M_S=8.0$ 级地震序到，$\Delta M=1.6$。而 2001 年 11 月昆仑山口西 $M_S=8.1$ 级地震序列，ΔM 更大，达 2.4 级。许多 7、6、5 级地震序列也显著偏离 Bath 定理，这里不逐一列举。表 4.1 给出了根据张肇诚等和陈棋福等汇编，由地震出版社出版的 1966~2002 年《中国震例》统计，被研究者判定为主震—余震型的 96 个地震序列，最大余震与主震震级差 ΔM 的分布。

表 4.1　中国大陆浅源构造地震（$M_S \geqslant 5.0$ 级）主震—余震型序列 ΔM 的分布

ΔM	≤0.8	0.9~1.5	1.6~2.0	≥2.0	合计
N	22	25	23	26	96
P（%）	22.9	26.0	24.0	27.1	100.0

表明 ΔM 的分布较分散，即使考虑到震级测定可能存在±0.3 级的误差，也只有 26%的地震序列符合 Bath 定理。

其次，Gupta（1992）给出对水库地震序列，最大余震与主震震级差 ΔM 为 0.6±0.3 级主要源于 10 个水库地震序列的统计。能否由其得到这样的结论，本身也仍有待商榷。这里不妨把 Gupta 的统计结果（原表 11.3）摘引于表 4.2。

表 4.2　水库地震序列中主震与最大余震的震级（引自 Gupta（1992））

水库	主震震级 M_0	最大余震震级 M_1	M_0-M_1
米德湖	5.0	4.4	0.6
台纳特	4.9	4.5	0.4
卡里巴	6.1	6.0	0.1
克里马斯塔	6.2	5.5	0.7
柯依那	6.3	5.1	0.8
新丰江	6.1	5.3	0.8
奥罗维尔	5.7	5.1	0.6
努列克	4.6	4.3	0.3
阿斯旺	5.6	4.6	1.0
布哈特萨	4.9	3.9	1.0

表 4.2 中的震级 M_0 为第 1 章表 1.2 中的最大地震震级，对有些地震，两者不一致，这里未作更改。但要指出，关于柯依那水库，Gupta 关于 ΔM 的计算可能因疏忽有误，即使按 Gupta 给定的 $M_0=6.3$，ΔM 也应为 1.2 级，若按第 1 章表 1.2 给定的 $M_0=6.5$ 级，则 $\Delta M=1.4$级而不是 0.8 级。我们姑且不考虑阿斯旺地震和奥罗维尔地震是否为水库地震，也先不论米德湖和卡里巴水库地震序列并不是主震—余震型序列，ΔM 的计算是否合理，即使按 Gupta 给出的这 10 个序列，也有 4 个水库的序列不符合 $\Delta M=0.6\pm0.3$ 的结论。更重要的是从统计的角度来说，样品太少，难以由此得到较可信的统计分析结果。当然，从对比的角度来说，若按 Gupta 对 ΔM 统计的原则，我国大陆浅源构造地震序列虽然有少数序列

ΔM =0. 6±0. 3，但多数不符合 Bath 定理。总之，不论从哪个角度进行统计分析、对比，都难以把 ΔM 较小作为水库地震有别于浅源构造地震的重要特征。

地震序列的衰减通常用下式来描述：

$$n(t) = n_1/t^p \tag{4.3}$$

式中，n_1 为首发“大震”后第一个单位时间的地震次数，$n(t)$ 为第 t 个单位时间的地震次数，系数 p 描述序列的衰减。前面已提及，不少学者认为水库诱发地序列 $p \leqslant 1.0$，而浅源构造地震序列 $p>1.0$，从而把 p 值较小作为水库地震有别于浅源构造地震的另一个重要特征，这同样值得商榷。这里要指出以下两点：

首先，由于许多水库库区地震监测能力不足，加之不少水库地震序列的持续时间不长，单位时间里的地震数目不多等原因，可给出 p 值的水库地震序列数目不多。Gupta（1992）只列举了 10 个水库地震序列的 p 值（Gupta，1992，表 11. 4），显然统计分析的样品数目太少。

其次，根据已有报道，浅源构造地震序列的 p 值，虽然多数大于 1. 00，但小于 1. 00 的序列也不乏其例。我们根据上述 1966~2002 年《中国震例》统计，给出 p 值的 98 个浅源构造地震序列中，有 26 个序列 $p<1.00$，且有些序列 P 值显著小于 1. 00，例如，1989 年 10 月山西大同中强地震震群和 1997 年 1~6 月新疆伽师中强震群及 1996 年 12 月北京顺义小震群序列，p 值分别为 0. 42、0. 50 和 0. 52；1994 年 12 月 31 日北部湾 6. 1 级和 1995 年 1 月 10 日 6. 2 级地震的“双震型”序列，在 6. 2 级地震后 p 值仅为 0. 54；有些主震—余震型序列 P 值也不大，例如，1998 年 1 月 10 日河北张北 6. 2 级地震序列和 2001 年 2 月 23 日四川雅江 6. 0 级地震序列，p 值也仅分别为 0. 78 和 0. 62。

总之，根据已有的震例研究，同样难以把序列衰减较慢（$p \leqslant 1.00$）作为水库地震有别于浅源构造地震的另一重要特征。

4. 1. 3　地震频度-震级关系

地震频度-震级关系通常用下式来描述：

$$\lg N = a - bM \tag{4.4}$$

式中的 b 值描述一个地区或一个地震序列，不同震级的地震次数的比例关系。前面已提及不少学者，如胡毓良等（1979），丁原章（1989），Gupta 等（1992）认为水库地震序列的 b 值大于水库所在地区浅源构造地震序列的 b 值，且前震序列的 b 值大于余震序列的 b 值，认为这是水库地震有别于浅源构造地震序列的另一个重要特征，但这同样是值得商榷的。为了说明值得商榷的一些问题，不妨把 Gupta 得出这一结论的主要依据（Gupta，1992，表 11. 1）按水库地震与所在地区浅源构造地震相对比的思路，重新整理列于表 4. 3，以便使问题更加一目了然。

表 4.3　所关注水库地震序列及天然地震的 b 值（数据引自 Gupta（1992））

水库诱发地震				天然地震（浅源构造地震）			
库名	计算时间	地震数目	b	对比区	计算时间	地震数目	b
米德湖	1941~1942	536	1.40				
奥罗维尔	前震 1975.01.27~1975.08.01	5	0.37	北加利福尼亚		数百	0.78
	余震	46	0.61				
卡里巴	前震 1959.06.08~1963.09.23	291	1.18	非洲	1963.01.01	43	0.53
	余震 1963.09.23~1968.12.27	1114	1.02		1966.06.30		
克里马斯塔	前震 1965.09.01~1966.02.05	740	1.41	克里斯塔希腊			0.64
	余震 1965.02.25~1966.11.30	2580	1.12				0.82
新丰江	前震 1961.07~1962.03.18	数千	1.12	新丰江		数百	0.72
	余震 1962.03.19~1972.10	数千	1.06				
柯依那	前震 1964.09.10~1967.09.13	51	1.87	印度半岛			
	余震 1967.12.10~1969.06.27	422	1.09		>300 年（历史地震）	52	0.47
布哈特萨	前震 1983.07.01~1983.09.15	数百	1.09				
	余震 1983.09.15~1983.09.30	数百	1.04				
戈达瓦里谷	1964.04.04~1969.05.02	52	0.51				
努列克	1971~1979	数百	1.05	努列克	1971~1979	数百	0.89
马尼克 3	前震 1975.09.15~1975.10.23	>70	0.76				
	余震 1975.10.23~1976.04	数百	1.23				
蒙台纳特	1963.09.25~1967.12.13	57	0.72				
黑部第四		110	1.46				

由表 4.3 看，至少有以下两方面的问题值得进一步讨论：

1. 对比的对象

为了证明水库地震序列的 b 值明显较高，表 4.3 中给出了水库所在地区浅源构造地震的 b 值，但并非浅源构造地震序列的 b 值，而是水库所在区域的 b 值，且有些是区域台网记录的地震活动的 b 值，有些是历史地震（中强以上地震）活动的 b 值，作这样的对比是否妥当，本身有待商榷：

首先，把水库地震序列的 b 值与历史地震活动的 b 值对比，是欠妥当的。显然，不论是印度半岛，还是其他地区数百年的历史地震活动是由历史文字记载的，主要为中强以上地震，而由现代地震仪器记录的大量地震，不论是水库地震，还是浅源构造地震，多数为小地震。随着地震学的发展，不少学者已提出大小地震是否服从同一定标律的问题。地震定标律有多种表现，包括地震应力降 $\Delta\sigma$ 与地震距 M_0 的关系，地震频次 N 与震级 M 的关系。一些学者如 Nuttli（1983b）、Shi 等（1998）、华卫（2007）通过 $\Delta\sigma-M_0$ 关系的研究，认为大小地震可能不服从同一地震定标关系。陈运泰等（2000）明确指出，可用等效圆盘描述断层面的“小地震”与用矩形描述断层面的“大地震”，其地震定标关系有别。目前的研究多倾向于认为至少对板内地震是如此。依此，中强以上地震与中小地震的频次 $N-M$ 的关系理应有别。我们以我国华南构造块体为例对此作了检验，图 4.1 和图 4.2 分别展示了相应的频次-震级关系。

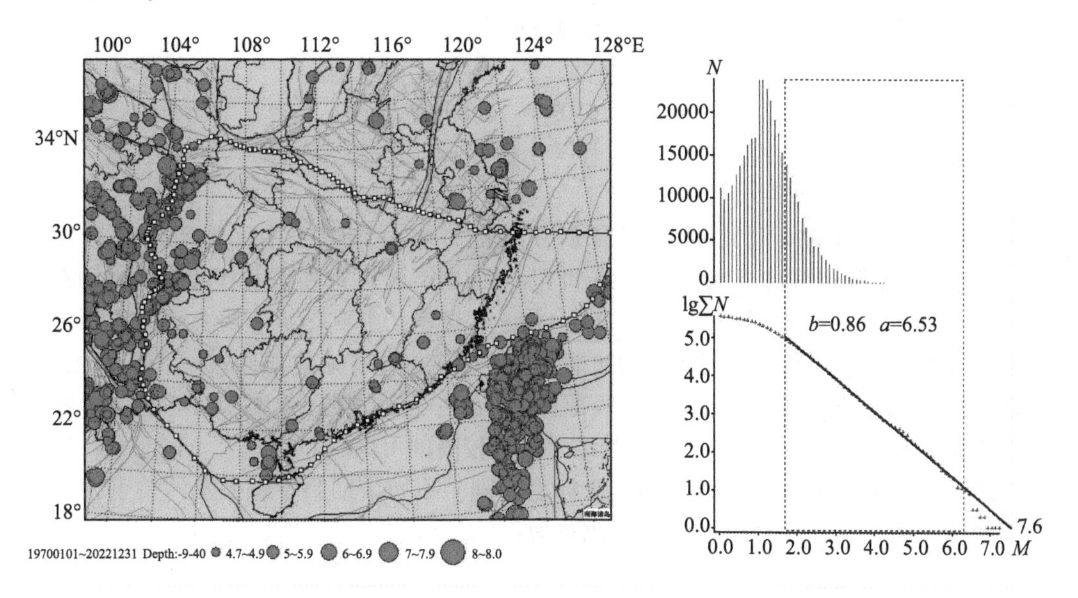

图 4.1 华南构造块体 1400~2010 年浅源构造地震频次-震级关系

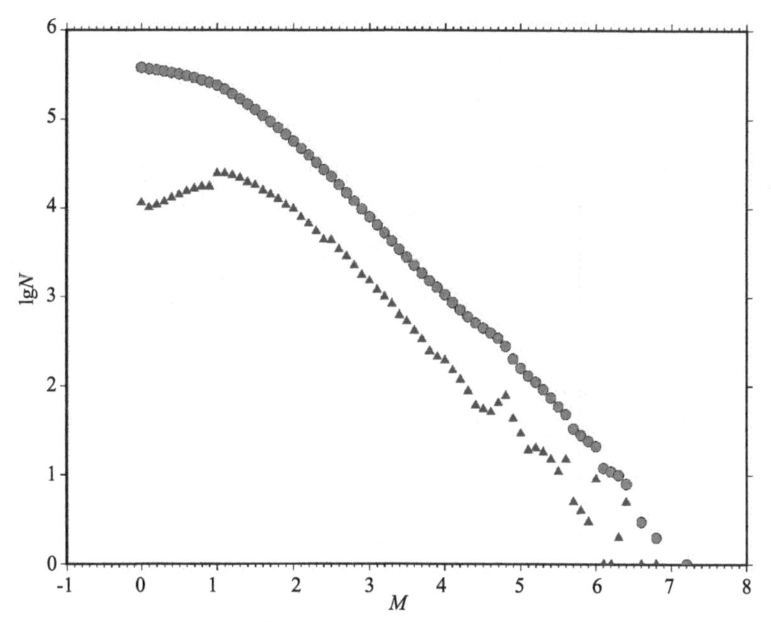

图 4.2 华南构造块体 1970~1979 年浅源构造地震频次-震级关系

图 4. 2 表明，$M_L<2.0$ 级时，$N-M$ 关系明显偏离式（4. 4）。于是在式（4. 4）成立的震级区间里，用最小二乘法分别计算图 4. 1 和图 4. 2 的 b 值，得到：

对华南构造块体 1400～2010 年的浅源构造地震：

$$\lg N = 5.323 - 0.654M_S \quad (4.5)$$
$$\gamma = 0.995$$

对华南构造块体 1970～1979 年的浅源构造地震：

$$\lg N = 5.034 - 0.890M_L \quad (4.6)$$
$$\gamma = 0.999$$

即 b 值分别为 0. 654 和 0. 890。计算所使用的资料分别取自中国地震局监测预报司（2011）编制的中国地震目录（公元前 23 世纪—2010 年 5 月）和冯浩等编制的中国东部地震目录（1970～1979 年）。历史地震活动从 1400 年起算，主要是鉴于历史地震主要源于文字记载，尤其是县志记载。我国从明朝初期开始才在辖区里普遍建立县志。尽管不论是历史地震震级的确定，还是现代中小地震震级都可能存在一定的误差，但图 4. 1 和图 4. 2 相关系数 γ 都较高，分别达 0. 995 和 0. 999，其结果具有较高的可信度。

注意到式（4. 5）和式（4. 6）的震级标度有别，不妨借助第 1 章提及的关于 M_S 与 M_L 的经验统计关系式（1. 2）将式（4. 5）改写为：

$$\lg N = 6.030 - 0.739M_L \quad (4.7)$$

对照式（4. 7）与式（4. 6）也表明，中强以上地震与中小地震活动并不服从同一个定标关系，b 值相差较大。这自然提出把水库地震的 b 值与水库所在地区的历史地震活动的 b 值对比是否妥当的问题。Gupta（1992）鉴于表 4. 3 中只有奥罗维尔水库库区地震活动的 b 值小于北加利福尼亚地区浅源构造地震的 b 值，对奥罗维尔水库 $M_L=5.7$ 地震是否为水库地震提出质疑。实际上如第 1 章所述，对 1975 年 8 月 1 日奥罗维尔水库 $M_L=5.7$ 地震的是否为水库地震的质疑，主要不在于 b 值的大小。我们注意到表 4. 3 中，印度半岛 $b=0.47$ 的结果是由大于 300 年的 $M_S=4.0\sim7.0$ 级地震给出的。这里难以对 4～5 级地震是否有遗漏的问题作出评论。只是强调鉴于中强以上地震与中小地震活动的定标关系有别，将水库地震的 b 值与历史中强以上浅源构造地震活动的 b 值作对比有欠妥当。即使作这样的对比，并考虑到 M_S 与 M_L 的关系，表 4. 3 中的戈达瓦里谷水库活动的 b 值并没有明显高于印度半岛浅源构造地震的 b 值。

其次，表 4. 3 中把米德湖水库、奥罗维尔水库地震活动的 b 值与北加利福尼亚地区浅源构造地震活动的 b 值对比。把卡里巴水库地震与非洲地震的 b 值对比，是否妥当也值得商榷。且不论及非洲在 20 世纪 60 年代早中期 3、4 级地震记录是否遗漏，用 3. 2 级以上地震来计算 b 值是否导致数值偏低，要指出的是局部有限区域的 b 值与大区域的 b 值可能明显有别。图 4.3、图 4.4、图 4.5 与图 4.2 的对照印证了这一点。

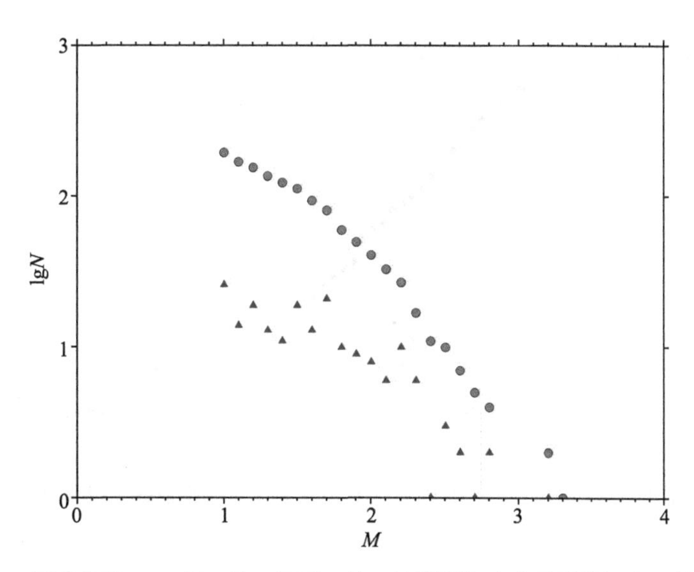

图 4.3　福建华安 1976 年 1 月 7 日至 4 月 4 日浅源构造地震震群频次-震级关系

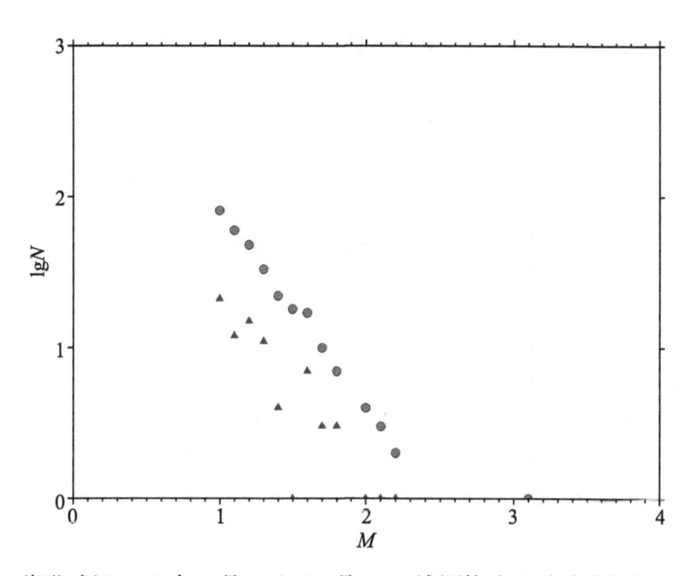

图 4.4　湖北武汉 1972 年 2 月 4 日至 2 月 29 日浅源构造地震震群频次-震级关系

在 $\lg N$-M 呈线性的区间里用最小二乘法计算，得到如下结果：

福建华安震群：

$$\lg N = 3.64 - 1.171 M_{\mathrm{S}} \tag{4.8}$$

$$\gamma = 0.975$$

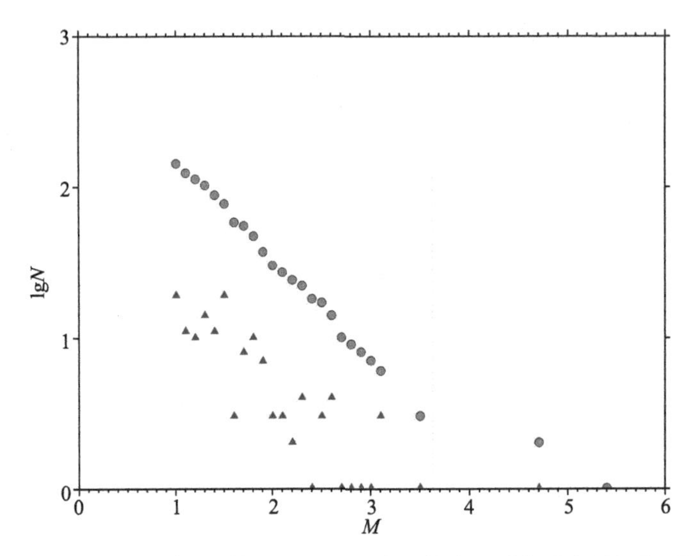

图 4.5　广西平果 1977 年 10 月 19 日 5.0 级浅源构造地震余震序列频次-震级关系

湖北武汉震群：

$$\lg N = 3.385 - 1.469M_S \quad (4.9)$$
$$\gamma = 0.989$$

广西平果 5.0 级地震余震序列：

$$\lg N = 2.894 - 0.849M_S \quad (4.10)$$
$$\gamma = 0.989$$

即 b 值分别为 1.173、1.469 和 0.849，彼此相差较大，且除广西平果 5.0 级余震序列的 b 值接近于华南块体 1970~1979 年的 b 值外，华安和武汉震群的 b 值都显著高于华南构造块体 1970~1979 年中小地震的 b 值。

关于 b 值的含义，国内外有许多的研究，这里不详细赘述，仅指出，b 值小与 b 值减小的物理含义有别，只有 b 值减小可能与应力水平的增强相关，b 值的大小主要与所研究地区地壳分形结构有关（陈运泰等，2000）。地壳分形结构是相当复杂的，存在着不同尺度的分形结构，且不同地区往往有别，从而使得对同一地区中强以上地震与中小地震的 b 值有别；不同地区之间，b 值也多有别；小区域与大区域的 b 值有别。因此在研究水库地震有别于浅源构造地震的特征时，对比的对象应得当。就以地震序列的特征而言，应以同构造块体里两者的“狭义”地震序列作为对比的对象。

2. b 值的计算

地震序列 b 值计算的可靠性直接影响对比分析结果的可信度。表 4.3 中，有的水库地震序列，如新丰江水库序列的 b 值是用最小二乘法计算的，而有些水库，如印度的三个水库和奥罗维尔水库则是用最大似然法计算的，鉴于对同一地震序列，用不同方法所给出的 b 值往往有别，因此有必要对 b 值的计算方法作以下简单的讨论：

用最小二乘法计算 b 值，应用相当广泛，该方法是在 $\lg N-M$ 近于线性的震级区间里，进行线性回归求得 b 值。但在实际应用时，应注意以下两点：

首先，正如前面所述，由于不同震级区间的地震可能不服从同一的定标关系，因此应根据 $\lg N-M$ 关系曲线的形态，在 $\lg N-M$ 近似线性的区间里，进行回归计算，否则给出的 b 值可能失真。

其次，在 b 值研究的早期，鉴于震级的测定可能存在±¼级的误差，不少人习惯于用 M_i ±¼级区间里的地震数目来计算 b 值。实际上这存在两个明显的弊端：其一，震级区间的划分，尤其次数较少的“高震级”地震归属哪个震级区间，对 b 值的计算结果可能产生一定的影响；其二，作这样的划分，由于数据点的数目较小，尤其对震级跨度较小的序列，因数据点过少，误差可能较大。为克服这两个弊端，通常采用累积频度的方法来计算 b 值，可以证明，其 b 值的大小不变，只是 a 值发生变化；

假定用 $M+\Delta M$ 区间的地震频次 $n(M)$ 表示的频次-震级关系的系数为 a' 、b' 。则有：

$$n(M) = 10^{a'-b'M} \tag{4.11}$$

显然，地震的最大震级有一定的限度，当 $M\to\infty$ 时，$n(m)\to 0$，因此可将 $M\geqslant M_i$ 的地震频次 $N(M_i)$ 表示为：

$$N(M_i) = \int_{M_1}^{\infty} 10^{a'-b'M}\mathrm{d}M \tag{4.12}$$

对上式积分后，对两边取对数，得到：

$$\lg N(M_i) = a - b'M \tag{4.13}$$

与式（4.4）对照可见：$b = b'$ ，$a = a' - \lg(b\ln 10)$ ，注意到 $\lg(b\ln \mathrm{e}) <0$，$a > a'$ 。

用最小二乘法计算 b 值时，其标准偏差 δb 为：

$$\delta b = \sqrt{\frac{1}{n-2}\sum_{i=1}^{n}(\lg N_i - \lg\hat{N}_i)^2} \tag{4.14}$$

式中，N_i 为某时间段里实际发生的震级 $M\geqslant M_i$ 的地震次数；$\hat{N}_i$ 为由最小二乘法得到 b 值和 a 值后按式（4.4）计算得到的 $M\geqslant M_i$ 的地震次数；n 为计算时所使用的数据点（M_i）的数目。由式（4.14）可知采用累积频度计算 b 值，因数据点（M_i）的数目较多，δb 较小，即 b 值的计算结果，可信度较高。

最大似然法采用下式计算 b 值：

$$\delta b = \frac{0.4343}{\overline{M} - M_{\min}} \tag{4.15}$$

式中，$M_{\min}$ 为最小地震的震级；$\overline{M}$ 为计算 b 值所使用的 N 个地震的平均震级，即：

$$\overline{M} = \frac{1}{N}\sum_{i=1}^{N} M_i \tag{4.16}$$

由式（4.15）不难看出，震级下限 $M_{\min}$ 的选取，对计算的 b 值有重要的影响，这里不妨以 1973 年 11 月 30 日丹江口水库淅川 $M_L=5.1$ 级地震余震序列为例作简要的说明。11 月 30 日 $M_L=5.1$ 级地震后，至 1974 年 4 月 18 日在 5.1 级地震震中区及近邻共发生 $M_L \geqslant 1.4$ 级地震 40 次，组成“狭义”的水库诱发震序列，其频次–震级关系列于表 4.4。

表 4.4　丹江口水库淅川 5.0 级地震余震序列（1973.11.30～1974.04.18）频次–震级关系

M_i	1.4	1.5	1.6	1.7	1.8	1.9	2.0	2.1	2.2	2.3	2.4	2.5	2.6	2.7	3.0	3.7	4.1
n	1	3	6	4	4	2	3	4	1	3	1	1	1	3	1	1	1

若取 $M_{\min}=1.4$，$N=40$、$\overline{M}=2.08$，$b=0.64$；若取 $M_{\min}=1.5$，$N=39$、$\overline{M}=2.10$，$b=0.73$；若取 $M_{\min}=1.6$，$N=36$，$\overline{M}=2.15$，$b=0.79$。可见 $M_{\min}$ 略为变化，就可能导致计算的 b 值出现较大的变化。而 $M_{\min}$ 的确定不仅涉及到台网的监测能力及震级测定的误差，还可能涉及所研究地区地震的定标关系。根据表 4.4，该序列的频次–震级关系如图 4.6 所示。

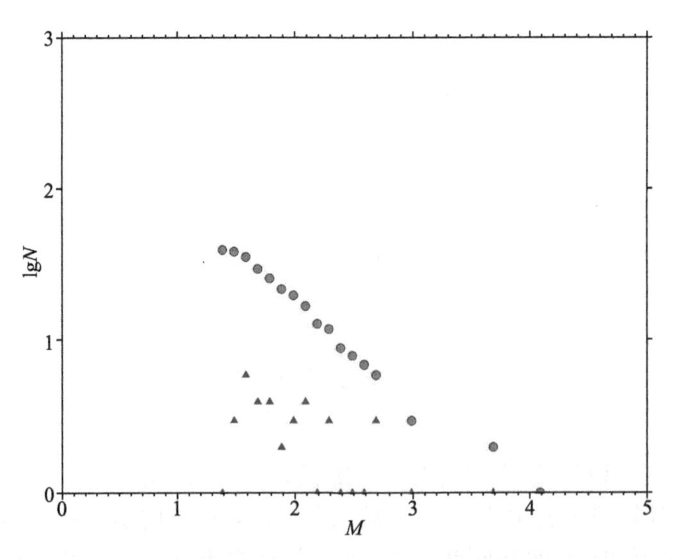

图 4.6　丹江口水库淅川 1973 年 11 月 29 日 $M_L=5.1$ 级地震余震序列频次–震级关系

采用最小二乘法求得频次-震级关系为：

$$\lg N = 2.508 - 0.623 M_L \quad (4.17)$$
$$\gamma = 0.985$$

即 $b=0.623$，其相关系数 $\gamma=0.985$，表明其结果有较高的可信度。显然该序列与上述武汉及华安震群序列和平果余震序列都是“狭义”的地震序列，且都位于华南构造块体内，具有一定的可对比性。这里要强调的是，虽然已有报道的不少水库地震序列 b 值高于同一构造块体内浅源构造地震序列的 b 值，但也有一些报道与此不相符合。例如，光耀华（1996）给出的广西大化水库 4.5 级地震的余震序列，b 值为 0.87。将其与上述广西平果 5.0 级地震余震序列的 b 值比较，仅高 0.02，落在误差范围内。最突出的是 2006 年 2 月浙江珊溪水库的震群序列，b 值明显较低。钟羽云等（2007）对 2 月 4 日 $M_L=4.6$ 级地震区，不同时段的 b 值作了计算，给出了如下结果：2006 年 2 月 4～5 日，$b=0.43$；2 月 4～7 日，$b=0.52$；2 月 4～12 日，$b=0.55$；2 月 4 日至 6 月 30 日，$b=0.66$。表明在主要地震活动时段，b 值逐渐升高，但最大值仅为 0.66，显著低于华南构造块体许多浅源构造地震震群或余震序列的 b 值。

以上赘述在于强调“比较”应具有可对比性，且 b 值的计算应严谨，在这前提下“狭义”的水库地震序列与浅源构造地震序列 b 值的相对大小，其关系较复杂。已有的观测事实表明，虽然不少水库地震序列的 b 值大于浅源构造地震序列的 b 值，但相反的情况也不乏其例。

综上所述，由一些学者提出，近几十年来被广泛引用的所谓与浅源构造地震序列比较，水库地震序列的最大余震与主震的震级差较小，序列衰减较慢（p 值较小）和 b 值较大，三个“重要特征”不是普遍成立的。这不仅在于根据已有的观测事实，相反的情况不乏其例，还在于这三个所谓的重要特征缺乏较明确的物理含义。这里认为，不论是水库地震序列，还是浅源构造地震的序列，其次大地震与最大地震震级差 ΔM 及 P 值的大小可能主要与序列的类型有关，而 b 值的大小可能主要与震区地壳的分形结构有关。

4.2　水库地震震源参数及主要特征

第 1 章已提及国内外有些研究发现水库地震震源的某些特征与浅源构造地震有别。显然，这必须建立在大量“小地震”震源参数的精确测定和地震定标关系研究的基础上，本节将根据若干水库库区地震震源参数的测定及定标律的确定，对这一问题作初步的探讨。

4.2.1　小地震震源参数测定的方法原理

可不失一般性地把台站 i 记录的地震的位移 $U_{ij}(f)$ 表示为（赵翠萍等 2011）：

$$U_{ij}(f) = [S_i(f)\varphi_{ij}(\theta, \delta, \lambda)P_{ij}(f)L_j(f) + N_j(f)] \cdot Sur_j \cdot I_j(f) \quad (4.18)$$

式中，f 为频率；$S_i(f)$ 为地震的震源谱；$\varphi_{ij}(\theta,\ \delta,\ \lambda)$ 为震源辐射图像效应；θ 为台站 j 相对于震源 i 的方位角；δ、λ 分别为震源 i 断层的倾角和滑动角；$P_{ij}(f)$ 为震源 i 到台站 j 地震波的传播路径效应；$L_j(f)$ 为台站 j 的场地效应；$N_j(f)$ 为台站 j 的场地噪声；Sur_j 为地表自由表面效应；$I_j(f)$ 为台站 j 的仪器响应。

在扣除仪器响应 $I_j(f)$ 和由波至前的记录扣除噪声 $N_j(f)$ 后，有：

$$U_{ij}(f) = S_i(f)\varphi_{ij}(\theta,\ \delta,\ \lambda)P_{ij}(f)L_j(f)Sur_jI_j(f) \tag{4.19}$$

对可用等效圆盘来描述断层面的"小地震"，$S_i(f)$ 服从 Brune（1970）模型：

$$S_i(f) = \frac{\Omega_0}{1 + (f/f_c)^2} \tag{4.20}$$

式中，Ω_0 和 f_c 分别为地震 i 的震源谱振幅和拐角频率。

$$P_{ij}(f) = G_{ij}q_{ij}(f) \tag{4.21}$$

采用 S 波记录来测定小地震的震源参数，这时可用三段几何扩散模型来描述几何扩散 G_{ij}：

$$G_{ij} = \begin{cases} R_{ij}^{\ -b_1} & R_{ij} \leqslant R_1 \\ R_1^{\ -b_1}R_1^{\ b_2}R_{ij}^{\ -b_2} & R_1 \leqslant R_{ij} \leqslant R_2 \\ R_1^{\ -b_1}R_1^{\ b_2}R_2^{\ -b_2}R_2^{\ b_3}R_{ij}^{\ -b_3} & R_{ij} \geqslant R_2 \end{cases} \tag{4.22}$$

式中，R_{ij} 为震源 i 至台站 j 的震源距，当 $R_{ij} \leqslant R_1$ 时台站记录的 S 波为直达波，$R_1 \leqslant R_{ij} \leqslant R_2$ 时，混杂有反射的 S 波，$R_{ij} \geqslant R_2$ 时，出现了 Lg 波。b_1、b_2、b_3，为常数；R_1、R_2 和 b_1、b_2、b_3 都可通过联合反演得到，一般 $b_1 \approx 1$，$b_2 \approx 0$，$b_3 \approx 0.5$，$R_1 \approx 1.5H$；$R_2 \approx 2.5H$；H 为所研究地区的地壳厚度。

式（4.21）中的 $q_{ij}(f)$ 描述因地壳介质的非完全弹性和非均匀性，地震波在传播过程中的衰减，$q_{ij}(f)$ 为：

$$q_{ij}(f) = \mathrm{e}^{-\pi R_{ij}f/\beta Q(f)} \tag{4.23}$$

式中，β 和 $Q(f)$ 为研究区域的 S 波速度和介质品质因子。

为了推进震源参数地震目录的编制，在郑斯华教授的指导下，中国地震局《地震图像与数字地震观测资料应用研究实验室》（以下简称《实验室》）对国际上关于"小地震"震源参数测定的方法进行了调研、评估、优化组合和改进（陈章立，2007；赵翠萍等，

2011)。其优化组合和改进主要有以下几方面：

首先，鉴于 S 波能量主要集中在水平向，采用 EW 向和 NS 向地震记录来测定震源参数。同时鉴于只有当 SH 波入射时，入射波与反射波的位移才相等，故首先由两水平向 S 波记录求得 S 波位移 u_{SH} 。对地表台和井下摆，入射的 S 波位移 $u_{SH入}$ 分别为：

$$u_{SH入} = \begin{cases} \frac{1}{2} u_{SH} & \text{地表台} \\ u_{SH} & \text{井下摆} \end{cases} \tag{4.24}$$

用 $u_{SH入}$ 来反演震源参数时，消除了地表自由表面效应 $Sruf$ ，这时式（4.19）变为：

$$U_{ij}(f) = S_i(f)\varphi_{ij}(\theta, \delta, \lambda)P_{ij}(f)L_j(f) \tag{4.25}$$

式中，$U_{ij}(f) = U_{SH入}(f)$ 。

其次，鉴于不同地质构造区域，地壳介质特性有别，相应地，地震波的衰减特征有别，反演 $P_{ij}(f)$ 和 $L_j(f)$ 时，选择位于同一构造区内及其边缘地带的台站和地震。在计算每个地震的震源参数时，所使用的台站也位于同一构造区内，若使用台站不在统一构造区，分别使用相应构造区的 $P_{ij}(f)$ 。为了尽可能消除震源辐射图像中 $\varphi_{ij}(\theta, \delta, \lambda)$ 的影响，在反演 $P_{ij}(f)$ 和 $L_j(f)$ 时，所选用的地震，相对于台网的分布较均匀，在计算每个地震的震源参数时，对不同方位台站的记录求平均。这时式（4.25）变为：

$$U_{ij}(f) = S_i(f)P_{ij}(f)L_j(f) \tag{4.26}$$

再次，虽然不少联合反演方法可同时给出 $P_{ij}(f)$ 和 $L_j(f)$ ，但考虑到“耦合”对结果可靠性的影响，采用 Atkinson（2004）的方法反演所研究的区域的 $P_{ij}(f)$（ $Q(f)$ ，R_1，R_2，b_1，b_2，b_3)，然后由所得到的 $P_{ij}(f)$ 参数，用 Moya 等（2000）的方法反演所使用的各台站的场地效应。在此基础上反演每个地震的谱振幅 Ω_0 和 f_c 。最后按 Brune（1970）公式计算每个地震的地震矩 M_0、震源尺度 r（等效圆盘断层面的半径）和地震应力降 $\Delta\sigma$ ：

$$M_0 = \frac{4\pi\rho\beta^3\Omega_0}{R_{\theta\varphi}} \tag{4.27}$$

$$r = \frac{2.34\beta}{2\pi f_c} \tag{4.28}$$

$$\Delta\sigma = \frac{7}{16}\frac{M_0}{r^3} \tag{4.29}$$

式中，ρ 为地壳介质密度。研究中取 $\rho = 2.7\mathrm{g/cm^3}$，$\beta = 3.5\mathrm{km/s}$；$R_{\theta\varphi}$为 SH 波的平均辐射图像系数，$R_{\theta\varphi} = 0.41$；$M_0$、$r$、$\Delta\sigma$ 的单位分别为 N·m、m、MPa。

我们将上述方法应用于震源参数地震目录的编制和水库地震震源参数的测定。

4.2.2 小地震震源参数的定标关系

华卫对“小地震”震源参数的定标关系作了专门的研究，在华卫（2007）“中小地震震源参数定标关系研究”中测定了 2003 年 7 月 21 日云南大姚 6.2 级余震序列，2003 年 10 月 16 日大姚 6.1 级地震余震序列和青岛 2003 年 6 月及 2005 年 1~5 月震群序列，以及新丰江水库库区 2003 年 2 月至 2004 年 6 月地震的地震距 M_0，应力降 $\Delta\sigma$ 和震源尺度 r，研究了其定标关系，指出：与大姚及青岛浅源构造地震序列比较，新丰江库区地震的应力降明显较低。华卫又利用前面论及的龙滩，三峡和新丰江库区数字地震台网的记录，测定了这三个水库库区地震的震源参数，并给出了相应的定标关系（华卫等，2010；华卫等 2012；Hua Wei 等，2013a，2013b），这里首先对华卫的最新研究结果作如下简要的介绍：

对这三个水库，测定震源参数的地震都为 $M_L \geqslant 0.1$ 级的“小地震”，共 3160 个，其中，龙滩库区 2006 年 2 月 28 日至 2010 年 5 月 14 日的地震 1616 个，三峡库区 2009 年 3 月 16 日至 2010 年 7 月 14 日的地震 1378 个，新丰江库区 2009 年 3 月 21 日至 2010 年 5 月 21 日的地震 166 个。图 4.7、图 4.8 和图 4.9 分别展示了这三个水库库区地震的 M_0-M_L、$\Delta\sigma-M_L$ 和 $r-M_L$的关系。

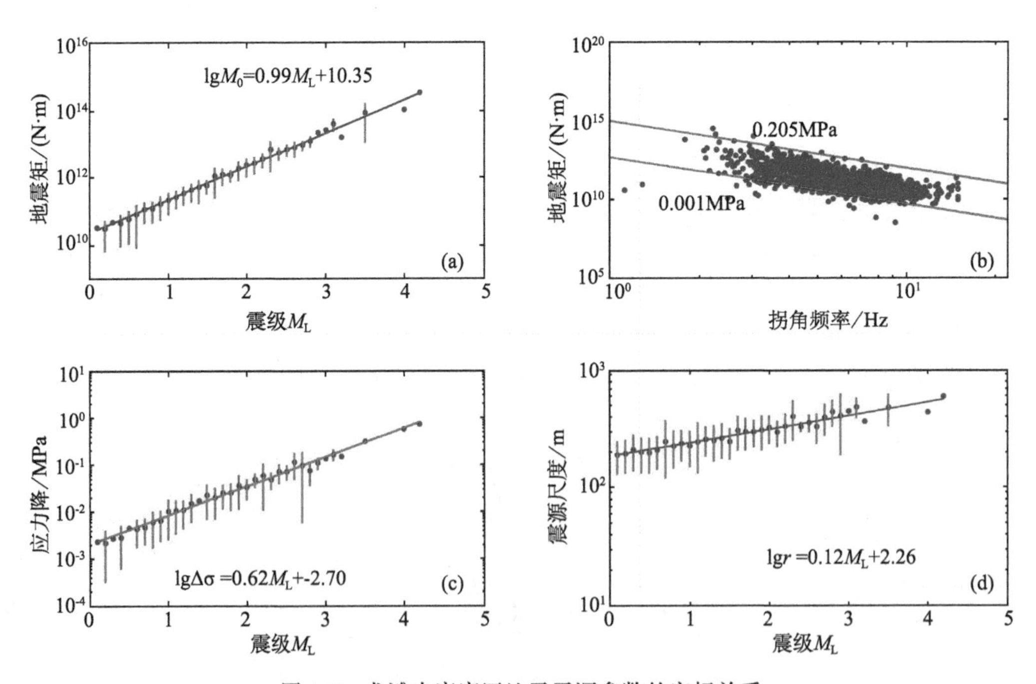

图 4.7　龙滩水库库区地震震源参数的定标关系

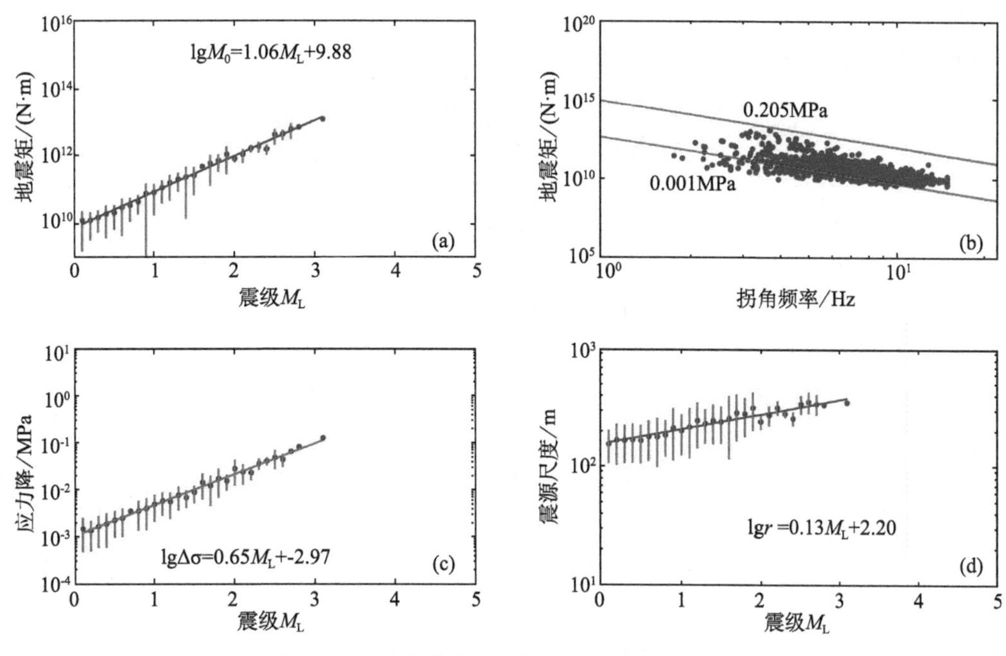

图 4.8　三峡水库库区地震震源参数的定标关系

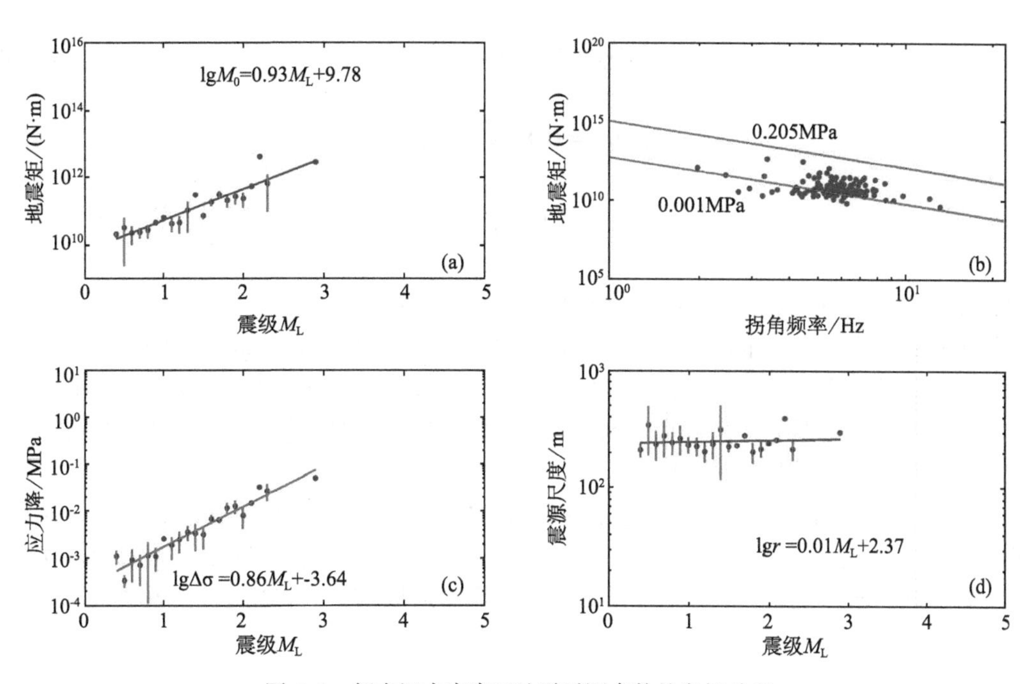

图 4.9　新丰江水库库区地震震源参数的定标关系

用最小二乘法回归计算得到的定标律分别为：

对龙滩水库库区地震：

$$\lg M_0 = 0.99M_L + 10.35 \tag{4.30}$$

$$\lg \Delta\sigma = 0.62M_L - 2.70 \tag{4.31}$$

$$\lg r = 0.12M_L + 2.26 \tag{4.32}$$

对三峡水库库区地震：

$$\lg M_0 = 1.06M_L + 9.98 \tag{4.33}$$

$$\lg \Delta\sigma = 0.65M_L - 2.97 \tag{4.34}$$

$$\lg r = 0.13M_L + 2.20 \tag{4.35}$$

对新丰江水库库区地震：

$$\lg M_0 = 0.93M_L + 9.78 \tag{4.36}$$

$$\lg \Delta\sigma = 0.86M_L - 3.64 \tag{4.37}$$

$$\lg r = 0.01M_L + 2.37 \tag{4.38}$$

式中，M_0 的单位为 N · m；$\Delta\sigma$ 的单位为 MPa；r 的单位为 m。

鉴于对这三个水库，定标关系大体上相似（只是新丰江水库的 $\Delta\sigma$ 稍低些），华卫把这三个水库库区地震作为一个整体，相应地也把大姚余震序列和青岛震群序列的地震作为一个整体，分别确定其定标关系，对水库地震与浅源构造地震震源参数定标关系的可能差异做了研究。图 4.10 展示了相应的结果。

图 4.10 表明水库地震与浅源构造地震的 M_0-M_L 关系基本相同，而水库地震的应力降明显低于浅源构造地震，且震级越小，相差越大，在震级达 5.0 级左右时，两者相差不大，震源尺度则反之，水库地震的震源尺度明显大于浅源构造地震，且震级越小，相差越大，在震级过 5.0 级左右时，两者相差不大。

鉴于震级较小的地震震源参数测定的误差相对大些，且因不同的地区区域台网布局等因素，测定的误差有别，我们对华卫提供的实测数据作了分析，对不同地区选择不同震级下限的地震数据进行统计分析：对大姚地区选取 $M_L \geqslant 3.0$ 级地震数据；对龙滩库区和三峡库区选取 $M_L \geqslant 2.5$ 级地震数据；青岛地区和新丰江岸区因 $M_L \geqslant 2.5$ 级地震数目较少，震级跨度

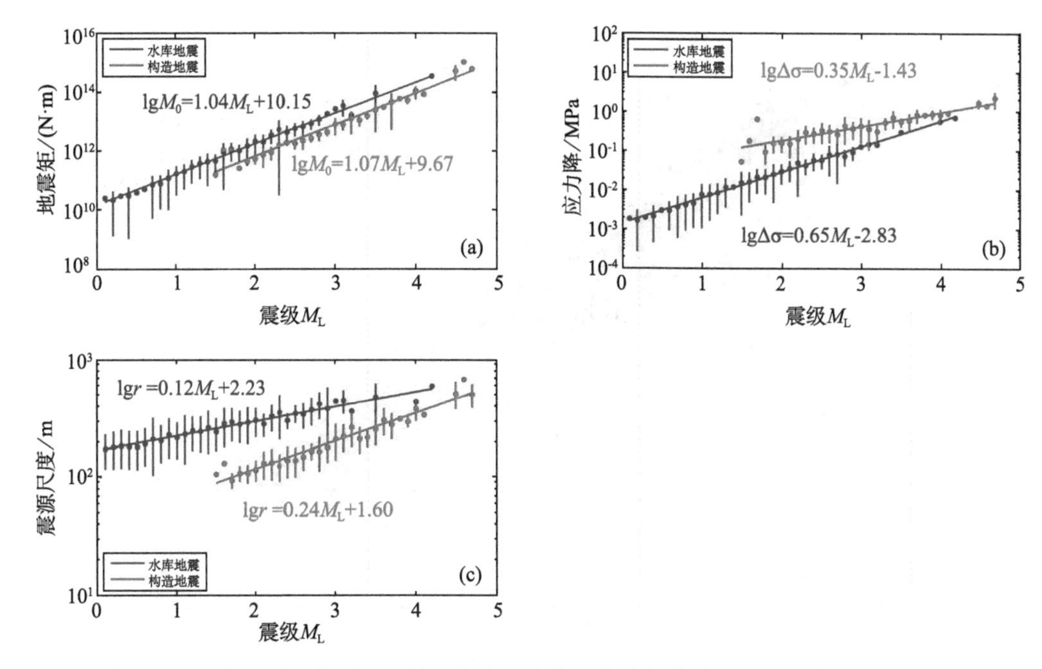

图 4.10　水库地震（龙滩、三峡、新丰江水库）与浅源构造地震（大姚、青岛序列）地震震源参数的对比

也较小，取 $M_L\geqslant2.0$ 级地震数据。为减小震级低、数量多的“小地震”的权重，对每个地区同一震级的 M_0、r、$\Delta\sigma$，分别求平均值。然后将大姚地震和青岛地震的数据标于同一图上，龙滩和三峡库区数据标于同一图上，新丰江库区单独作分析，其图像分别如图 4.11、图 4.12 和图 4.13 所示。

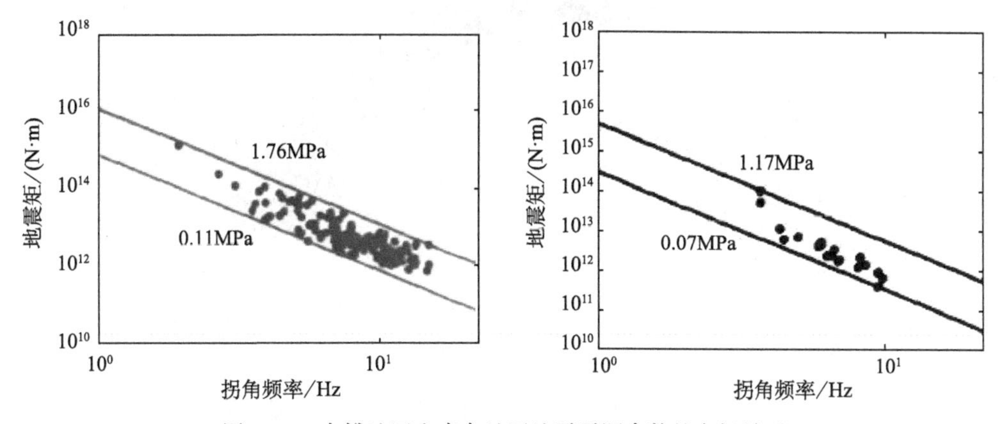

图 4.11　大姚地区和青岛地区地震震源参数的定标关系

以上图片分别由大姚 69 个地震、青岛 19 个地震、龙滩 29 个地震、三峡 37 个地震、新丰江 53 个地震实测的震源参数据经上述预处理后得到的。其中新丰江库区的数据主要为华卫在博士论文中使用的数据（45 个地震）。尽管使用的数据数目明显小于图 4.7 至图 4.10，

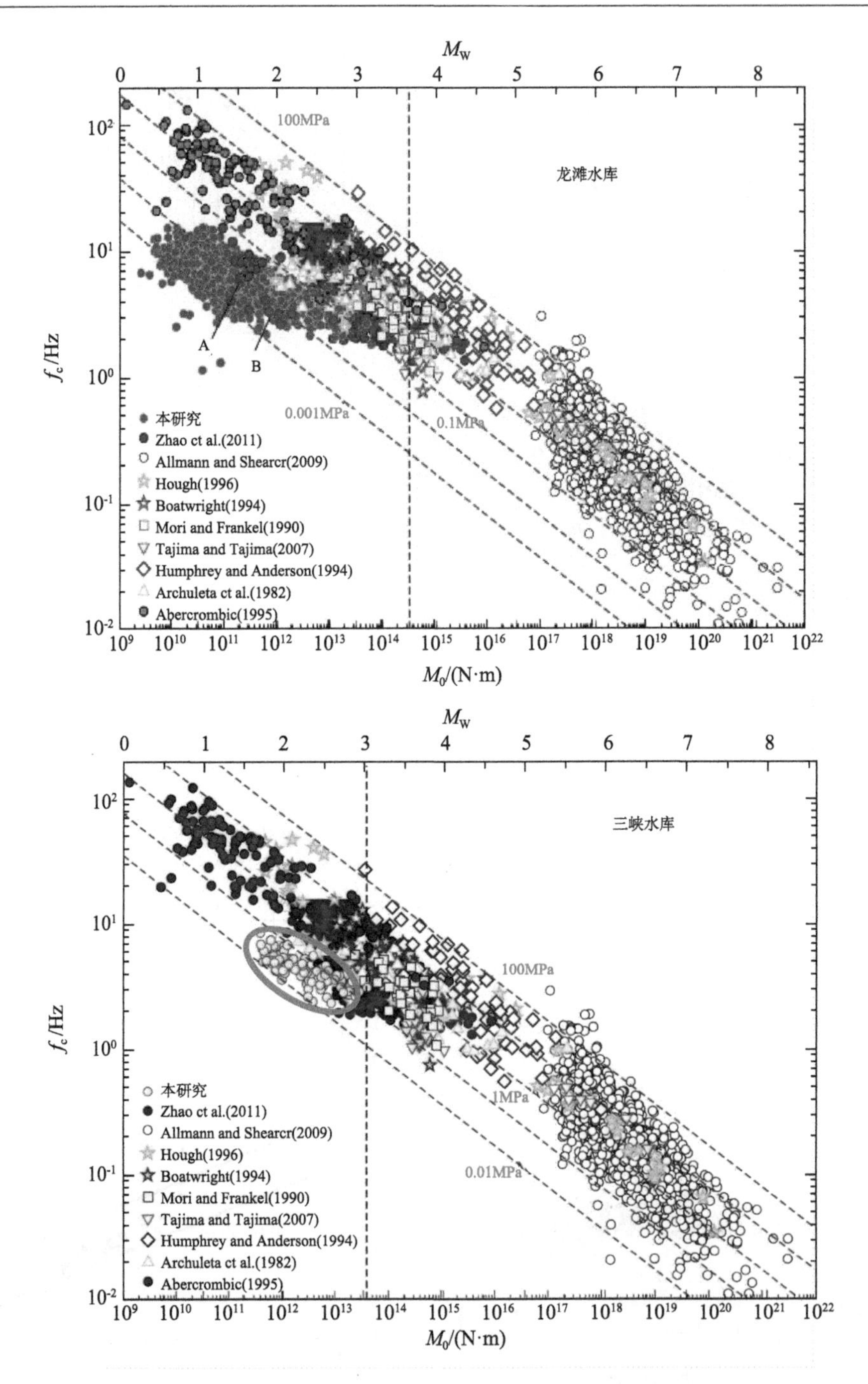

图 4.12　龙滩库区和三峡库区地震震源参数的定标关系

但震源参数测定的误差相对较小。由图可以看出大姚地区与青岛地区地震震源参数的定标关系相近。龙滩库区和三峡库区地震震源参数的定标关系，而新丰江库区略有差别。用最小二乘法分别对其进行回归计算，确定其定标关系，并计算相关系数 γ 和标准偏差 δ ，其结果

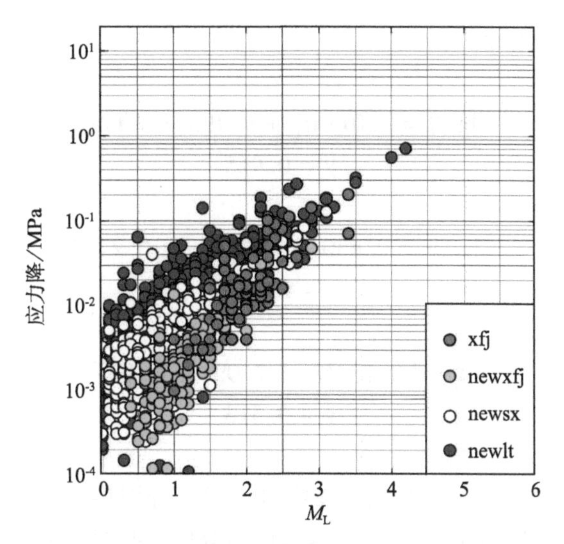

图 4.13　新丰江库区地震震源参数的定标关系
其中 newxfj、newsx、newlt 分别为新丰江、三峡和龙滩水库区的结果

如下：

对大姚和青岛地区浅源构造地震：

$$\lg M_0 = 1.030M_L + 9.888 \pm 0.170 \quad \gamma = 0.978 \tag{4.39}$$

$$\lg \Delta\sigma = 0.439M_L - 1.790 \pm 0.130 \quad \gamma = 0.936 \tag{4.40}$$

$$\lg r = 0.195M_L + 1.799 \pm 0.100 \quad \gamma = 0.834 \tag{4.41}$$

对龙滩库区和三峡库区地震：

$$\lg M_0 = 1.118M_L + 9.834 \pm 0.202 \quad \gamma = 0.955 \tag{4.42}$$

$$\lg \Delta\sigma = 0.714M_L - 3.095 \pm 0.077 \quad \gamma = 0.983 \tag{4.43}$$

$$\lg r = 0.137M_L + 2.178 \pm 0.055 \quad \gamma = 0.858 \tag{4.44}$$

对新丰江库区地震：

$$\lg M_0 = 1.011M_L + 9.496 \pm 0.122 \tag{4.45}$$
$$\gamma = 0.965$$

$$\lg \Delta\sigma = 0.630M_L - 2.945 \pm 0.270 \tag{4.46}$$
$$\gamma = 0.720$$

$$\lg r = 0.132M_L + 2.021 \pm 0.100 \tag{4.47}$$
$$\gamma = 0.513$$

为比较水库地震与浅源构造地震震源参数的差异，分别将式（4.39）与式（4.42）、式（4.40）与式（4.43）、式（4.41）与式（4.44）相减，对水库地震和浅源构造地震的参数分别用右下角标 W 和 T 标注，同时以两者的标准偏差之和作为相减后差值的标准偏差，则有：

$$\lg \frac{M_{0W}}{M_{0T}} = 0.088M_L - 0.54 \pm 0.372 \tag{4.48}$$

$$\lg \frac{\Delta\sigma_W}{\Delta\sigma_T} = 0.275M_L - 1.305 \pm 0.207 \tag{4.49}$$

$$\lg \frac{r_W}{r_T} = -0.058M_L + 0.379 \pm 0.155 \tag{4.50}$$

注意到对比分析的震级区间为 M_L：2.0~4.7 级，由式（4.48）不难看出恒有 $\lg \frac{\Delta\sigma_W}{\Delta\sigma_T} < 0.372$，落在误差范围内，而同等震级的水库地震与浅源构造地震的地震矩 M_0 大致相同，但应力降 $\Delta\sigma$ 和震源尺度 γ 则不然：

当 $M_L=4.7$ 级时；

$$\lg \frac{\Delta\sigma_W}{\Delta\sigma_T} = -0.012 < 0.207 \tag{4.51}$$

$$\lg \frac{r_W}{r_T} = 0.106 < 0.155 \tag{4.52}$$

都落在误差范围内，且 $\Delta\sigma_W$ 与 $\Delta\sigma_T$ 相差不大，γ_W 与 γ_T 也相差不大。

但当 $M_L=2.0$ 级时：

$$\lg\frac{\Delta\sigma_W}{\Delta\sigma_T}=-0.755 \tag{4.53}$$

$$\lg\frac{r_W}{r_T}=0.263>0.155 \tag{4.54}$$

都超出误差范围，表明 $\Delta\sigma_W<\Delta\sigma_T$，而 $r_W>r_T$。$\Delta\sigma_W=0.176\Delta\sigma_T$，$r_W=1.832r_T$，若内推至 $M_L=1.0$级，则 $\Delta\sigma_W=0.093\Delta\sigma_T$，$r_W=2.094r_T$。也就是说，当 $M_L=1.0$ 级时，水库地震的应力降约比浅源构造地震的应力降低 1 个数量级，而震源尺度约比浅源构造地震大 1 倍。由式（4.49）和式（4.50）或可分别推论；当 $M_L=5.0$ 级左右时，$\Delta\sigma_W\approx\Delta\sigma_T$，当 $M_L=6.0$ 级左右时，$r_W\approx r_T$。在 $M_L<5.0$ 级时，$\Delta\sigma_W<\Delta\sigma_T$；$M_L<6.0$ 级时，$r_W>r_T$。这与图 4.10 所展示的图像一致。

此外，我们注意到新丰江库区震源参数的定标关系与龙滩和三峡水库地震震源参数略有差别。由式（4.45）与式（4.42），式（4.46）与式（4.43），式（4.47）与式（4.44）的对比，可以看出在统计分析的震级范围内，对同震级的地震，新丰江库区的 M_0，$\Delta\sigma_W$ 和 r 似乎都略小些，但由于新丰江库区的定标关系主要依据 2003～2004 年台网测定的参数，因当时只有 4 个台站，参数测定的误差相对较大，相应地其定标关系的标准偏差也较大，因此，关于新丰江库区的 M_0、$\Delta\sigma_W$、r 是否偏低仍有待今后进一步观测研究。

在水库地震震源的研究中，赵翠萍（2011）在求解上述三个库区小震震源机制，反演库区应力场之际，用宽频带地震记录反演了几次中等强度地震的矩张量，其结果如图 4.14 所示。图 4.14 显示，这四次中等强度地震的矩张量都具有一定的非双力偶分量，表明地震破裂较复杂，在断层错动中可能伴有岩体的塌落。

4.2.3　水库地震的主要特征

本章的导言已强调，水库地震的主要特征是相对于浅源构造地震而言的，也是识别水库蓄水后在库区发生的地震是否为水库地震的依据。在某种意义上来说，有关水库地震的研究都是围绕这一核心问题展开的。上一节已阐明多年来国内外不少学者关于水库地震序列的三个所谓的重要特征不仅不具有普遍性，而且欠缺较明确的物理含义。那么水库地震有别于浅源构造地震的主要特征是什么？或者说怎样识别水库地震？本章和前两章已从不同的侧面对这一核心问题作了探讨。归纳起来其主要特征有以下三个方面：

1. 水库地震震源的空间分布具有“双十”的特征

第 3 章已阐明，根据已有震例，不论是全球诱震的水库诱发的最大强度的地震，还是单一水库诱发的大量地震，多数震源深度在 10km 以内，震中在距离库岸 10km 以内，尤以库岸附近最为集中。这是水库地震有别于浅源构造地震的重要特征之一。

这一特征是相对于大陆地区浅源构造地震，尤其是小地震的时空分布图像而言的。可以把大陆地区浅源构造地震的时空分布图像分为基本图像和动态图像两大类（陈章立，

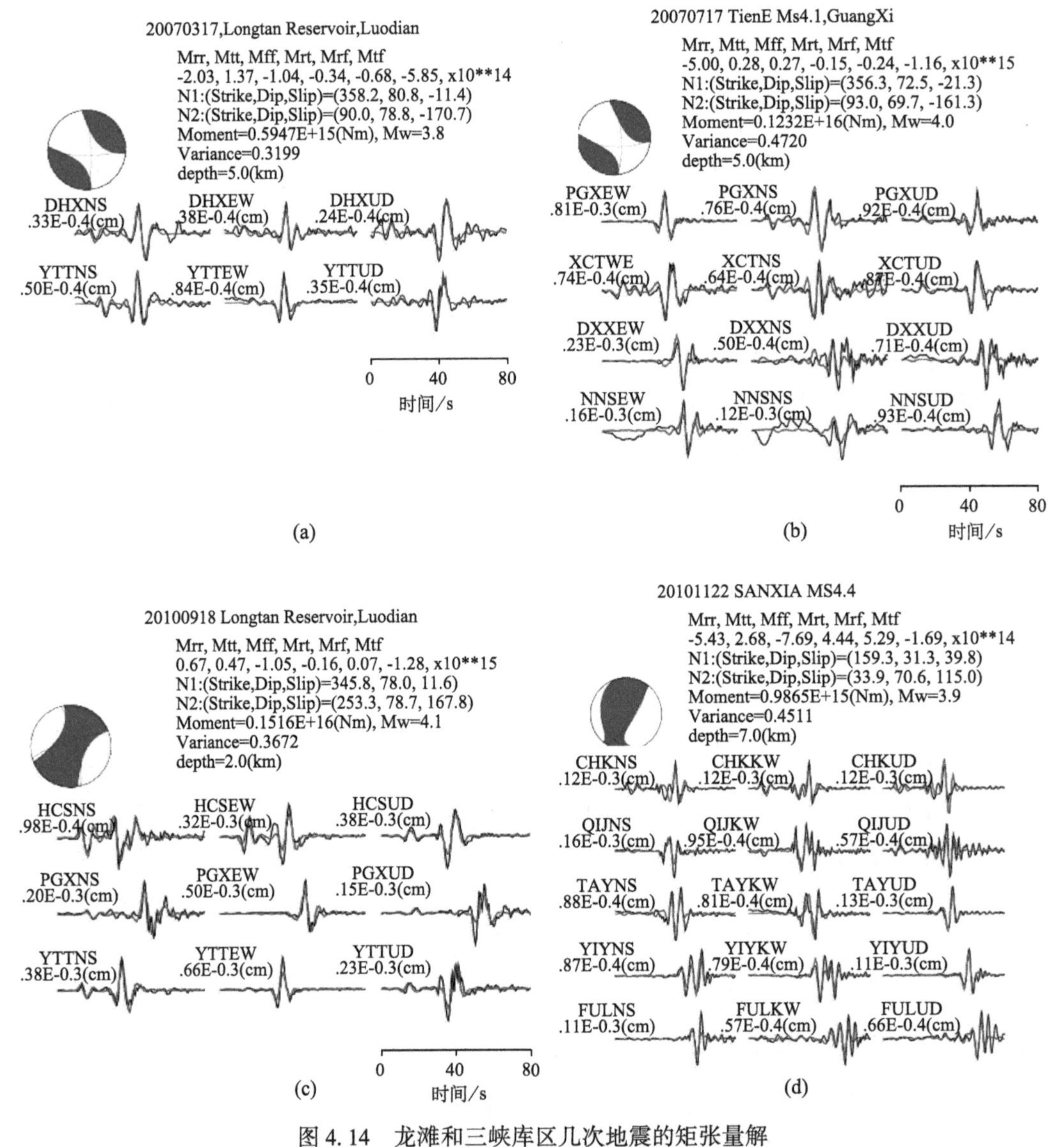

图 4.14　龙滩和三峡库区几次地震的矩张量解

（a）龙滩库区 2007 年 3 月 17 日 $M_S=3.8$；（b）龙滩库区 2007 年 7 月 17 日 $M_S=4.2$；

（c）龙滩库区 2010 年 9 月 18 日 $M_S=4.3$；（d）三峡库区 2008 年 11 月 22 日 $M_S=4.1$

2004）：

基本图像意指有地震历史记载和近代地震台网记录以来，所研究区域累积的地震活动的总体空间分布图像。基本图像是由在地质时期里相对稳定的区域构造应力场和地壳结构所决定的。其震源位于脆裂圈（大致相当于中上地壳）里，由于各地区地壳厚度有别，相应的浅源构造地震的深度分布范围也有别，例如我国大陆东部地区地壳厚度为 30km 左右，浅源构造地震分布在 20km 左右的深度范围内。我国大陆西部地区地壳厚度多在 40km 以上，在青藏高原，最大达 70km 左右，浅源构造地震分布在 30 多千米的深度范围内；震中分布则呈现复杂的格局。虽然多数地震，尤其 $M_S \geqslant 5.0$ 级地震分布在活动断裂带及其近邻，一些次级断裂带及其近邻也有地震分布，但有少量地震震中分布似乎与断裂带无关。且随着地震台网监测能力的提高，这种现象更加明显。这是地壳结构不仅在宏观上不均匀，而且在微观上也不均匀的写照，下一章在讨论水库地震的普遍性问题时，将作进一步说明，这里暂不赘述。

动态图像意指所研究区域随时间变化的地震空间分布图像。在纵向上，震源位于脆裂圈，不同地震震源的深度可能有别。在大多数的时段，震中随机地散布在广阔的地域里，且一般来说，低震级的小地震，震中散布的状态越突出。不同时段震中分布图像发生变化，犹如一盘多变的棋局。

水库地震空间分布的“双十”特征正是相对于上述浅源构造地震时空分布图像而言的。在纵向上，水库地震震源深度的分布范围与水库所在地区地壳厚度无关，绝大多数地震震源分布在 10km 以内的深度层位里，显著小于脆裂圈的厚度；在横向上，震中分布不是随机的，绝大多数地震发生在距库岸 10km 的区域里，尤以库岸附近最为集中。

2. 水库地震是直接与水库蓄水相关联的显著增强的地震活动

这既是水库地震的基本含义，也是水库地震的主要特征之一。虽然，地震活动的增强或减弱是相对于统计分析区域地震活动的正常时序起伏过程而言的。对任何一个区域，不论是中强以上地震，还是小地震的时间分布都是不均匀的，且一般来说，统计分析区域范围不同，地震活动的起伏过程也有别。在水库地震研究中，往往可以看到对同一水库，不同人因统计分析的区域范围不同，对水库蓄水后地震活动是否增强，得出不同的结论。第 1 章论及的奥罗维尔水库的情况就是一个典型的事例。根据上述水库地震活动的空间分布，水库蓄水后地震活动的增强应限于距库岸 10km 的范围。

由于许多水库蓄水前库区缺乏地震台网记录，难以分析库区小地震活动的起伏过程，因此不少研究以库区历史的中强地震活动情况为背景来论述水库蓄水后地震活动的增强。这又欠妥当。这不仅在于大陆地区，尤其构造活动较稳定的地区，中强以上地震重复周期较长，可能超过有历史地震记载的时间，更主要的是水库诱发的地震，多数为小地震，以历史的中强以上地震活动情况为背景，其对比的对象不当。

对于蓄水前库区已有若干年地震台网记录的水库，地震活动的增强是相对于正常的地震活动时序起伏而言的，其地震频度和强度都违背正常的时序起伏，异常地增强。这里要强调的是，不论蓄水前是否有台网记录，增强都表现为初始地震活动对水库蓄水快速响应，包括最大地震在内的主要地震活动对水库蓄水接近或达最高水位快速响应。

第 2 章已阐明多数诱震水库库区地震活动呈现这种直接与水库蓄水相关联的显著增强的特征。

3. 水库诱发的小地震，应力降低于同一震级的浅源构造地震。

尽管可能由于许多水库库区缺乏高密度数字地震台网记录以及多数地区尚未普遍开展 M_0、$\Delta\sigma$、r 等震源参数的测定等可能的原因，目前关于水库地震与浅源构造地震震源参数定标关系及其差异的报道尚不多，但本节所述的四个地区，两组数据都是根据布局较合理，密度较高的地方数字地震台网记录测定的，其结果不是偶然的。对 $M_S<5.0$ 级的“小地震”，

水库地震与浅源构造地震震源参数的定标关系有别，水库地震的应力降较低，震源尺度相对较大些，以及有些水库地震矩张量解具有较明显的非双力偶分量，应是客观的事实。下一节将阐明，这一观测事实具有较明确的物理含义。如果说，前两个特征尚带有一定的统计性，经验性，这一特征因具有较坚实的物理基础，因此是水库地震有别于浅源构造地震的最重要的特征，自然也应是识别水库地震的首要依据。

4.3 水库地震的机理

地震发生的成因机理是地震学研究中的一个既“古老”又常新的问题，既是认识各种地震现象，开展地震预测的关键，又是一个难度很大的科学问题，至今仍处于探索阶段。但有两点是肯定的：首先，震源区介质的强度低于应力是地震发生的充分必要条件。其次，地震是在外力作用下，在地球介质里发生的破裂现象。这两点集中在一起，意味着地震成因机理研究的是在外力作用下，震源区介质强度和应力的变化及相互关系。依此，论及地震发生的成因机理，离不开对外作用条件和震源区介质环境的认识。不论对浅源构造地震，还是水库地震都是如此，只是两者的外力作用条件和介质环境既有共同之处，又有某些差别：

首先，不论是浅源构造地震，还是水库地震的震源区都处于区域构造应力场的作用下，但水库地震，增加了库水重力这一特定的外力作用。

其次，不论是浅源构造地震，还是水库地震都发生在地球脆裂圈里，但浅源构造地震可在整个脆裂圈里发生，而水库地震限于脆裂圈上部 10km 左右的层位里。

以上共同点和差异决定着在研究水库地震的机理时，既必须抓住库区蓄水，库水载荷这一特定的外力作用条件，又不可忘记水库地震震源区也处在区域构造应力场的作用下；既必须注意脆裂圈介质的共性特征，如不论是宏观上，还是微观上都不均匀，在宏观上存在断裂构造，在微观上存在大量的不同尺度的裂隙，又不可忽视脆裂圈上部和下部介质不均匀性程度和分形结构等方面的差异。本节对水库地震机理的探讨正是基于上述基本思路来展开的。

4.3.1 库仑-摩尔破裂准则的应用

在地震学研究中往往用岩石力学中的一些破裂准则来研究地震破裂的发生，有些准则，如格里菲斯准则、特列斯加准则似乎在理论上较严谨，但在解释发生于复杂的地球介质的地震破裂时，遇到不少困难。而半经验半理论的库仑-摩尔破裂因较成功地解释地震破裂的发生，因而得到广泛的应用。这里将其用于水库地震机理的研究。

1. 库仑-摩尔破裂准则的要点

为了用库仑-摩尔破裂准则来阐明水库地震的机理，有必要首先对该准则的基本原理作简要的复习：

该准则认为剪切破裂是在剪应力作用下发生的，而破裂时的剪应力由应力状态所决定。当某个面上剪应力 τ 与法应力 σ_n 满足以下关系时，便在该面上发生剪切破裂：

$$\tau = f(\sigma_n) \tag{4.55}$$

τ与 σ_n 的关系与岩石类型有关，可由岩石破裂实验确定。对同一种岩石在某围压（法应力 σ_n）下，测定破裂时的最大主应力 σ_1 和最小主应力 σ_3，在（τ, σ_n）的笛卡尔坐标系里以横坐标轴（σ_n）上，$\frac{1}{2}(\sigma_1+\sigma_3)$ 的点为圆心，$\frac{1}{2}(\sigma_1-\sigma_3)$ 为半径作应力摩尔圆。由不同围压下的实验结果得到一系列的应力摩尔圆。这些摩尔圆的包络线（图 4.15a 所示）即为破裂准则线。若某时刻应力摩尔圆落在由实验确定的两条破裂准则准则线所交的区域内时，不会发生破裂。而当应力摩尔圆与破裂准则线相切时便发生破裂。

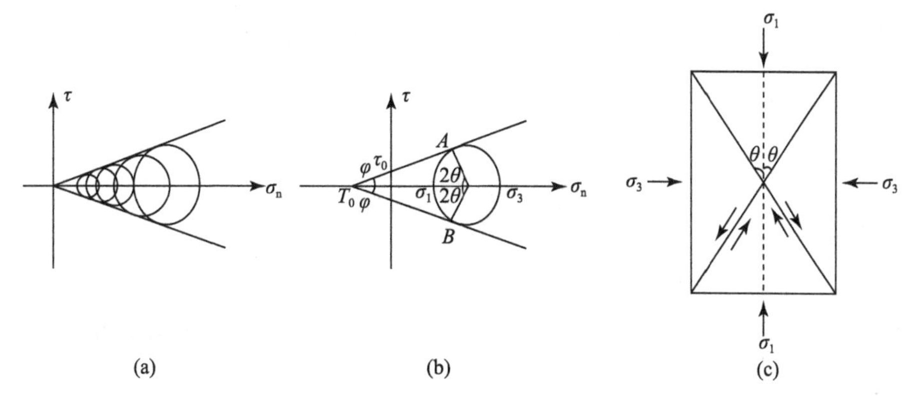

图 4.15　库仑-摩尔破裂准则原理示意图

（a）不同围压的应力摩尔圆及其包络线；（b）库仑-摩尔破裂准则与应力摩尔圆；（c）破裂面与主应力关系

通常，破裂准则线近似为直线（图 4.15b 所示），这时式（4.55）为：

$$\tau = \tau_0 + \mu\sigma_n \tag{4.56}$$

式中，τ_0为介质的内聚力；μ 为内摩擦系数，μ 与内摩擦角 ϕ（图 4.15 所示）的关系为：

$$\mu = \mathrm{tg}\phi \tag{4.57}$$

在地震学研究中，式（4.56）中的 τ_0 和 μ 分别为断层面的粘聚力和摩擦系数。τ为断层面上的剪应力，破裂时的剪应力即为断层的摩擦强度 τ_f，即俗称的介质强度或破裂强度。由图 4.15b 有：

$$\tau = \frac{1}{2}(\sigma_1 - \sigma_3)\sin 2\theta \tag{4.58}$$

$$\sigma_n = \frac{1}{2}(\sigma_1 + \sigma_3) - \frac{1}{2}(\sigma_1 - \sigma_3)\cos 2\theta \tag{4.59}$$

式中，θ 为图 4. 15c 所示的最大主应力 σ_1 与断层面的夹角，且有：

$$\theta = \frac{\pi}{4} - \frac{\phi}{2} \tag{4.60}$$

库仑-摩尔准则中，破裂面是破裂的结果，并不一定是已有的断层面，也适用于已有断层面的错动。对已有的断层，若 $\theta=\frac{\pi}{4}$，由式（4. 58）可见 $\tau=\tau_{max}=\frac{1}{2}(\sigma_1-\sigma_3)$，这时库仑-摩尔破裂准则退化为特列斯加准则，但与地震破裂的实际观测结果不符合。通常 $\theta<\frac{\pi}{4}$。由式（4. 58）和式（4. 59）可得到：

$$\frac{\partial\tau}{\partial\sigma_n} = \frac{\partial\tau}{\partial\theta}\Big/\frac{\partial\sigma_n}{\partial\theta} = \operatorname{ctg}2\theta \tag{4.61}$$

可见随着 θ 的增大，$\frac{\partial\tau}{\partial\sigma_n}$ 减小，应力摩尔圆远离破裂准则线，断层的稳定性增大，不利于地震的发生。当 $\theta=\frac{\pi}{2}$时，$\operatorname{ctg}2\theta=0$，$\tau=0$，不会发生地震。因此在同一的区域构造应力场的作用下，不同取向的断层，其地震危险性有别。而对于不变的应力场取向和某一断层，增大剪应力或减小法应力降增加断层的不稳定性，有利于地震的发生。

在地震学和地震预测研究中，人们早已注意到水在地震孕育发生中的作用。由美国学者（Nur 等，1972；Anderson 等，1973；Scholz 等，1973）提出的 DD 孕震模式，正是强调水在地震孕育发生中的作用。对含水的岩石介质，(4. 56) 应修改为：

$$\tau = \tau_0 + \mu(\sigma_n - P) \tag{4.62}$$

式中，P 为介质里的流体孔隙压力。可见水的作用降低了介质的强度 τ。这一方面是由于孔隙压力 P 减小了断层面上的有效法应力，另一方面是由于水使断层面润滑，并消除断层面上的“水文壁垒”，使摩擦系数 μ 减小。

库仑-摩尔破裂准则往往用库仑应力变化 ΔCFF 来描述（Harris，1998；Steacy 等，2005)：

$$\Delta CFF = \Delta\tau - \mu(\Delta\sigma_n - \Delta P) \tag{4.63}$$

式中，$\Delta\tau$、$\Delta\sigma_n$、ΔP 分别为岩石介质里某截面（这里为断层面）上剪应力、法应力、孔隙压力的变化。通常规定沿断层滑动方向的剪应力为正和压应力为正。在浅源构造地震的研究中往往忽略摩擦系数的变化，而在水库诱发研究中，则应顾及 μ 的变化，这在用式（4. 62）

来讨论水库诱发的机理应予以注意。当库仑应力变化 $\Delta CFF>0$ 时，即发生地震破裂。由式（4.62）可知，要用库仑-摩尔破裂准则来解释水库地震，必须逐一地研究确定剪应力、法应力和孔隙压力的变化。

2. 水库蓄水所产生的效应

总体上来说，水库蓄水改变了库区岩石介质的应力状态，降低了介质的强度。这是由于蓄水产生了多种效应，尤其是以下三种效应：

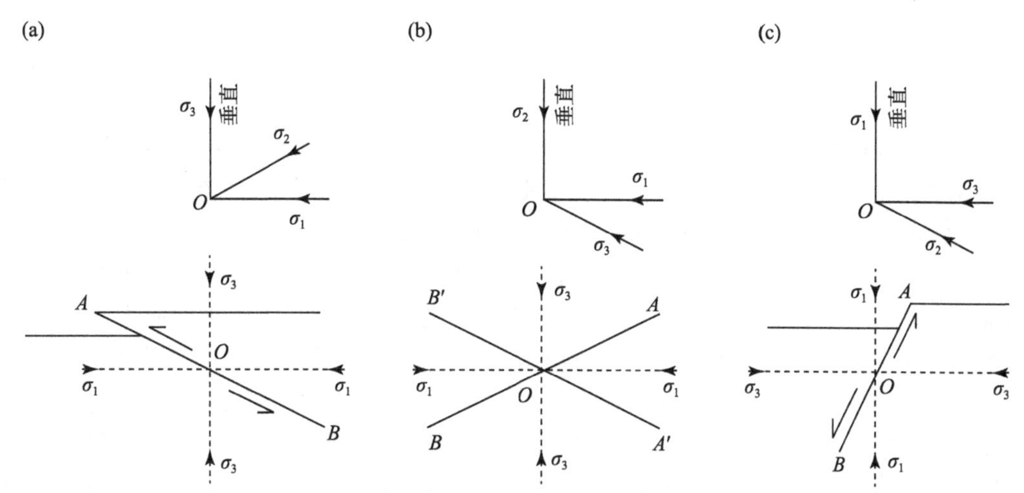

图 4.16　库水载荷对逆断层、走滑和正断层的作用
（引自 Hiroo Kanamori1 和 Emily E Brodsky（2004））

其一，弹性效应，产生附加的弹性应力。

库水载荷的重力作用使库水下方的库基岩石发生变形，从而产生附加的应力。如果作简单的近似，把库水重力沿断层面的剪向和法向分量视为附加的剪应力$\Delta\tau$和法应力 $\Delta\sigma_n$，其对不同类型断层的影响有别。为讨论简便起见，不妨假定对逆断层，最小主应力 σ_3 是垂直的，对正断层最大主应力 σ_1 是垂直的（图 4.16），对走滑断层，中等主应力 σ_2 是垂直的。由式（4.58）和式（4.59）仅从库水重力作用来说，库水载荷对走滑断层没有明显的影响，而对逆断层和正断层的作用正好相反。如图 4.15 所示，断层面上一点 O 单位面积受到的重力作用 ΔF 为：

$$\Delta F = \rho gh + \rho' gh' \tag{4.64}$$

式中，g 为重力加速度；h 为在点 O 库水的深度；ρ 为库水密度；h' 为点 O 至库底的垂直距离；ρ' 为库基含水岩石介质的密度。将 ΔF 分解为 $\Delta\tau$和 $\Delta\sigma_n$：

对逆断层有：

$$\tau= \Delta F\sin\theta \tag{4.65}$$

$$\Delta\sigma_{n} = \Delta F\cos\theta \tag{4.66}$$

$\Delta\sigma_n$ 垂直于断层面，增大法应力，$\Delta\tau$与断层面上原来的剪应力τ的方向相反，减小了断层面上的剪应力。

对正断层有：

$$\Delta\tau = \Delta F\cos\theta \tag{4.67}$$

$$\Delta\sigma_{n} = \Delta F\sin\theta \tag{4.68}$$

$\Delta\sigma_n$ 仍增大断层面上的法应力，但$\Delta\tau$与τ的方向相同，增大断层面上的剪应力。因此，如果仅仅从产生的附加弹性应力来说，水库蓄水对走滑型地震的发生没有明显的影响，而对逆断层地震的发生起了抑制作用，对正断层地震的发生起了促进作用。

需说明的是以上讨论只是一种简单的近似，实际上由于库水作用使库基岩石变形所产生的附加应力比式（4.65）至式（4.68）要复杂些，且变形及所产生的附加应力不仅仅局限于库水区的库基岩石介质。由于库水重力作用，库基岩石介质被压，有下沉趋势，从而使库岸附近岩石介质受到拉张作用，发生拉张变形，也产生相应的附加应力。

另外，水库蓄水可能产生应力腐蚀效应。由于渗透扩散到库区岩石介质里的库水的化学腐蚀作用，使岩石介质里裂隙尖端弱化，在低于临界应力时即可能自发扩展。而根据断裂力学的研究，裂隙端部应力大致与裂隙的长度成正比。众多裂隙端部应力的增大，也改变了库区岩石介质的应力状态。

其二，压实效应，使孔隙压力增大，介质强度降低。

压实效应意指在水库蓄水的初期，库水载荷使库基未水饱和的多孔岩石介质体积压缩，因孔隙水尚未外溢，导致孔隙压力增大，将其记为 ΔP_u。由于孔隙压力增加 ΔP_u，使岩石介质的强度降低。

其三，库水渗透扩散，使孔隙压力增大，介质强度降低。

渗透扩散效应意指渗透扩散到库区岩石介质里的库水流进孔隙，使孔隙压力增大，将其记为 ΔP_{diff}。由于 ΔP_{diff}增大，使岩石介质强度降低。

压实效应一般发生于水库蓄水的初期，主要限于库水区。渗透扩散效应相对于水库蓄水在时间上有延迟，但可发生于库水区及周围区域。Talwani（1997）对这两种效应的作用过程作了说明，并与美国蒙蒂塞洛水库库区初始地震活动作了对比。如图 4.17 所示，水库开始蓄水后，法应力增加 $\Delta\sigma_n$，由于水尚未从孔隙外溢，孔隙压由 P_1 增大到 P_2，岩石介质强度由 S_1 降低到 S_2，发生破坏，地震活动增加；孔隙压达 P_2 时，水从孔隙外溢，孔隙压减小，介质强度恢复，地震活动减小。之后，由于水库渗透扩散，孔隙压由 P_4 增大到 P_5，岩石介质强度由 S_4 降低到 S_5，发生破坏，地震活动增加。ΔP_{diff}的增大相对于水库蓄水在时间上的延迟依赖于流体和介质的力学性质和化学组份（Talwani，1997）。对渗透性的库基岩石介质，延迟时间可能很短，两种效应可能部分重叠。于是可把水库蓄水后在库基岩石介质里产生的孔隙压的变化 ΔP 表示为：

$$\Delta P = \Delta P_u + \Delta P_{diff} \tag{4.69}$$

式（4.63）正是上述三种效应的综合描述。对于弹性效应和孔隙压效应的相对大小，已有的研究，如丁原章（1989）、Gupta（1992）和其他一些人都倾向于孔隙压效应大于弹性效应。这里认为最主要的证据是逆断层水库地震的发生，显然只有孔隙压 ΔP 的增大，导致介质强度的降低显著超过$\Delta\tau$减小的效应才可能诱发逆断层水库地震。另外，蒙蒂塞洛水库库区现场应力及孔隙测量结果（Zoback 等，1982）也表明，水库蓄水后所产生的孔隙压变化大于弹性应力的变化。

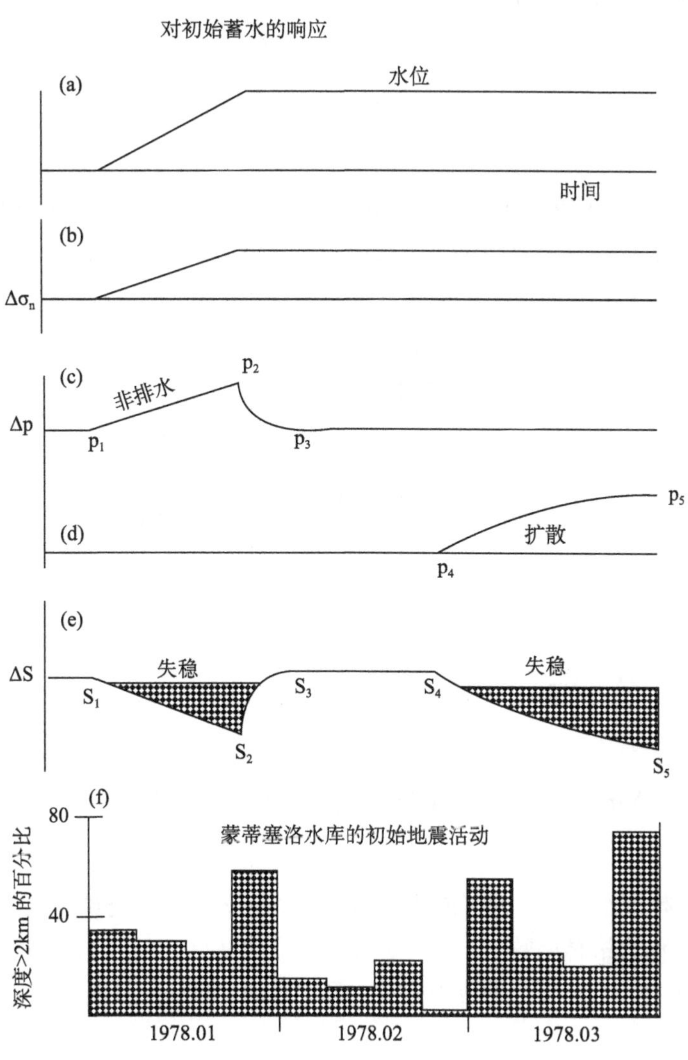

图 4.17　说明初始地震活动观测过程的图形（引自 Talwani（1997））

（a）水库的注水曲线；（b）注水引起 $\Delta\sigma_n$ 变化；（c）孔隙压的变化 ΔP；（d）介质强度 S 的变化；（f）蒙蒂塞洛水库的初始地震活动

3. 库仑应力变化的数值模拟

为了得到在水库蓄水过程中，库区库仑应力变化 ΔCFF 的动态图像，国内外不少学者采用有限元方法进行数值模拟。在国家重点科技支撑项目《水库地震监测与预测技术研究》执行中，我们的合作者邓凯和周仕勇（2011）采用该方法对龙滩水库蓄水过程中，ΔCFF 的分布进行了数值模拟。下面对邓凯和周仕勇等的研究结果作简要的介绍，以阐明方法的基本原理及其在水库地震机理研究中的应用。

由式（4.63）和式（4.64）可知要得到 ΔCFF，必须求解确定$\Delta\tau$、$\Delta\sigma_n$、ΔP_u 和 ΔP_{diff}。前三项都与库水载荷所产生的应力变化相关联，后一项则是由库水扩散所致。可分别求解：

由于水库蓄水，库水区在面（x，y，o）的岩石介质受到分布的库水载荷 $F(x, y)$ 的作用，$F(x, y)$ 与（x，y）处库水的深度 $h(x, y)$ 有关：

$$F(x, y) = \rho g h(x, y) \tag{4.70}$$

式中，ρ 为库水密度，g 为重力加速度。如图 4.18 所示，取库底面为 oxy 平面，z 轴垂直向下。库底分布的库水载荷在半空间里产生的应力张量 $\hat{\sigma}(x, y, z)$ 为：

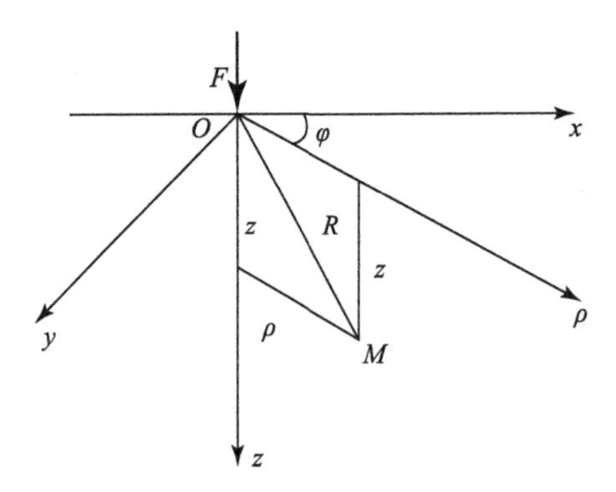

图 4.18　库水载荷作用与库底坐标系示意图

$$\Delta\hat{\sigma}(x, y, z) = \iint_A G(x-\xi, y-\eta, z)F(\xi, \eta)\mathrm{d}\xi\mathrm{d}\eta \tag{4.71}$$

式中，A 为受库水载荷作用的库水区库底的面积；G 是坐标原点受单位集中力作用在半空间产生的应力张量，称为格林函数。当坐标原点受集中力 $F(0, 0, 0) = \rho gh(0, 0)$ 作用时，在半空间里的一点 $M(x, y, z)$ 的应力张量 $\hat{\sigma}(x, y, z)$ 的 6 个分量为：

$$\sigma_{xx} = \sigma_r\cos^2\varphi + \sigma_\varphi\sin^2\varphi \tag{4.72}$$

$$\sigma_{yy} = \sigma_r\sin^2\varphi + \sigma_\varphi\cos^2\varphi \tag{4.73}$$

$$\sigma_{zz} = \sigma_z \tag{4.74}$$

$$\tau_{xy} = (\sigma_r - \sigma_\varphi)\sin\varphi\cos\varphi \tag{4.75}$$

$$\tau_{yz} = \tau_{zr}\sin\varphi \tag{4.76}$$

$$\tau_{zx} = \tau_{zr}\cos\varphi \tag{4.77}$$

式中，

$$\sigma_r = \frac{F}{2\pi R^2}\left[\frac{(1-2\nu)R}{R+z} - \frac{3r^2 z}{R^3}\right] \tag{4.78}$$

$$\sigma_\varphi = \frac{(1-2\nu)}{2\pi R^2}\left(\frac{z}{R} - \frac{R}{R+z}\right) \tag{4.79}$$

$$\sigma_z = -\frac{3F}{2\pi R^5} \tag{4.80}$$

$$r = \sqrt{x^2 + y^2} \qquad R = \sqrt{x^2 + y^2 + z^2} \qquad \sin\varphi = \frac{y}{r} \qquad \cos\varphi = \frac{x}{r} \tag{4.81}$$

ν 为介质的泊松比。

将受库水载荷作用的库底分成网格，将每个网格承受的载荷视为作用在网格中心的集中力，分别计算在半空间里任一点 $M(x, y, z)$ 所产生的应力张量 6 个分量，然后将其迭加，即得到半空间里由库水载荷所产生的附加应力场。为了得到在半空间里沿任一走向为 θ，倾角为 δ，滑动角为 λ 的断层面上的法应力和剪应力，取断层坐标系 $ox'y'z'$，使 x'轴沿断层走向，y'轴垂直断层面，z'轴沿断层面向下，由 $oxyz$ 与 $ox'y'z'$坐标系的方向余弦，将在坐标系 $oxyz$ 里得到的应力张量的 6 个分量投影到断层坐标系 $ox'y'z'$里，即可得到由库水载荷在断层上所产生的附加的 $\Delta\sigma_n$ 和 $\Delta\tau$，及附加应力场的三个主应力 $\Delta\sigma_{xx}$、$\Delta\sigma_{yy}$、$\Delta\sigma_{zz}$。按下式计算，即可得到由压实效应所产生的孔隙压力变化 ΔP_u：

$$\Delta P_u = \frac{1}{3}B(\Delta\sigma_{xx} + \Delta\sigma_{yy} + \Delta\sigma_{zz}) \tag{4.82}$$

式中，B 为 Skempton 系数。

ΔP_{diff}满足扩散方程，为表达方便，将 ΔP_{diff}记为 P，则有：

$$\frac{\partial P}{\partial t} = D\nabla^2 P \tag{4.83}$$

式中，D 为扩散系数，地壳介质 D 一般在 0.01~10m²/s 之间，对水库库区，D 一般在 0.1~10m²/s 之间。方程的边界条件为：

$$P(x, y, 0) = \rho g h(x, y, 0) \tag{4.84}$$

式中，ρ、g、h 的含义与前面相同。

同样采用有限元方法求解扩散方差式（4.83），得到 P，即 ΔP_{diff}的分布。

邓凯和周仕勇等按上述方法计算了龙滩水库库区不同时段的库仑应力变化 ΔCFF 的分布。所采用的三维地质模型和最高水位时库水深度分布分别如图 4.19 和图 4.20 所示。由于库水深度较复杂，对水深的分布作了线性内插，将其分为 5 个不同水深的区域。取大坝作 $oxyz$ 坐标系的原点，x 轴向东，y 轴向南，库底 $z=0$，z 轴向下。

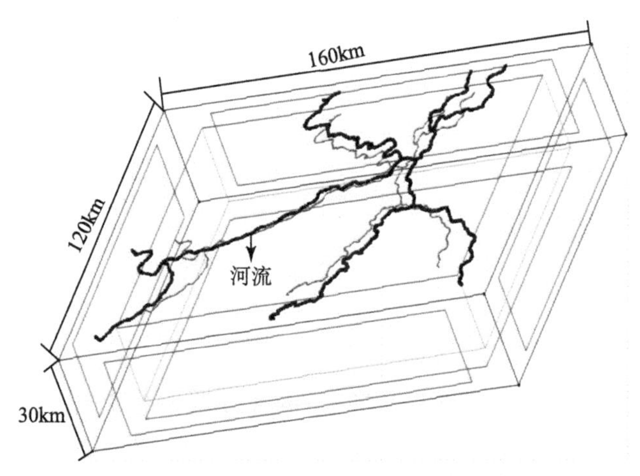

图 4.19　计算所采用的三维地块模型 EW 跨度 160km，NS 跨度 120km，厚度 30km

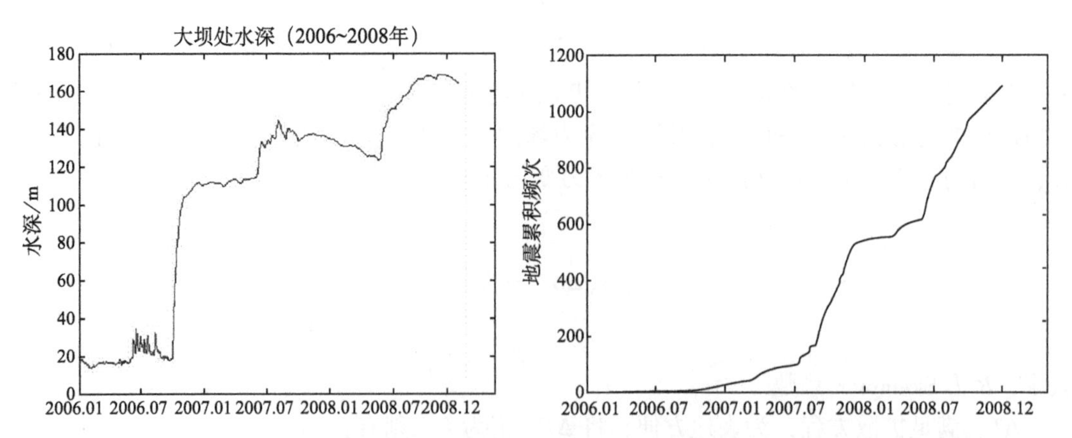

图 4.20　计算所采用的水深分布，色标表示相对于最大水库的比例

计算时选取扩散系数 $D=0.5\mathrm{m}^2/\mathrm{s}$。根据图 2.33 所示的龙滩水库蓄水的过程，分别对 2007 年 6 月初、2008 年 6 月底和 12 月底作了计算。图 4.21 至图 4.23 展示了相应的结果。

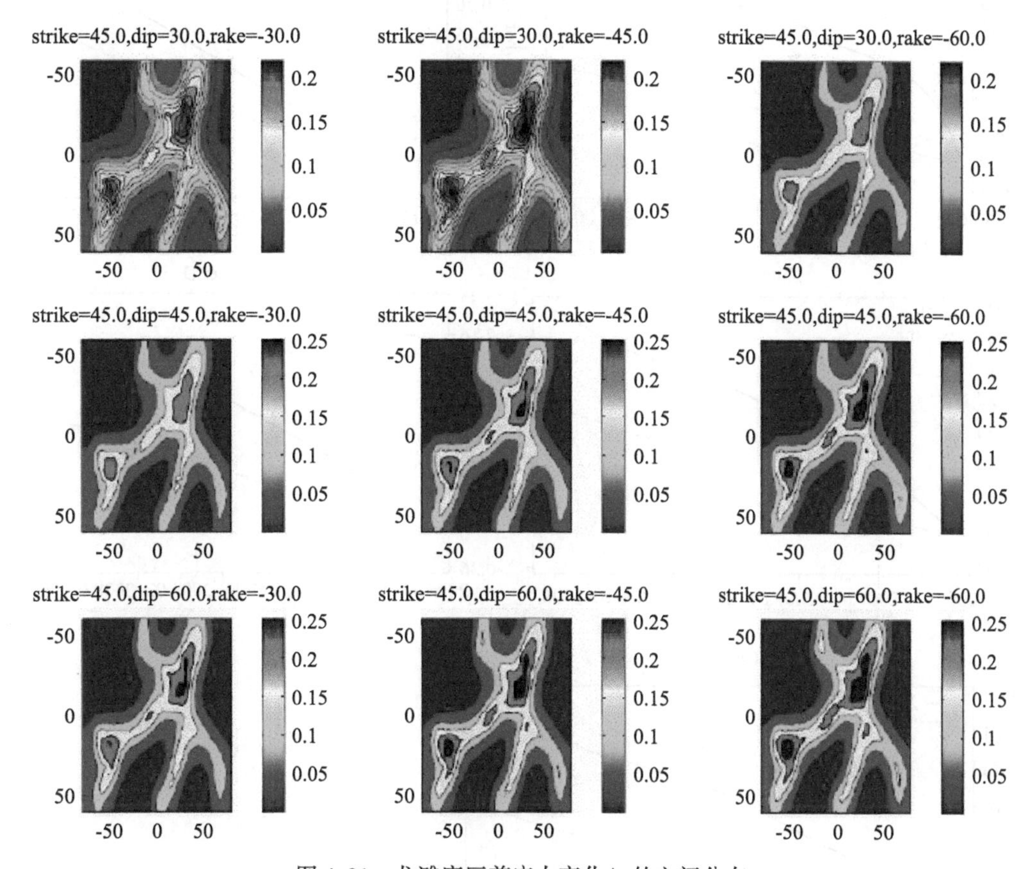

图 4.21 龙滩库区剪应力变化Δτ的空间分布

自上到下：2007 年 6 月底，2008 年 6 月底，2008 年 12 月底

自左到右：深度为 6、12、18km

尽管计算的地质模型和扩散系数 D 的选取可能对数值的大小等产生一定的影响，但不同物理量之间，不同深度、不同时段的分布图像所展现的结果仍给人以重要的启示。由图像的对比不仅可看出，$\Delta\tau$对 ΔCFF 的贡献明显低于 ΔP，而 ΔP_u 的贡献主要在水库开始蓄水的初期阶段，且 ΔP 和 ΔCFF 的时空分布展现出以下两个重要的特征：

首先，ΔP 和 ΔCFF 在空间上迅速衰减。在深度上，在 6km 的深度层位 ΔP 和 ΔCFF 的增大最显著；在 12km 的层位，ΔP 增大的范围明显减小，数值降低，ΔCFF 仅有个别点大于 0，多数区域小于 0；在 18km 的层位，ΔP 的增加区微不足道，$\Delta CFF>0$。在平面上，在 6km 层位上虽然 ΔP 的增大和 ΔCFF 的增大都较显著，但增大都位于由多条河流组成的水库库水区及边缘，远离库水区 ΔP 和 ΔCFF 迅速衰减。三次蓄水的图像都显现上述图像。

其次，三次蓄水达峰值水位，库水深度增大，相应地，ΔP 和 ΔCFF 的数值也增大，但对 ΔP 和 ΔCFF 异常增大的区域范围影响不大。且不论在横向上，还是纵向上衰减都很快，

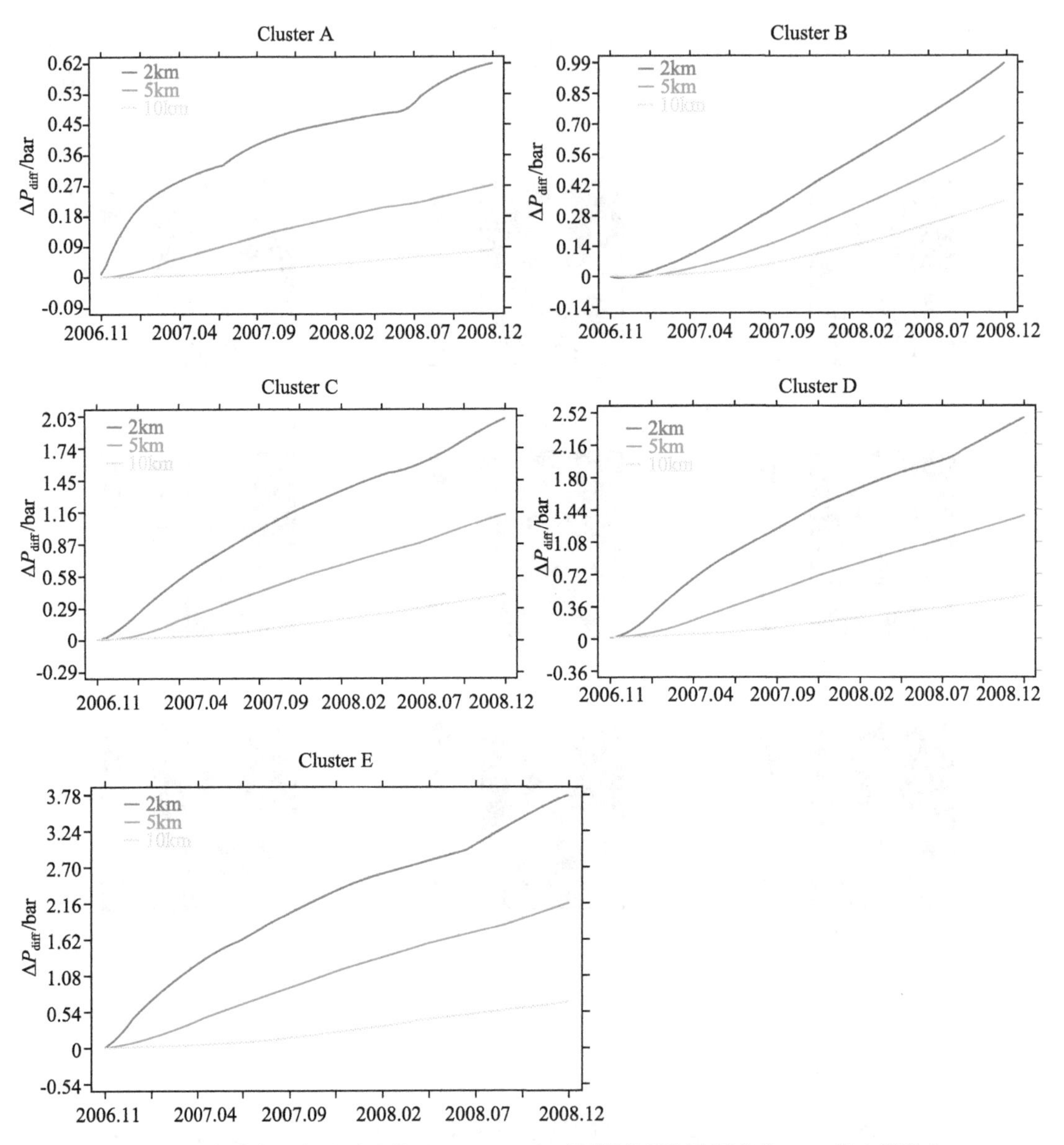

图 4.22　龙滩库区各地震丛集区（A~E）在不同深度的孔隙压变化 ΔP_{diff} 的空间分布

例如在 6km 的深度层位，ΔCFF 的最大值达 2.5bar，在 12km 深度层位，最大值仅为 0.6bar，在 18km 的深度层位，ΔCFF 的增大已微不足道。

上述图像与第 3 章所述的龙滩库区地震震源及速度结构、衰减结构、散射结构的分布图像，总体上相似，表明库水渗透扩散在水库地震中起了主导的作用，这与诱发的多数地震为逆冲型地震是相吻合的。但库水的渗透扩散不是无限，主要集中在“双十”的有限空间范围内。库水的作用，尤其是渗透和扩散导致介质的强度降低，因此地震应力降明显降低。

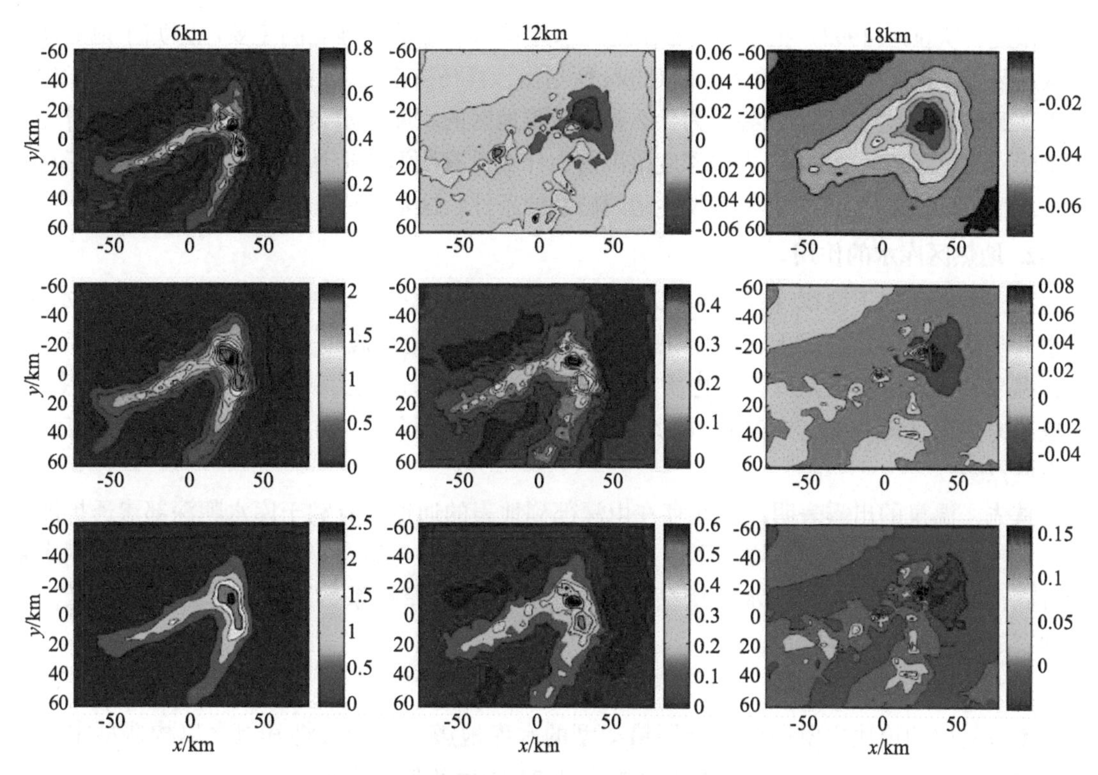

图 4.23　龙滩库区库仑应力变化的空间分布

自上到下：2007 年 6 月底，2008 年 6 月底，2008 年 12 月底

自左到右：深度为 6、12、18km

4.3.2　不同地质环境的库水作用

库基岩石介质是库水载荷作用的对象，从逻辑上来说，库基岩石介质的结构和力学性质对水库地震的发生，理应有不可忽视的影响。其影响可归纳为以下三个方面：

1. 断裂构造岩性与库水渗透扩散

在论及库水渗透扩散导致库区岩石介质里孔隙压力增大，介质强度降低时，自然涉及到库水渗透扩散的条件。第 2 章已论及库区地震活动对水库蓄水响应的快慢与库区断裂构造的展布及胶结状态和库区岩层的岩性有关。这实际已指出未胶结的断裂带，尤其是深大断裂是库水渗透的重要通道，质地坚脆的岩层更利于库水的渗透扩散，因此断裂构造发育，岩石介质质地坚脆的库区，更易于诱发地震。但逆定理是不成立的。正如第 2 章的统计分析，也有不少断裂构造不发育，岩石介质质地柔软的水库诱发了地震。这是因为虽然库水渗透扩散对水库地震的发生起了重要的作用，但库水载荷所产生的弹性效应和压实效应也是不可忽视的，而压实效应与库区断裂构造及岩性无关。弹性效应本身也与库区断裂构造及岩性无关，但对不同类型断裂带地震发生的影响有别。

这里要再次强调的是水库蓄水所产生的弹性效应，对逆断层地震的发生仅仅起了一定的“抑制”作用，不可能使地震活动“熄灭”。这主要是因为弹性效应比孔隙压变化的效应弱得多。依此，Gupta（1992）把喜马拉雅山地区水库蓄水后未诱发地震的主要原因归于地处逆冲的构造环境。这是值得商榷的。正如Gupta所指出，喜马拉雅地区的浅源构造地震通常发生在大于20km的深处。因此要回答，为什么喜马拉雅地区的水库蓄水未诱发地震的问题，首先必须阐明喜马拉雅地区20km以内的深度范围内为什么没有浅源构造地震发生？是否意味着喜马拉雅地区20km深度范围内不具备发生地震破裂的条件？这是有待进一步研究的问题。

2. 地热区库水的作用

有些学者，如丁原章（1989）、Gupta（1992）和其他一些人注意到有温泉分布的水库，蓄水后多诱发地震。实际上，有温泉分布的地区浅源构造地震也多较活跃。这是不难理解的，温泉、地热区附近是冷、热物质交界地带，在区域构造应力场作用下，易于发生变形，形成应力集中（陈章立，2004），因此是地震活动的有利场所。对水库地震而言，还应强调以下两点：

首先，温泉的出露表明该库区存在由深部到地表的通道，有利于库水朝深部渗透扩散。

其次，库水的水头压力增强了温泉的热传导，且库水与温泉热水一起涌入深部，库水温度升高，促进了断层面上“水文壁垒”的消除，从而使摩擦系数减小，摩擦强度降低，利于地震的发生。

3. 岩溶地区库水的作用

本节前面的论述主要是针对断层错动型的水库地震，不少人将其冠之以构造型水库地震。但在一些水库地震记录中往往看到如图4.24所示类似矿山塌陷的记录波形。这类地震多发生岩溶发育的地区，且经精定位震源都很浅，多数在1、2km以内。依此认为这类水库地震是由岩溶塌陷造成的，称之为岩溶型水库地震。

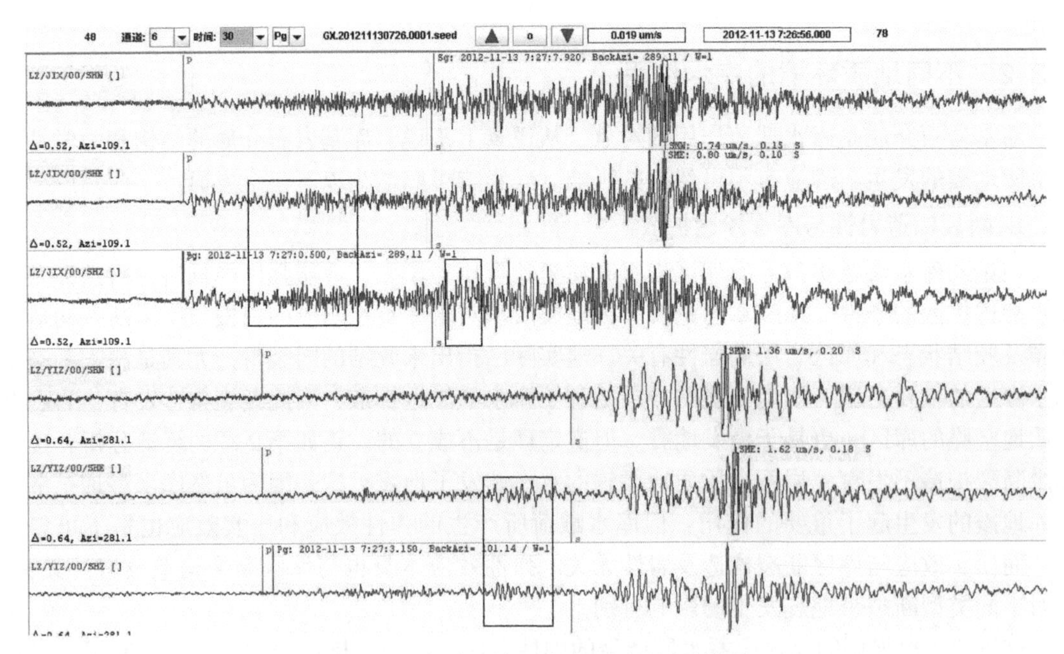

图4.24　部分岩溶型水库地震的记录波形

在碳酸盐岩，尤其石灰岩发育的库区，库底下方浅部往往发育有多层不同尺度岩溶，甚至有地下暗河。水库蓄水后，由于库水沿垂向的岩溶块体的边界节理面渗透，在水的物理化学作用下，节理面的粘聚力减小，于是在库水重力作用下，底部缺乏支撑的岩溶块体塌落发生地震。但岩溶发育的库区，水库蓄水诱发的地震并不都是岩溶型地震。岩溶的存在本身有利于库水的渗透扩散和构造型水库地震的发生。岩溶下方断层的错动又可能诱发岩溶块体的塌陷，因此有些水库地震，这两种类型兼而有之。这种地震的矩张量解如图 4. 14a、b 所示，有一定的非双力偶分量。

4. 3. 3　区域构造应力场的作用与库区地震活动

以上论述主要强调水库蓄水对库区地震活动的诱发作用，但在研究中，我们注意到以下三个值得认真思考的重要现象：

首先，正如第 2 章所述，在水库蓄水所诱发的最大地震发生之前，库区地震活动的时序起伏与库水水位的变化有较好的正相关关系，但在诱发的最大地震发生后，尤其是若干年后，两者之间没有明显的相关性。自然提出：在蓄水的“后期”影响库区地震活动起伏变化的因素是什么？

其次，正如第 3 章所述，水库蓄水后库区应力场的取向没有明显的变化。似乎意味着库水载荷作为作用于库区地壳介质的一种外力，与由板块运动驱动的大陆内部块体相对运动的作用力—区域构造应力场比较，强度小得多，只是在区域构造应力场作用的基础上迭加的一种“扰动”。这自然提出：强度更大的区域构造应力场对库区地震活动起怎样的作用？

再次，正如本章上节所述，在统计分析的震级范围内，水库地震与浅源构造地震应力降的差异与震级有关。震级越小，差异越大，$M_L = 1.0$ 级左右时，水库地震的应力降只相当于浅源构造地震应力降的 1/10 左右。随着震级的增大，两者的差异逐渐减小，在 5. 0 级左右时，两者的应力降相近。这自然提出：控制库区不同强度的地震，尤其是中强以上地震与小地震发生的因素是否有别？

以上三个方面的问题集中在一起，使人们不得不思考：水库蓄水后库区地震的发生除与库水载荷有关外，是否仍与区域构造应力场的作用有关？是否意味着水库蓄水的作用主要诱发“小地震”，而是否发生中强以上地震，其先决条件是库区是否存在正孕育“中强以上地震”的震源区，水库蓄水只是起了一种“触发”的作用？是否意味着在水库蓄水的“后期”，库区介质已水饱和，库水载荷与库区地壳载体之间已达到新的平衡，于是如同其他天然湖地区一样，区域构造应力场再度成为控制库区地震活动的主导因素？

无疑，这些问题涉及到在库水载荷作用下库区地震活动与在区域构造应力场作用下，区域浅源构造地震活动的关系。需广泛收集有关的资料进行深入的对比分析研究，方能得出科学的结论，这里仅以新丰江水库和水口水库库区地震活动与区域浅源构造地震活动的关系为例，对这些问题作初步的探讨。

1962 年 3 月 19 日新丰江 6. 1 级地震是至今为止，全球 4 个大于 6 级的水库地震之一，也是近百年华南地区为数不多的 6 级地震之一。下一章将论及新丰江 6. 1 级地震是在闽粤赣地震带地震活跃期里发生的。尽管由于震前缺乏区域地震台网记录，难以根据地震活动图像推演这次大震的孕育过程，但图 4. 25 所示，6. 1 级地震发生在水准网测量给出的垂直形变梯度带附近。在区域构造应力场的作用下，震前震中区以北地壳抬升，震中区以南沉降，且以震中区的点位变形速率最大，北边的点位震前变形速率为 1.17mm/月，震后为-1.63mm/月；南边的点位震前为-2.3mm/月，震后为 1.20mm/月。由上述形变特征至少没有理由否定新丰江 6.1 级地震的发生与区域构造应力场作用下库区地壳运动及变形有关。

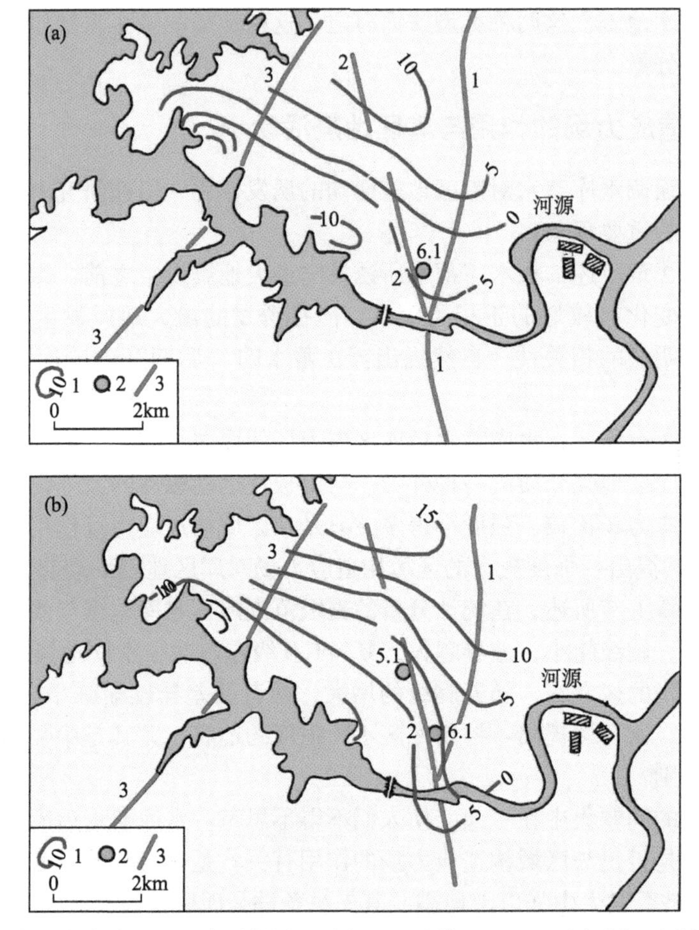

图 4.25 新丰江水库峡谷区垂直形变图（引自毛玉平等（2008），原引自丁原章（1989））
（a）1961 年 12 月至 1962 年 3 月；（b）1961 年 12 月至 1963 年 12 月；
1. 垂直形变等值线；2. 震中；3. 断裂带

6.1 级地震发生后，余震活动起伏衰减，正如第 2 章所述，1963 年后余震活动起伏变化不大，但如图 4.26 所示，近 20 年来库区地震活动又两度出现较明显的起伏增强，且这种起伏与库水水位的变化无关。我们注意到 1987~1989 年新丰江两次 M_S=4.7 级地震是在赣粤交界一带浅源构造地震较活跃，尤其是在与新丰江同处于一个地震带，相隔仅 100 多千米的江西龙南、寻乌 1987 年 8 月初 M_S=5.4、4.7 级地震之后发生的；1999 年 8 月 20 日新丰江 M_S=4.5 级地震，则是在 1999 年 9 月 21 日台湾 M_S=7.6 级地震前后闽粤沿海一带地震活动较活跃的背景下发生的。下文在讨论福建水口地震活动起伏时将论及这一区域地震活动背景。

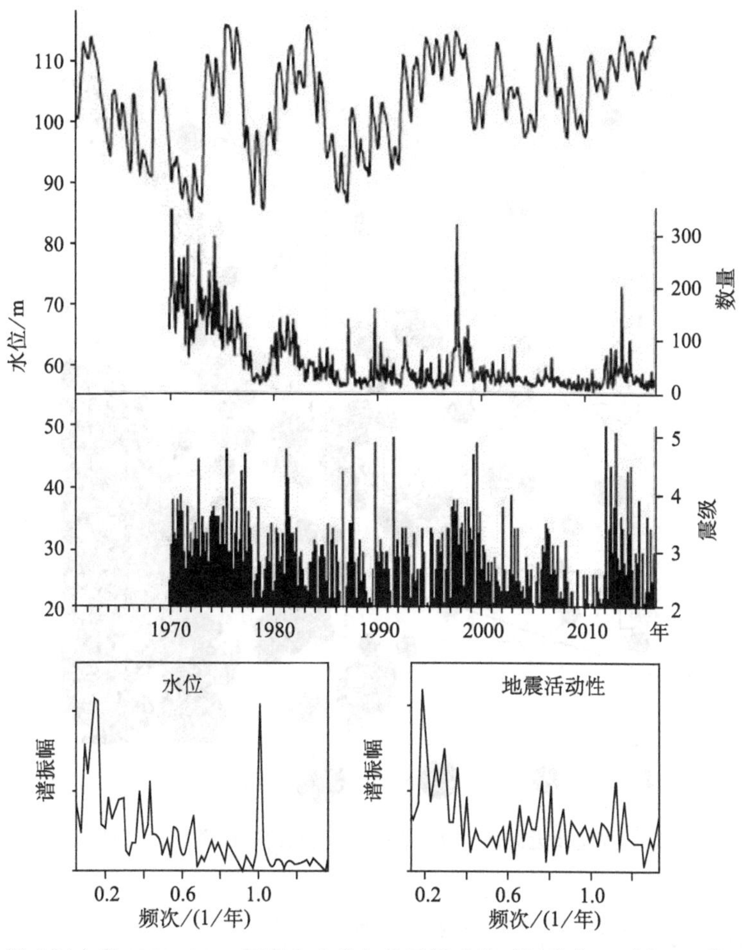

图 4.26　新丰江水库 1980~2010 年库水水位与地震活动的时间分布（引自 He 等（2018））

第 2 章图 2.31 已展示了福建水口水库水位变化与库区地震活动关系。很明显，库区地震活动主要集中在三个时段：1993 年 5 月至 1996 年、1999~2000 年、2007 年 9 月至 2009 年初。第一时段为水库蓄水后，主要地震活动阶段，可能加之，1994 年 9 月 16 日福建东山海外，台湾海峡 7.3 级地震的影响，持续时间较长。第二时段和第三时段库区地震活跃，但库水水位始终在高水位附近波动，不存在任何的相关性。但我们注意到如图 4.27 所示，在这两个时段福建及近海海域浅源构造地震异常活跃。1997 年 5 月 31 日在永安发生 $M_S=5.2$ 级地震，1999 年 8 月 5 日在惠安海外发生 $M_S=4.3$ 级地震；2007 年 3 月 13 日在福建顺昌发生 $M_S=4.7$、4.6 级地震，8 月 29 日在永春发生 $M_S=4.5$ 级地震，2008 年 3 月 6 日在古田发生 $M_S=4.2$ 级地震。这两个时段浅源构造地震异常活跃是自福建地震台网建立以来少有的。水口库区地震活动的起伏增强正是该背景下发生的。

以上论述虽然仅限于新丰江水库和水口水库区地震活动与区域浅源构造地震活动的观察事实，但面对客观的观察事实，没有理由否定区域构造应力场对库区地震活动起了一定的作用。相反，可以认为由于库水作用，库区介质弱化，强度降低，库区地震活动可能成为显示

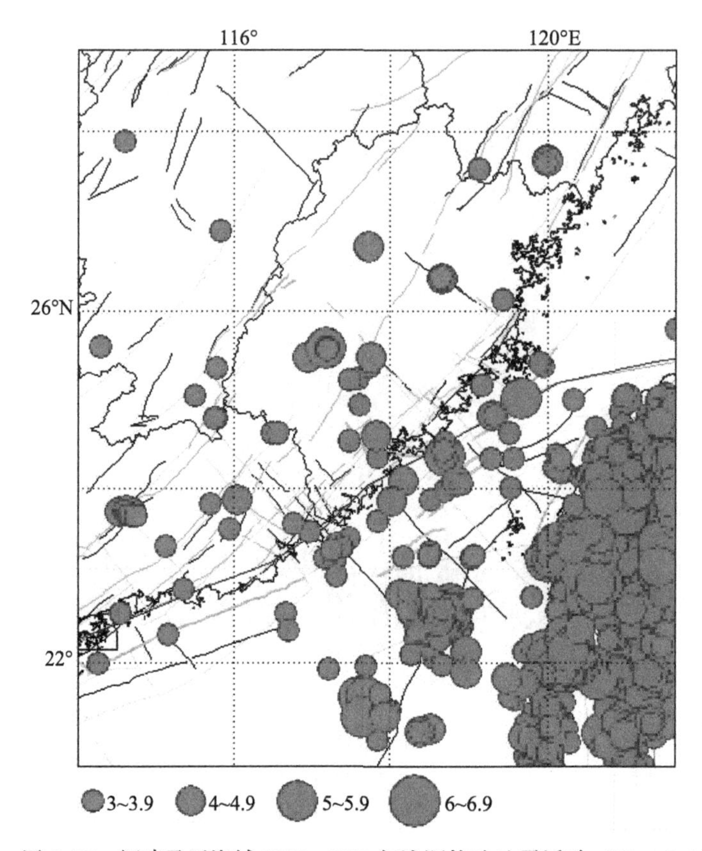

图 4.27　福建及近海域 1990~2010 年浅源构造地震活动（$M_S \geqslant 3.0$）

区域构造应力场变化的“指示器”，或者说“窗口”。

综合本节以上所述，在论及水库地震的机理时，既必须紧紧抓住水库蓄水，库水载荷这一特定的外力作用条件，又不可简单地认为水库蓄水后库区地震活动都是由水库蓄水所诱发，而必须分清以下不同的情况：

首先，在水库蓄水的“早期”（最大地震发生前）和“后期”，库区地震活动发生的机理可能有别。在“早期”库区大量的小地震主要由水库蓄水所诱发。水库蓄水改变了库区的应力状态，尤其库水的作用使库区岩石介质的孔隙压力增大，介质强度降低，导致构造型水库地震的发生。同时库水重力作用使岩溶块体失稳诱发了岩溶型水库地震。断裂构造发育、岩层质地坚脆、温泉发育的库区库水具有良好的渗透扩散条件，库区地震活动可能对水库蓄水作出快速响应；在水库蓄水的“后期”，一方面由于库区岩石介质已水饱和，库水载荷与库基载体达平衡状态，另-方面由于地下水位可能抬升十几米，甚至几十米，库水在高水位附近波动所产生的弹性效应明显减弱，因此库水作用不再成为控制库区地震活动的主要因素，相反，区域构造应力场的作用可能再度成为主导因素。

其次，在水库蓄水的“早期”，库区大量的“小地震”主要是由水库蓄水所诱发，但 5 级以上地震可能不然，很可能是在区域构造应力场的作用下，5 级以上的中强地震正处于孕育过程中，水库蓄水起了“触发”的作用。

上述水库地震的机理连同由介质结构层析成像及库仑应力变化数值模拟所给出的库水渗透扩散范围与上节所述的水库地震的三个主要特征总体上相吻合，表明所取得的认识具有一定的合理性。

第 5 章　水库地震的识别与预测

水库建设前，“水库一旦蓄水是否会诱发地震，可能诱发多大的地震”是业界和社会公众共同关注的重要问题之一。水库蓄水后，一旦在库区或周围发生有感地震，自然提出：“所发生的地震是否由水库蓄水所诱发，是否会发生更大的地震?”这正是水库地震研究中的两个重要难题：水库地震的识别与预测。本章将在前几章的基础上对识别与预测的问题作简要的讨论。

5.1　水库地震的识别

第 1 章已指出对国内外报道的有些“水库地震”，是否由水库蓄水所诱发，不少学者提出了质疑。表明水库地震的识别仍有待深入的研究。综观有关的争议，识别涉及到依据与条件，方法与过程及识别可信度的评估等方面的问题。

5.1.1　识别水库地震的依据与条件

“识别”意指根据事物之间内在本质差异的外在表现特征来判别事物的属性。按照识别这一基本含义，所谓水库地震的识别意指判别水库蓄水后，地震台网记录的，或人有感的在库区及周围发生的地震是水库地震，还是浅源构造地震，或库区爆破、矿塌。爆破和矿塌可通过社会调查来解决，关键是判别所发生的地震究竟是水库地震，还是浅源构造地震。虽然，这只能以水库地震有别浅源构造地震的三个主要特征为依据。“双十”，即水库地震绝大多数较浅，震源在 10km 的深度范围内，震中在距离库岸 10km 的区域范围内。这是一个半经验半理论的判据。之所以是经验性的是因该特征是根据国内已有的震例统计得到的，但正如第 3 章所述，新丰江、三峡和龙滩三个库区介质结构（速度结构、衰减结构、散射结构）层析成像以及国内外有关水库蓄水后库区库仑应力变化的数值模拟都表明库水渗透扩散范围具有“双十”特征；“水库蓄水后库水区及周围区域地震活动明显增强”是水库地震初始的定义，但也是经验性的；“水库蓄水诱发的小地震与浅源构造震源参数的定标关系有别，水库地震的应力降较小，震源尺度较大”与水库地震的成因机理相关联，物理含义较明确。这三个主要特征的含义和属性决定着将其作为识别水库地震的依据，其识别的可信度彼此有别，但都与具体的条件有关。概括起来，为了识别水库地震应具备必要的观察基础和研究积累：

1. 应具备的观测基础观测主要包括以下两个方面

首先是库区数字地震台网观测。不论以上述哪个“特征”为依据进行“识别”都离不开库区数字地震台网观测，且要求台网布局较合理，在水库蓄前若干年投入观测。所谓

“布局较合理”意指应在距离库岸 10km 的区域范围内，相对均匀地布台，且在近坝区，尤其库首区适当加密，台距尽可能小于 5km。之所以提出这样的要求是由于水库地震，多数震级较小，如果台距太大，且布局不合理难以对地震进行精定位，尤其是难以精确地测定震源深度；难以减小对大量微小地震记录的遗漏；难以精确地测定地震矩、应力降、震源尺度等震源参数。自从这就难以论及根据上述三个主要特征进行识别。此外，为了对 4 级左右地震进行矩张量反演，分析其是否具有非双力偶分量，将其作识别的另一依据，在库区外围应有几个宽频带数字地震仪台站。其次是库水水位的动态观测。正如第 2 章所述，在水库蓄水的“早期”库区地震活动与库水水位变化多呈现正相关关系。可借助于两者的相关性分析，为“识别”提供辅助依据，因此库水水位的动态观测也是不可少的。

2. 研究的积累

研究的积累主要也包括以下两个方面：

首先是水库蓄水前库区及周围区域浅源构造地震活动的时空强分布特征。这里指的主要是水库蓄水前至少若干年库区及周围区域小地震活动的时空强分布，而不是历史记载的中强以上地震。这主要是因为水库地震，尤其初始阶段的地震活动主要为小地震，将水库蓄水后库水区及周围区域的小地震活动与历史记载的中强地震活动进行对比，其对象不相称。蓄水前的地震活动数据，自然时间尺度越长越好，以便较客观地描述蓄水前地震活动时序起伏的特征。为此，既应对库区地震台网测定的蓄水前地震活动的数据做系统的整理，又应对外国区域地震台网对库区地震的监控能力进行评估。在此基础上对水库蓄水前库区及周围区域地震活动时空强演化图像作深入的分析研究，给出不同震级阈地震的平均年频次以及是否存在准周期起伏变化等图像。

其次是水库所在区域浅源构造地震震源参数的定标关系，以便与水库蓄水后库区发生的小地震的震源参数进行对比。如因区域台网等原因未能给出水库所在区域浅源构造地震震源参数的定标关系，应收集整理其他地区，尤其构造特征相似地区浅源构造地震及水库地震震源参数的定标关系，作为“代替”，供“识别”时参数。

5.1.2　识别水库地震的方法与过程

识别的过程（或步骤）与识别方法是相互联系的。大致分以下三个步骤进行：

第一步：地震发生后，首先进行精定位。如果震源位置符合“双十”特征，尤其是震中位于库岸附近，且震源深度≤10km，一般应视为可能属水库地震，反之若不符合“双十”特征，则认为属水库地震的可能性较小。应主要的是水库地震多为震群型或前震—主震—余震型，“双十”指的是群体的特征，不排个别地震偏离“双十”。如果发生的地震是单一的地震，即使震源位置符合“双十”特征，也难以作出明确的判别。

第二步：根据地震参数测定的结果，与水库蓄水前距离库岸 10km 范围内地震活动正常的时序起伏特征进行对比。若地震活动明显增强，尤其地震是在水库开始蓄水后一年内发生，一般视所发生的地震属水库地震的可能性较大。反之，则视为可能性较小。

第三步：根据库区数字地震台网测定所发生地震的地震矩 M_0、应力降 、和震源尺度 r，对 $M_L=4.0$ 级左右地震或更大些地震，进行矩张量反演。若与同等大小的浅源构造地震比较，所发生的地震应力降明显较低，震源尺度相对较大，以及矩张量有较明显的非双力偶分量，一般可判定所发生的地震属水库地震。反之，则视为属水库地震的可能性较小。需注意的是对中强地震，正如上一章所述，水库地震与浅源构造地震的应力降可能相近。这时可暂不顾及“诱发”与“触发”含义差别，根据其前震序列的震源参数作出判别。

5.1.3 识别可信度的评估

上述识别的三个步骤是相互衔接的，但每个步骤的依据和方法有别。第一个步骤以“双十”特征为依据，属半经验半理论的判据。第二个步骤的依据基本属经验性。“经验”是人作为实践的主体，在过去一定的条件下在实践中所得到的认识，既有一定的科学性，又往往难以避免带有一定的局限性、片面性。对水库地震的识别也是如此，且不同人的经验有别。这正是第1章论及的对国内外报道的有些水库地震震例，有些人提出质疑的主要原因；第三个步骤的依据源于水库地震的成因机理，具有较坚实的物理基础。应该说，如果震源参数的测定较精确，所给出的判别理应具有较高的可信度。但由于水库地震，多数震级较小，若库区台网布局不合理、密度低，加之观测的噪声背景高，震源参数测定的误差可能较大。因此，总体上来说，水库地震的识别尚难以避免带有不同程度的不确定性。应根据前面所述的识别的条件，对识别的可信度作相应的评估：

当识别的条件都满足，三个步骤的识别结果符合水库地震的三个主要特征时，无疑可明确判断所发生的地震属水库地震，且其判别具有较高的可信度。

当前两个步骤，识别的条件满足，识别的结果认为所发生的地震属水库地震的可能性较大，而后一步骤给出相反的判别时，应作进一步的具体分析。如果震源参数的测定较精确，则应对前两个步骤的判别结果予以否定。这是因为在库区尤其高地震活动背景的库区也可能发生符合“双十”特征的浅源构造地震，由于邻区大震的影响等，库区浅源构造地震活动也可能出现异常增强的现象；如果震源参数测定的误差较大，则不宜否定前两个步骤的判别结果，应视所发生的地震可能为水库地震。

如果出现局端的情况，即所发生的地震明显不符合“双十”特征，震中远离库岸，在15km以外震源深度大于15km，且定位的深度较高，但震源参数的精确测定结果符合水库地震的特征，则不宜作出明确的判别，应对地质构造背景，尤其是否存在利于库水远距离扩散的通道等作进一步的调查研究，再作判定。

总之，水库地震的识别是水库地震研究中尚未解决的重要问题。这主要是因为已有许多水库库区地震观测的基础较薄弱，因此加强库区数字地震观测是提高水库地震识别可信度所必须的。

5.2 水库地震预测的讨论

水库地震预测包括水库地震危险性评估和短时间尺度活动趋势预测两个方面。有些人鉴于水库地震局限于库水周围有限的区域里，认为与浅源构造地震预测比较，难度较小，实则并非如此，同样是当代自然科学领域里一个难度很大的科学难题。本节将对水库地震预测的困难及克服困难的科学思路等有关问题作简要的讨论。

5.2.1　水库地震的普遍性和预测的主要对象

论及水库地震预测，首先遇到的问题是水库蓄水后诱发地震的可能性究竟有多大？至今为止，大多数人认为水库地震的概率性很低。例如夏其发（1992）认为全球诱发地震的水库只占水库总数的 0.34%。由于不同人所获得的资料有别，具体的百分比可能略有差异，但最多也仅百分几。也就是说，绝大多数水库蓄水后没有诱发地震。对此，我们认为这究竟是客观事实，还是因绝大多数水库蓄水后发生的地震太小，而库区缺乏地方地震台网记录所致，仍是值得商榷。为了讨论这一问题，有必要重温一下地球脆裂圈和地壳应力等有关知识：

不论是浅源构造地震，还是水库地震都是由于震源区介质强度低于应力所导致的快速破裂现象。在材料力学和构造物理学中往往可以看到关于介质强度的不同描述，如“米赛斯强度”“屈服强度”“摩擦强度”“理论强度”等。它们并不都等于破裂时的应力。而从破裂的角度来说，所谓介质的强度指的是破裂时的应力，称其为“破裂强度”。这里要强调的是已有的理论研究和岩石破裂实验已经证明，对任何的地壳岩石介质，破裂强度远低于理论强度，一般可低几个数量级（Scholz，1990）。所谓理论强度指的是断开跨晶面上原子键所需的应力。这涉及到应力的原始的概念：

众所周知，任何介质物质都是由大量的原子组成的。在理论力学（周衍柏，1961）中，把每个原子看成一个质点，相邻质点之间存在着相互吸引力f_1和相互排斥力f_2。它们都是随质点间距r的增大而减小，但其关系彼此有别：

$$f_1 \sim \frac{1}{r^2} \qquad f_2 \sim \frac{1}{r^n} \qquad n = 3 - u \tag{5.1}$$

N的大小与固体物质的成分有关。固体介质不受外力作用时，相邻的质点彼此在$r = r_0 = 10^{-8}$cm 作微小振动，$|f_1| = |f_2|$。r_0相当于原子直径的量级。在受外力作用时，固体介质发生变形，相邻质点间发生位移，$r \neq r_0$，于是$|f_1| \neq |f_2|$，出现了多余的吸引力$\Delta f = |f_1| - |f_2|$或多余的排斥力$\Delta f = |f_2| - |f_1|$。这种力只能作用于厚度不超过7×10^{-7}cm 的薄层上，因此称其为面力，单位面积上的这种面力即为俗称的应力。

由应力的基本概念可知，固体岩石里任何界面两边介质的相互作用是通过原子力场来实现的，且由这一基本概念不难证明（陈章立，2004）介质不均匀的界面是利于形成应力集中的场所。现在回到理论强度的问题上来。理论上可以证明（Scholz，1990），断开跨晶面上原子键所需的应力σ_t，即理论强度为：

$$\sigma_t = \frac{E}{2\pi} \tag{5.2}$$

式中，E为固体介质的杨氏模量，与岩石类型及给定的温度、压力等有关。岩石破裂实验结果表明，对任何的岩石介质，破裂时的应力，即破裂强度远低于理论强度σ_t，通常低于几个数量级（Scholz，1990）。这是因为任何岩石介质都不是完全均匀的，其内部都存在很多缺陷。其缺陷主要有两类：线状的位错和面状的裂隙。在外力作用下，这两类缺陷都在不断地发展变化中，但其发展变化受到所处的环境，尤其是温度、压力的制约，且温度、压力对这两类缺陷发展的变化影响不同。裂隙的扩展克服摩擦阻力做功，体积增大，故压力增大对裂隙的扩展起了抑制作用。而位移滑移既没有摩擦作用，也没有体积增大，因而对压力的增大反映不灵敏。反之，由于线状的位错是晶格缺陷，温度升高，晶格活动性增强，滑移加剧。而温度的增高对面状裂隙的影响不大。这意味着高温高压的环境条件有利于位错滑移，而不利于裂隙的扩展。反之，在温度、压力相对较低的环境条件下，裂隙扩展居主导地位。从而把地球岩石圈分为脆裂圈和塑性圈。在外力作用下，塑性圈易于发生塑性流动，而脆裂圈易于发生地震等脆性破裂行为。

脆裂圈大致相当于中上地壳，浅源地震，不论是构造地震还是水库地震都发生在脆裂圈，都是在外力作用下，在脆裂圈的局部区域发生快速脆性破裂行为。根据震源物理的研究，浅源地震的发生是与裂隙的存在与扩展直接相关联的，或者说脆裂圈裂隙的存在与发展是理解浅源地震孕育发生过程中的一把钥匙（Sobofev，1984）。断裂带和裂隙都是脆裂圈介质不均匀的表现，都是利于应力集中的场所，只是断裂带是宏观的，大尺度的，利于形成较大的应力积累，因此中强以上地震多发生断裂带上，而裂隙是微观的，小尺度的，微小地震的发生与之相关联。正因为如此，虽然全球中强以上地震绝大多数发生于板块边界地带和板块内部块体的边界地带——断裂带上，但随着地震仪器灵敏度的提高和全球各地高灵敏度地震台网的建立，与几十年前稀疏的，低灵敏度的地震台网记录比较，记录的地震大大增加。据统计，现代全球各区域台网每年共计记录到500万次左右的地震，其中有感地震仅1万次左右，绝大多数为人感觉不到的微小地震。在有高灵敏度地震仪台网的地区，几乎没有哪个地区不记录这种微小的地震。这正是地球脆裂圈是普遍存在大量微裂隙的表现。

水库多位于高山峡谷地区，地质年代的造山运动使脆裂圈介质的均匀性更加突出。尽管在水库建设时，尽可能使大坝避开或“远离”活动断裂带，但库水区和周围区域地壳介质里存在大量的不同尺度的裂隙，这是不言而喻的。水库蓄水使大量微裂隙的孔隙压力增大，强度降低。依此可以得到合理的推理，水库地震是普遍的，只是诱发的地震绝大多数属微小地震。正如Gupta（1992）所述，全球绝大多数水库不仅在蓄水之前缺少库区专用地震台网记录，而且蓄水后多数缺少库区地震台网记录，或只有少量台站，因此所谓全球水库蓄水后诱发地震的只占水库总数的百分之几，甚至百分零点几，主要是因为绝大多数水库因缺少库区高灵敏度地震台网记录所生的误导。除此之外，在高地震活动地区的水库，由于浅源构造地震活动的水平较高，时序起伏过程较复杂，不易判别水库蓄水后库区及周围区域地震活动是否明显增强，也是一个可能的原因之一，但不是主要的。根据以上赘述，可以得到合理的推理：水库蓄水后诱发地震应是普遍的现象，只是多数水库诱发的地震是微小的地震。只要库区有高灵敏度的地方地震台网便可记录到大量微小地震。所谓绝大多数水库蓄水后没诱发地震的结论是不成立的。

既然水库蓄水后诱发地震理应是普遍现象，水库地震预测的任务就不在于回答水库蓄水后会不会诱发地震，而在于所诱发地震的最大强度可能多大？由于水库地震的震源较浅，加之水库蓄水后库水周围区域地下水位上升，介质的阻抗降低，对地震动的放大作用增大，因此，与浅源构造地震比较，水库地震震中烈度偏高，不少 2、3 级地震，震中烈度达Ⅳ度，甚至Ⅴ度，4 级左右地震震中烈度往往可达Ⅵ度，5 级左右地震震中烈度则可达Ⅶ度。无疑，人们期望尽可能对有显著社会影响的水库地震作出预测。但地震预测在当代自然科学领域是一个难度很大的科学问题，且震级越小，震前的前兆信息越弱，预测的难度越大。就浅源构造地震预测而言，近几十年来，我国虽然对一些 $M_S \geqslant 5.0$ 级地震作出不同程度的中期或短临预测，但作出成功预测的是少数，未能作出预测是多数。对 $M_S < 5.0$ 级地震在震前作出预测的更少，成功率更低。尚且对水库地震的预测更缺乏经验，因此综合地震可能造成的灾害、社会影响和科学上的可能性，这里认为现阶段只能将水库地震预测，包括水库地震危险性评估和短时间尺度活动趋势预测的目标锁定为 $M_S \geqslant 5.0$ 级地震。

5.2.2　水库地震危险性评估

水库地震危险性评估意指对水库蓄水后可能诱发的地震的最大强度及其部位进行预测。这方面工作通常在水库建设前开展并完成。在水库蓄水后可根据诱发地震的时空强分布特征作适当的修改、调整。自从开展水库地震危险性评估以来，国内外多采用概率预测的方法，并先后提出多种类似的方法。第 1 章以常宝奇（1984）提出的方法为例，对概率预测方法的要点作了简要的说明。很明显方法在很大程度上依赖于影响水库地震的因素的选择及相应的权重的确定。这里要着重指出的是概率预测方法不论是水库地震，还是浅源构造地震，其预测结果都带有很大的不确定性。这涉及到概率本身的含义。所谓概率意指如果在相同的条件下进行 n 次重复试验，随机事件出现了 k 次，则事件 A 在 n 次的试验中出现的频率为 k/n 。如果 n 无限增大，频率 k/n 趋于稳定意味着这一统计规律性事件 A 发生的可能性的大小是客观的。于是通常把 n 足够大时的频率 k/n 近似地作为事件 A 出现的概率 $P(A)$ ，即 $P(A) \approx k/n$ 。由概率的含义可知确定概率的基本条件是试验的次数 n 必须足够大，且每次试验的条件相同。显然，将“概率”引用于地震预测时，这一条件很难满足。对浅源构造地震而言，由于预测的对象——大地震原地重复的周期很长，对任何一个限的区域，统计分析的地震次数 n 不多。而如果把统计分析的区域范围扩大，以保证 n 足够大，但由于统计分析区域里的不同地区地震发生的环境条件有别，将使所给出的所谓概率 $P(A)$ 违背概率的含义。显然，对水库地震而言，n 更小，且不同水库所处的环境条件差别较大，因此，用概率预测方法进行水库地震危险性评估，其结果的不确定性更大。这里认为只能将其作为参考，而不宜将其作为主要的方法。

上一章已经指出水库蓄水后诱发的 $M_S < 4\frac{3}{4}$级的小地震和 $M_S \geqslant 4\frac{3}{4}$级地震发生的机理可能存在一定的差别。水库蓄水的“早期”在库水区及周围区域所发生的地震是由水库蓄水诱发的。而 $M_S \geqslant 4\frac{3}{4}$级地震的发生应具备相应的发震构造条件，且震源区介质在区域构造应力场的作用下，可能已开始发生明显的非弹性变形，进入孕震阶段。在这种情况下，水库蓄水可能使孕震中的地震提前发生，即起了“触发”的作用。依此，我们认为应首先采用浅源构造地震危险性分析的方法对库区是否潜在发生中强地震的危险性作必要的分析，然后综合库容、水深等影响因素进行危险性评估。这里强调以下几点：

1. 分析确定库区在区域地震活动空间分布中的位置

与板块俯冲带不同，在大陆内部地震分布在广阔的地域。对任何一个大尺度的构造区域不同时段震中分布图像往往有别，犹如一盘盘多变的棋局，但有地震历史记载和现代地震仪器记录以来累积的震中分布图像则展现出一定的规律性。不同走向、不同活动水平的地震相对密集带互相穿插，把所研究区域的地壳分割成若干不同级别、不同尺度、不同形状、不同活动水平的块体。这些块体的边界一般为不同级别的构造断裂带。这里把短时间尺度的震中分布图像称为震中分布的动态图像，把有地震历史记载和现代地震仪器记录以来的累积震中分布图像称为震中分布的基本图像。显然，不论是动态图像还是基本图像都与地震的震级下限有关。这里不妨把由 $M_S \geqslant 4\frac{3}{4}$级以上地震震中分布所勾画出的块体称为一级块体。我国大陆绝大多数中强以上地震尤其是 $M_S \geqslant 6.0$ 级地震都发生在这一级块体的边界地带上；这一级块体又被次一级地震的震中分布分为若干个次一级的块体；每个次一级块体又被再次一级地震的震中分布分为若干个再次一级的块体。所有这些不同级别的块体的边界地带即为不同尺度、不同活动水平的地震带。

在我国大陆虽然有些次级或再次一级块体的边界上有零星的 $M_S \geqslant 4\frac{3}{4}$级地震分布，但绝大多数 $M_S \geqslant 4\frac{3}{4}$级地震，尤其是 $M_S \geqslant 6.0$ 级地震都发生在一级块体的边界地带（陈章立，2004）。依此，如果水库位于上述一级块体的边界带——$M_S \geqslant 4\frac{3}{4}$级地震活动的地震带上或其近旁地区，可认为水库蓄水后库区存在着发生 $M_S \geqslant 4\frac{3}{4}$级地震的地震活动背景。因此作为水库地震危险性评估的首要环节，首先必须对水库所在构造区域地震活动震中分布作分析研究，合理确定地震活动的基本图像，划分地震带，以明确水库是否位于 $M_S \geqslant 4\frac{3}{4}$级地震活动的地震带或其近旁地区。地震带的划分是一个既“古老”又常新的问题。毫无疑问，在大陆地区地震带应是地壳里介质显著不均匀，利于在区域构造应力场的作用下形成应变能积累，发生地震破裂的地带，通常为断层面凹凸不平的断裂带。但由于大陆地区地质构造的复杂性，如有些断裂带未出露于地表，或仅部分出露于地表，有些大尺度的断裂带不同地段构造活动特征差异很大。如果仅根据断裂带的分布来划分地震带可能出现误判，进而导致对地震危险性作出错误的评估（陈章立，2009）。而地震活动的空间分布是地壳介质结构不均匀性的客观描述，因此这里强调以震中分布的基本图像作为划分地震带的主要依据。

如果水库远离 $M_S \geqslant 4\frac{3}{4}$级地震活动的地震带（库岸与地震带的最小距离显著大于10km），可认为水库蓄水后在库区发生 $M_S \geqslant 4\frac{3}{4}$级地震的危险性相对较小。反之，如果水库位于 $M_S \geqslant 4\frac{3}{4}$级地震活动的地震带上或其近旁区域（库岸与地震带的最小距离在 10km 以内），则认为库区存在着蓄水后发生 $M_S \geqslant 4\frac{3}{4}$级地震的背景。在此基础上可采用地质学的方法对库水区及周围区域断裂构造特征，包括不同尺度的断裂带的分布，各断裂带及其分段更新世以来的新构造活动特征和力学性作进一步的分析研究，以初步判断水库蓄水后可能发生 $M_S \geqslant 4\frac{3}{4}$级地震的地段（可能不止一个），并对地震可能的最大强度作初步评估。

2. 分析确定库区所在地震带现今（蓄水前）地震活动状态

大陆地震活动不仅空间分布不均匀，时间分布也是不均匀的。我们将一个地震带上具有发生中强以上地震，尤其大震破裂条件的地段都先后发生地震破裂的过程称为该地震带的地震活跃期。这里首先对这一定义的合理性作简要说明：地震构造断裂带是凹凸不平的，存在许多不同尺度的相互接触、黏附的地段，即俗称的“障碍体”，各相邻的障碍体之间的地段可近似地视为断裂带两侧块体非接触的“间隙”。假定地震构造断裂带的几何面积为 A，障碍体接触部分的面积为 A_C。由于障碍体的存在，在区域构造应力场的作用下，地震构造断裂带两侧块体的相对运动受阻，使得障碍体发生变形，形成应变能的积累。不难证明断裂带上单位面积的平均摩擦阻力 τ为（陈章立，2004）：

$$\tau = \mu\left[\sigma_{\mathrm{n}} - \left(1 - \frac{A_{\mathrm{C}}}{A}\right)P\right] \tag{5.3}$$

式中，μ 为断裂带平均的摩擦系数；σ_{n} 为断裂带平均的法应力；P 为平均的孔隙压力。当某障碍体发生破裂后，可将断裂地段近似地视为“间隙”，由式（5.3）可知，这时 A_{C} 减小，平均的摩擦阻力 τ相应减小，断裂带两侧块体相对运动的速率增大，加速了其他障碍体变形发展，应变能积累，地震破裂相继发生。当地震构造断裂带上具有发生中强以上地震条件的各障碍体发生破裂后，由于断层面重新粘附需要有较长的时间，因此在较长的时期里（在我国大陆地区可达数十年至 100 多年），尽管地震带上可能有个别的中强地震发生，但地震活动水平总体上较低，即为俗称的“平静期”。鉴于正如前面所述，在水库蓄水后的“早期”，在库水区及周围一定区域范围所发生的 $M_{\mathrm{S}}<4\frac{3}{4}$级“小地震”主要由水库蓄水所诱发，而 $M_{\mathrm{S}}\geqslant4\frac{3}{4}$级地震，则可能是由水库蓄水所触发。因此，若库区即使位于 $M_{\mathrm{S}}\geqslant4\frac{3}{4}$级地震活动的地震带上，但该地震带明显处于低地震活动的“平静期”，则水库蓄水后“触发”$M_{\mathrm{S}}\geqslant4\frac{3}{4}$级地震的可能性较小。反之，若地震带处于地震活跃期，则水库蓄水后，触发 $M_{\mathrm{S}}\geqslant4\frac{3}{4}$级地震的可能性相对较大。此外，由于各种障碍体的尺度和强度有别，一般来说，一个地震带在地震活跃期里，$M_{\mathrm{S}}\geqslant4\frac{3}{4}$级地震的时间分布也是不均匀的，往往可分为若干活动水平相对较弱和活动水平相对高的时段。如果水库蓄水前库区所在地震带不仅处于地震活跃期，而且正处于相对活跃时段，则水库蓄水后诱发 $M_{\mathrm{S}}\geqslant4\frac{3}{4}$级地震的可能性或许更大些。

这里不妨以 1962 年 3 月 19 日广东新丰江水库 $M_{\mathrm{S}}\geqslant6\frac{1}{4}$级地震发生的区域地震活动背景为例，对以上论述作简要说明：

上一章已提及华南地区明朝初期开始普遍设立县志，历史地震记载的遗漏较少。图 5.1 展示了闽粤赣地区 1400~2010 年 $M_{\mathrm{S}}\geqslant4\frac{3}{4}$级地震震中分布。图中清楚地展示 $M_{\mathrm{S}}\geqslant\frac{3}{4}$级地震集中分布在该地区 NE 向的狭长的区域里。通常将其称为“东南沿海地震带”或“闽粤赣地震带”。其中又可分为“外带”和“内带”。外带自闽东北朝 WS 方向延伸经闽粤沿海一带，直至海南岛。“内带”自闽西北朝 WS 方向延伸，经赣南、广东新丰江、阳江，直至北部湾。

图 5.2 展示了闽粤赣地区 1970 年以来 $M_{\mathrm{L}}\geqslant3.0$ 级地震震中分布，可以看出 NE 向 NW 向震中相对密集带相互穿插，交织成网。

由图 5.1 和图 5.2 可见，新丰江库区位于闽粤赣地震带的内带上，NE 向与 NW 向震中相对密集带的交会部位附近。图 5.3 展示了闽粤赣地震带 1400 年 $M_{\mathrm{S}}\geqslant4\frac{3}{4}$级地震的时间分布。可以看出，闽粤赣地震带作为一个整体存在两个百年尺度的地震活跃期。前一个活跃期大致为 1495~1665 年，后一个活跃期大致为 1791 年至今。虽然“外带”地震活动水平显著高于“内带”，但时序起伏过程总体上相似。前一个活跃期在 1600 年广东南澳 7.0 级、1604 年福建泉州海外 8.0 级、1605 年海南琼山 7.5 级地震后，$M_{\mathrm{S}}\geqslant4\frac{3}{4}$级地震向内带转移。现在回过头来看，后一个活跃期又重复了这一特征。1918 年南澳 7.3 级地震后，$M_{\mathrm{S}}\geqslant4\frac{3}{4}$级地震

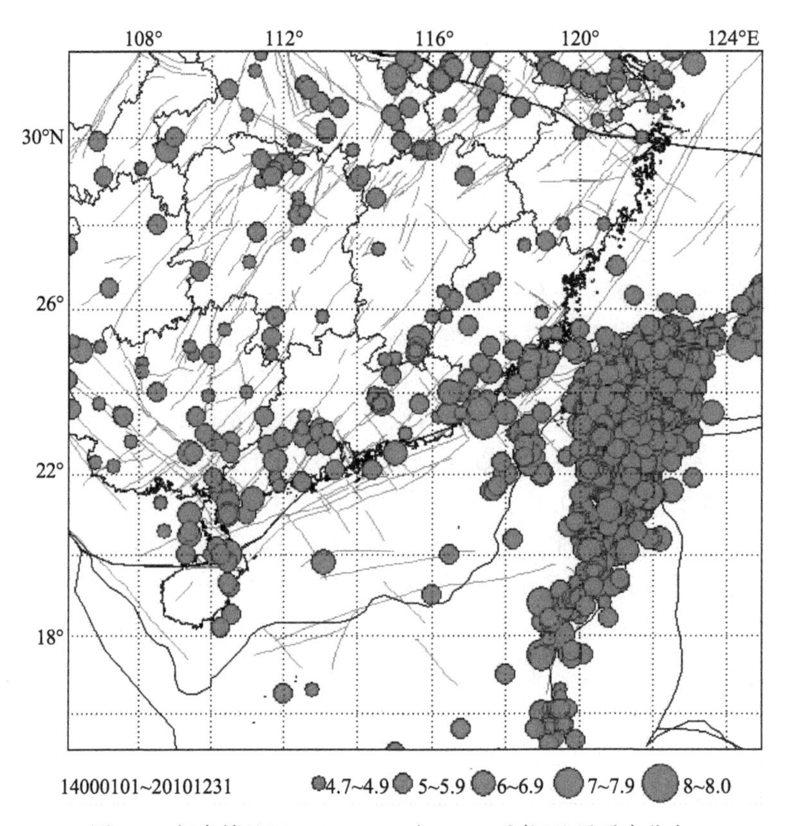

图 5.1 闽粤赣地区 1400~2022 年 $M_S \geq 4\frac{3}{4}$ 级地震震中分布

向内带转移。新丰江水库 6.1 级地震正是在这一过程中发生的。近几年来闽粤赣地区 $M_S \geq 4\frac{3}{4}$ 级地震以“内带”为活动的主体，因此，没有理由说，1962 年新丰江水库 6.1 级地震的发生与区域构造应力场作用下闽粤赣地震带，尤其“内带”浅源构造地震活动无关。

综合第 3 章、第 4 章及本节以上所述，可以对 1962 年新丰江水库 6.1 级地震发生的时空背景作如下的概括：新丰江 6.1 级地震源区位于闽粤赣地震“内带”上，NE 与 NW 震中相对密集带的交会部位，新生代以来构造运动较强烈的 NNW 向石角—新港—白田断裂与 NEE 向南山—坳头断裂交会部位的附近，地壳垂直形变的梯度带上，是“内带”上具有发生中强以上浅源构造地震背景的部位。大约从 1971 年开始，闽粤赣地震带进入了一个新的地震活跃期，以 1918 年南澳下 3 级地震为标志的高潮活动之后，闽粤赣地区地震活动明显转向“内带”，新丰江 6.1 级正是在这过程发生的。上述时空背景表明：1962 年新丰江水库 6.1 级地震的发生，与区域构造应力的作用下，闽粤赣地区，尤其“内带”浅源构造地震活动及震源区地壳构造运动与变形有关。

3. 水库地震危险性的综合评估

综合本节以上所述和第 2 章的影响水库地震强度的可能因素，可对水库地震危险性评估作如下概括：

如果水库库区位于主要地震（$M_S \geq 4\frac{3}{4}$ 级地震的震中相对密集带）上，并存在发生中强

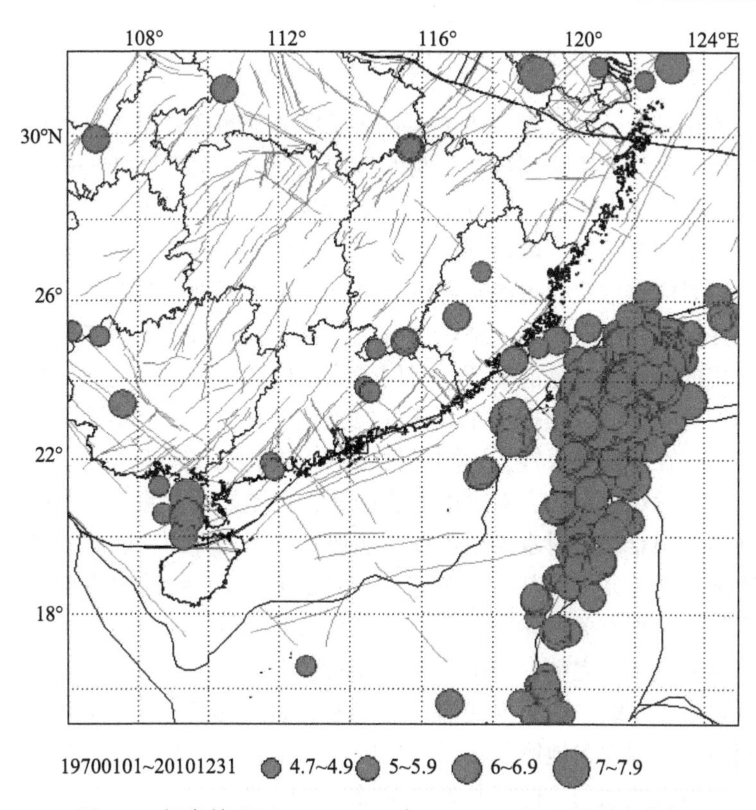

图 5.2　闽粤赣地区 1970~2010 年 $M_L \geq 3.0$ 级地震震中分布

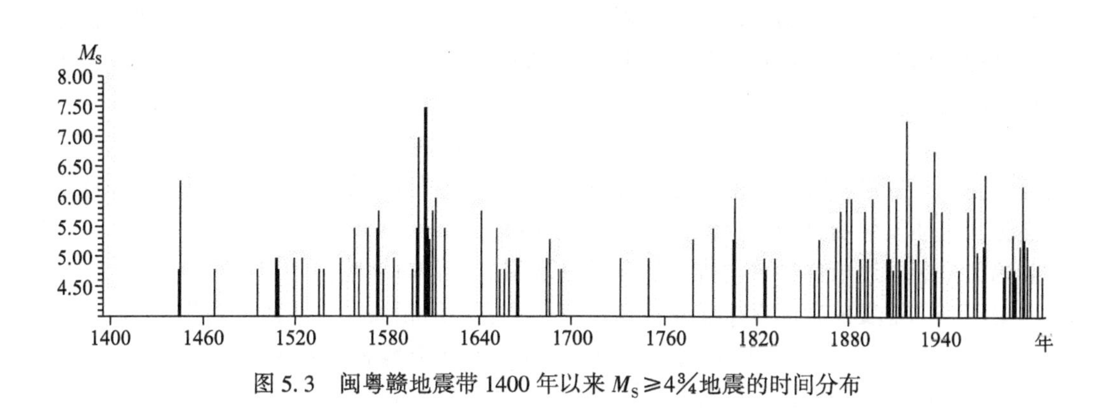

图 5.3　闽粤赣地震带 1400 年以来 $M_S \geq 4\frac{3}{4}$ 地震的时间分布

以上地震构造背景的断裂带，若该地震带正处地震活跃期，尤其是相对活跃时段，可认为水库蓄水后在库区存在发生 5 级以上中强地震的危险性。在具有这种时空背景的水库中，库容 $V \geq 20 \times 10^8 m^3$，水深≥90m 的大水库蓄水后，在库区发生 5 级以上中强地震的危险性更大些。在水库蓄水接近最高水位之后 1 年左右或稍长些的时间，尤应注意发震的可能性。

反之，如果水库库区远离主要地震带，或虽位于主要地震带上，但该地震带地震活动处于相对平静期，水库蓄水后在库区发生中强以上地震的危险性相对较小。

5.2.3 短时间尺度水库地震预测问题的讨论

地震预测，不论是长时间尺度，还是短时间尺度的预测都是当代自然科学领域里一个难度很大的科学问题。水库地震预测虽然预测的地域较明确，为距库 10km 之内的区域，但难度同样很大，在某种意义上来说，其难度并不亚于浅源构造地震预测。前面论及了水库地震危险性评估，即长期预测问题。国内外常用的统计概率预测方法，因统计样品的数目少，且影响诱震强度的因素的选取及权重的确定较复杂，使预测多带有较大的不确定性；我们提出了水库蓄水后在库区发生的中强以上地震，可能在水库蓄水前已处于孕育过程中，水库蓄水只是起了触发作用的假设。在这前提下，引用了浅源构造地震危险性评估的方法。但浅源构造地震长期预测所遭受的许多挫折，尤其在低地震烈度区划区发生高烈度的强震不乏其例，表明预测方法本身存在不少局限性，预测同样带有不同程度的不确定性。与长期预测比较，短时间尺度预测的科学难度更大，对水库地震而言，更是如此。除与浅源构造地震的短时间尺度预测遇到同样的困难外，对水库地震预测还遇到以下三方面特殊的困难：

首先，水库地震的前兆震例甚少。全球 10 多次 $M_S \geqslant 5.0$ 级的水库地震都在 20 世纪 80 年代初期以前发生，未见有关前兆的报道，且多数水库中最大的地震发生前库区地震预测能力薄弱，前震序列的记录不完整。我国虽然诱震的水库不少，但除新丰江水库外，其他水库地震的最大强度都小于 5 级。而根据我国几十年地震预测的经验，$M_S<5$ 级地震的前兆显示多不明显。如果说在浅源构造地震的短时间尺度预测方面，已有的经验有不少的局限性、片面性，那么在水库地震的预测方面，则难以论及经验问题。

其次，在地震的成因机理方面，水库地震与浅源构造地震存在某些差别。浅源构造地震的孕育是在区域构造应力场的作用下，周围区域构造运动与震源区介质非弹性变形相互作用的发展过程，由各种孕震物理模型的共同点（Sobolev，1984）可以认为孕震过程具有以下三个重要的特征：

震源区及周围区域（孕震区）里应力水平有明显增强的过程。这里所称“孕震区”意指震前地壳异常变形，震后变形恢复（除永久变形的破裂区）的地区（Scloolz，1990）。

震源区介质发生明显的非弹性变形和膨胀硬化。

震源区里裂隙逐渐优势取向排列，介质呈现明显的各向异性。

所观测到的地震前兆都直接或间接与这三个重要特征相关联，从而呈现为特殊的组合形式（陈章立，2007）。而水库地震则与此有别，$M_S<5.0$ 级地震的发生主要是由水库蓄水后震源区介质孔隙压力增大，强度降低所导致的。对 $M_S \geqslant 5.0$ 级地震，除非在水库开始蓄水前，地震的孕育已临近发生，否则上述三个特征可能不怎么明显，相应地，地震前兆可能不怎么发育。

再次，水库蓄水可能对库区及周围区域某些地震前兆观测造成干扰。例如，地下流体和地壳形变是浅源构造地震预测的重要前兆观测项目。水库蓄水后，由于库水渗透扩散所导致的库区及周围区域地下水位的抬升，必然对地震的地下流体前兆观测造成不同程度的干扰。库水载荷引起的库区及周围区域地壳变形，必然对地震的地壳形变前兆观测造成不同程度的干扰。

基于上述三个方面的原因，与浅源构造地震比较，水库地震的短时间尺度预测的难度同样很大，尽管预测的地域明确，但由于前兆信息可能较弱，因此其预测的难度可能更大。由于缺乏 $M_S \geqslant 5.0$ 级诱发地震的前兆观测震例，这里只能基于对库水的作用和“触发”概念的认同，对可能的前兆及预测问题作以下几点推导性的讨论：

1. 断层预滑及可能的前兆

如果水库开始蓄水时，库区中强地震已处于孕育过程中，一方面在区域构造应力场和库水载荷的共同作用下，正断层和走滑断层上剪应力可能继续增强，逆断层断层面上剪应力可能降低或变化不大。另一方面由于库水的渗透扩散，孔隙压力增大，有效法应力减小；加之润滑和断层面上“水文壁垒”的消除，断层面的摩擦阻力显著减小，于是在震前较短的时间里，发震断层或近邻次级断层可能发生预滑，因此可望观测到以下两个方面的前兆：

首先，如果在发震断裂上有跨断层位移的观测，可望观测阶跃式的断层位移异常。

其次，地震应力降 $\Delta\sigma$ 可能降低。国外也有类似的报道。例如，第 1 章已论及印度柯依那水库和 wana 水库 5 次 4.1~4.7 级主震前，小地震的应力降降低了 50%。这里要注意的是主震前小地震应力降降低与水库诱发的小地震应力降较低不是同一概念。与浅源构造地震比较，水库地震的应力降较低是由于库水作用使孔隙压力增大，介质强度降低，在较低的应力水平下发震。而主震前小地震应力降的降低则可能源于断层预滑。这种预滑释放了部分的应力。从而使断层面上的应力降低，相应地小地震的应力降减小。

2. 应力腐蚀与前震序列

库基岩石介质存在不同尺度的裂隙，由于库水的化学作用，裂隙尖端弱化，利于裂隙扩展，应力增强，即发生俗称的应力腐朽效应。如果在水库开始蓄水时，具有发生中强地震的潜在震源区尚未进入孕震阶段，裂隙排列仍杂乱无序，应力腐蚀可能导致一般小震群的发生，之后并不伴有中强地震。反之，如果水库开始蓄水时，潜在震源区已进入孕震阶段，裂隙开始逐渐呈优势取向的排列，应力腐蚀作用将导致前震序列的发生。这时裂隙端部存在两种效应：应力集中效应和应力腐蚀效应。这两种效应分别用 $\sqrt{x} \sim k$ 和 $\dfrac{\mathrm{d}x}{\mathrm{d}t} \sim k^n$ 来描述。x 为裂隙的长度，k 为作用于裂隙端的压力强度因子。在这两种效应的共同作用下，有：

$$\frac{\mathrm{d}x}{\mathrm{d}t} \sim x^{n/2} \tag{5.4}$$

式中，$n>0$，这里无须求解方程的一般表达式。从当 $n=1$ 时，$x \sim t^2$，$\dfrac{\mathrm{d}x}{\mathrm{d}t} \sim t$；$n=2$ 时，$x \sim \mathrm{e}^t$，$\dfrac{\mathrm{d}x}{\mathrm{d}t} \sim \mathrm{e}^t$，便可看出，随裂隙的增长，扩展速率增大，裂隙端部应力 σ 迅速增大：

$$\sigma = \sigma_\infty\left(1 + \frac{2x}{b}\right) \tag{5.5}$$

式中，x 和 b 分别为裂隙的长度和宽度；σ_∞ 为外加的区域应力场的强度。当局部的应力达介

质的理论强度 σ_t（式（5.2））时，裂隙扩展从准静态过渡到非稳态，最终导致主破裂的发生。

由上所述，可以推断，与一般小震群比较，前震序列应具有震源机制解相似和震级升级等特点。根据丁原章（1989）报道，1962 年 3 月 19 日新丰江水库 $M_S=6.1$ 级地震前较短时间里，小震断层面解及震源应力场与 6.1 级主震相似。根据丁原章（1989）给出的库区 $M_S \geqslant 3.0$级地震目录，1961 年 7 月以后，库区 $M_S \geqslant 3.0$ 级地震绝大多数位于未来 6.1 级主震破裂带附近。图 5.4 展示了地震时间分布，可以看出，1962 年 1 月开始，$M_S \geqslant 3.0$ 级地震的频次显著增加，震级明显增高，展现出前震序列特征。

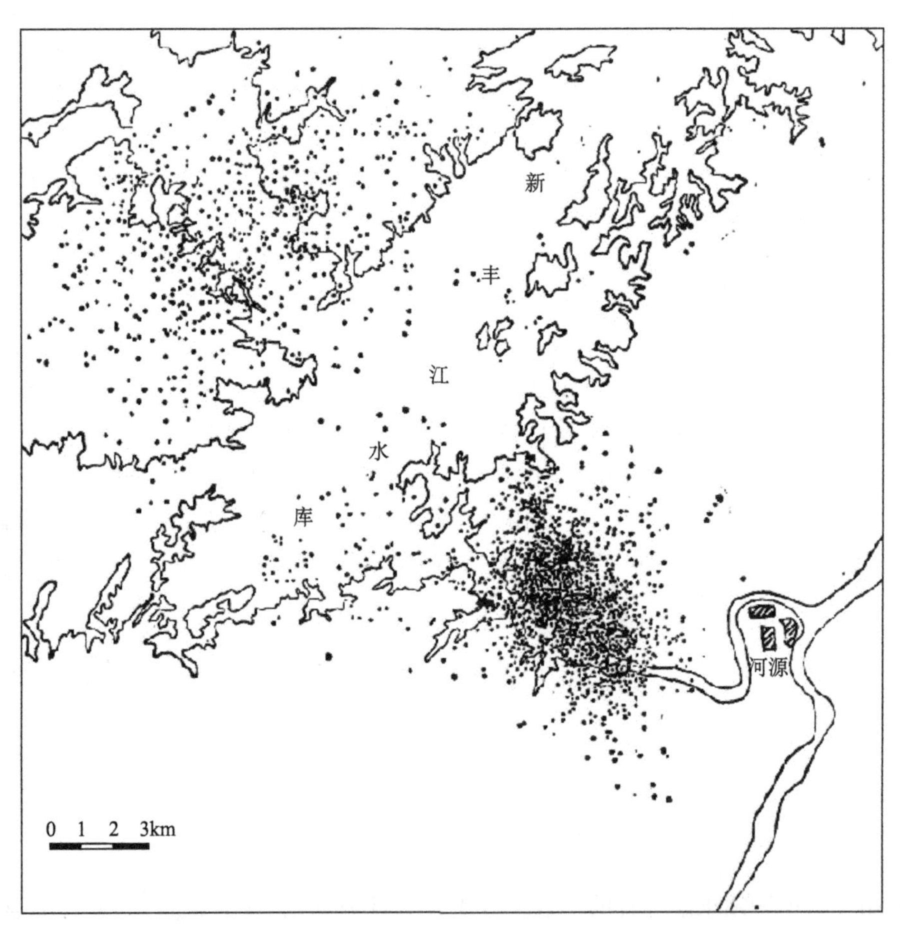

图 5.4　新丰江库区 1961 年 7 月至 1962 年 3 月 19 日 6.1 级地震前地震活动的时间分布（据丁原章）

此外，按照“触发”的机制，由于水库开始蓄水时，中强地震已在孕育过程中，因此可望观测到类似浅源构造地震的一些前兆，但由于库水作用使震源区介质强度降低，中强地震提前发生，其前兆的持续时间可能相对较短些。由于库水作用使地震断层面发生预滑，这种预滑导致中强地震前，周围应力场发生调整，因此可望观测到一些突变性的短临前兆。

最后要再次重申的是由于缺乏水库蓄水诱发的中强地震的前兆观测震例，以上讨论仅是基于库水作用和“触发”所作的推论，仍有待于今后观测事实的检验。从地震三要素的预测来说，虽然预测的地域相对明确（为距库岸 10km 左右的区域范围，加之多有前震活动），以及水库诱发的最大地震多在接近最高水位或达最高水位之后 1 年左右的时间里发生，预测的时间也相对明确些，但预测的难度同样很大。尤其是前震序列不很发育，震级较小，难以给出多数小震的震源机制解和判断是否为明显的震级升级序列，其预测难度更大。

参 考 文 献

常宝琦，1984，水库诱发地震的预测［J］，华南地震，04
陈翰林、赵翠萍、修济刚、陈章立，2009a，龙滩水库地震精定位及活动特征研究，地球物理学报，52（08）：2035~2043
陈翰林、赵翠萍、修济钢、陈章立，2009b，龙滩库区水库地震震源机制及应力场特征研究，地震地质，31（4）：1~13
陈运泰、吴忠良、王培德、许力生等，2000，数字地震学，北京：地震出版社
陈章立，2004，浅论地震预报地震学方法基础，地震出版社
陈章立，2007，地震预报的实践与思论，地震出版社
戴宗明，1997，湖南省黄石水库诱发地震的形成条件及成因探讨，四川地震，（04）：58~63
丁原章，1978，新丰江水库地震的形成条件，地震战线，4
丁原章，1989，水库诱发地震，地震出版社
范晓，2008，汶川大地震地下的奥秘［J］，中国国家地理，（6）：101~139
冯浩等，1980，中国东部地震目录（1970~1979）（$M \geqslant 1$），地震出版社
高士钧、陈永成，1981，汉江丹江口水库地震，地震学报，3（1）：23~31
高锡铭、王少江等，1994，长江三峡及领区构造应力场和震源错动类型的研究，14（2）：1~12
顾功叙，1983，中国地震目录，地震出版社
光耀华，1996，大化岩滩梯级水库诱发地震特征，水利发电学报，55（4）：45~53
郭永刚、常廷改、苏克忠，2008，汶川8.0级特大地震与紫坪铺水库蓄水关系的讨论，震灾防御技术，3（3）：259~265
郭增建等，1986，地震对策，地震出版社
何伟，1987，青海盛家峡水库诱发地震活动特征研究，西北地震学报，9（1）：115~116
胡平等，1997，湖南东江水库诱发地震，地球物理学报，40（1）：66~76
胡先明，2004，大桥水库诱发地震前的小震群，四川地震，111（2）：36~41
胡毓良，1983，水库地震研究的新进展（评述），CNKI：SUN：DZDY. 0. 1983-03-000
胡毓良、陈献程、张忠连等，1986，浙江湖南镇水库的诱发地震，地震地质，8（4）：1~25
胡毓良等，1979，我国的水库地震及其有关成因问题的讨论，地震地质，1（4）：39~57
华卫，2007，中小地震震源参数定标关系研究［博士论文］，北京：中国地震局地球物理研究所
华卫、陈章立、郑斯华、晏纯清，2010，三峡水库地区震源参数特征研究，地震地质，32（4）：533~542（EI）
华卫、陈章立、郑斯华等，2012，水库诱发地震与构造地震震源参数特征差异性研究——以龙滩水库为例，地球物理学进展，27（3）：924~935
华卫、赵翠萍、陈章立、郑斯华，2009，龙滩水库地区P波、S波和尾波衰减. 地震学报，31（6）：620~628
蒋海昆、张晓东、单新建等，2014，中国大陆水库地震统计特征及预测方法研究，地震出版社
毛玉平、艾永平、李志祥等，2008，水库诱发地震研究，北京：地震出版社
李华晔，1999，水库诱发地震与环境关系的研究（一），华北水利水电学院学报，20（1）：32~36
李善邦，1960，中国地震目录（第一集），科学出版社
李永莉、秦嘉政等，2004，澜沧江漫湾电站水库诱发地震分析，地震地磁观测与研究，25（3）：51~57
刘其武，1983，南冲水库地震简介，华南地震，3（4）：59~62

卢显等，2010，紫坪铺水库库区地震精定位研究及分析，地震，30（2）：10~19
马胜利等译，1996，地震与断裂力学，地震出版社
庆祖荫等，1997，龙羊峡水电站的强震监测和水库诱发地震，西北水电，62（4）：17~21
史海霞、赵翠萍，2010，广西龙滩库区地震剪切波分裂研究［J］，地震地质，32（4）：595~606
汪雍熙译，1995，诱发的地震活动性、水库地震发生的条件和可能机制，地震地质译丛，01
王妙月等，1976，新丰江水库的震源机制及其成因初步探讨，中国科学，1：85~97
王勤彩，2007，地壳散射系数层析成像研究，博士论文
王勤彩、陈章立、Asano Y、Hasegawa A，2009，利用尾波包络线反演方法研究伽师强震群区地壳的非均匀结构，地球物理学报，51（1）：90~98
王勤彩、张金川、李君、王中平、Y. Asano，2017，三维散射系数结构揭示的龙滩库区水的渗透特征，地球物理学报，60（5）：1761~1772（SCI）
王勤彩、赵翠萍、华卫，2015，中国大陆水库地震震例，地震出版社
王清云、高士钧，1998，隔河岩水库诱发地震的环境条件［J］，地壳形变与地震，18（3）：73~79
王儒述，2010，三峡水库与诱发地震，国际地震动态，339：12~21
吴名彬、周克森，1987，新丰江库区三维水压立场的计算，华南地震，7（3）：66~81
夏其发，1984，试论水库诱发地震的地质分类，中国诱发地震，地震出版社
夏其发，1992，《世界诱发水库地震震例基本参数汇总表》暨水库诱发地震评述，中国地质灾害级防治学报，3（4）：87~100
夏其发、汪雍溪、李敏，1986，乌溪江水库地震的地震地质背景，地震地质，8（3）：33~43
肖安予，1982，水库诱发地震若干震例的初步分析，水文地质工程地质，doi：10.16030j.cnki.issn.1000~3665
肖安予，1990，南水水库地震及其发展趋势，华南地震，10（2）：68~76
杨卓欣等，2011，新丰江库区二维P波速度结构——英德—河源—陆河深地震测深剖面探测结果，地球物理学进展，26（6）：1968~1975
杨卓欣、刘宝峰、王勤彩、赵翠萍、陈章立、张先康，2013，新丰江库区上地壳三维细结构层析成像，地球物理学报，56（4）：1177~1189（SCI）
中国地震局监测预报司，2011，中国地震目录（公元前23世纪—2010年5月），北京：地震出版社
钟以章等，1981，辽宁参窝水库地震问题的讨论，地震地质，3（4）：58~67
钟羽云、周昕、张帆等，2007，2006年浙江温州珊溪水库地震序列特征，华南地震，27（1）：21~30
赵翠萍、陈章立、华卫等，2011，中国大陆主要地震活动区中小地震震源参数研究，地球物理学报，54（6）：1478~1489
周斌等，2010，水库诱发地震时空演化与库水加卸载及渗透过程的关系——以紫坪铺水库为例，地球物理学报，53（11）：2651~2670，DOI：10. 3969/j. issn. 0001-5733. 2010. 11. 013
周衍柏，1960，理论力学，南京：江苏人民出版社
朱新运、张帆、于俊谊，2010，浙江珊溪水库地震精细定位及构造研究，中国地震，26（4），380~390
Abercrombie R E and Leary P，1993，Source parameters of small earthquakes recorded at 2. 5km depth，Cajon Pass Southern California：Implications for earthquake scaling，Geophys. Res. Lett，20（14）：1511-1514
Aki k，1980，Attenuation of shear-waves in the lithosphere for frequencies from 0. 05 to 2. 5Hz，Phys. Earth. Planet. Inter，21：50-60
Andyews D L and Whitcomb J H，1973，The dilataney-diffusion mode of earthquake prediction，Proc. conf. on tectonic problem of the San Andreas fault system，Stanford Univ：417-426（Pull，XIII）
Atkinson G M，2004，Empirical Attenuation of Ground-Motion Spectral Amplitudes in Southeastern Canada and the

Northeastern United States [J/OL], Bulletin of the Seismological Society of America, 94 (3): 1079-1095, DOI: 10. 1785/0120030175

Awad M and Mijoue M, 1995, Earthquake activity in the Aswan region, Egypt, Pure and Applied Geophysics, 145 (1): 69-86

Baecher B G and Keeney R L, 1982, Statistical examination of reservoir induced seismicity, Bull. Seism. Soc. Am., 72: 553-569

Beck I L, 1976, Weight-induced and the recent seismicity at Lake Oroville, California. Bull. Seism. Soc. Am., 66: 1121-1131

Bell M L and Nur A, 1978, Strength changes due to reservoir-induced pore pressure and application to Lake Oroville, J. Geophys. Res., 83: 4469-4483

Biot M A, 1941, General theory of three-dimensional con-solidation, J. Appl. Phys., 12: 155-164

Brune J N, 1970, Tectonic Stess and seismic shear wave from earthquakes, J. Geophy. Res., 75: 4997-5009

Caloi P, 1970, How nature reacts on human intervention-responsibilities of those who cause and interpret such reaction, Ann. Geofic (Rome)., 23: 283-305

Carder D S, 1945, Seismic Investigations in the Boulder Dam area, 1940-1944, and the influence of reservoir loading on earthquake activity, Bull. Seism. Soc. Am., 35: 175-192

Clark M M, Sharp R V and Harsh P W, 1975, Surface faulting near Oroville Reservoir, California, associated with the earthquakes of August, 1975, Proc. 1st Int. Symp. Induced Seismicity, Banff, Alta., Canada

Cormier V F, 1982, The effect of attenuation on seiamic body waves, Bull. Seism. Soc. Am., 72 (6B). 5: 169-200

Deng K, Zhou S Y, Wang R, Robinson R, Zhao C P and Cheng W, 2010, Evidence that the 2008 M_W7. 9 Wenchuan Earthquake Could not Have been Induced by the Zipingpu Reservoir, Bull. Seism. Soc. Am., 100 (5B): 1-10

Drakatos G, Papanastassion D et al., 1998, Relationship between the 13 May 1995 Kozani-Grevena (NwGreece) earthquake and the polyphyto artifical lake [J], Engineering Geology, 51: 65-74

Dura'-Go'Mez and Pradeep Talwani, 2010, Hydromechanics of the Koyna-Warna Region, India, Pure Appl. Geophys., 167: 183-213

Eberhart-Phillips D and Chadwick M, 2002, Three-dimensional attenuation model of the shallow Hikurangi Subduction Zone in the Raukumara Peninsula, New Zealand, J. Geophys. Res., 107: No. B2, 2033, 10. 1029/2000JB000046

Eberhart-Phillips D, 1986, Three-dimensional Velocity structure in northern California Coast Ranges from Inversion of local earthquake arrival times, Bull. Seism. Soc. Am., 76 (4): 1025-1052

Eberhart-Phillips D and Michael A J, 1993, Three-dimensional Velocity structure, Seismicty and Fault Structure in the parkfield Region, Central California, J. Geophys. Res., 98: 15737-15758

Evans M D, 1966, Man made earthquake in Denver, Geotimes, 10: 11-17

Fehler M C and Phillips W S, 1991, Simultaneous inversion for Q and source parameters of microearthquakrs accompanying hydraulic fracturing in granitic rock, Bull. Seism. Soc. Am., 81 (2): 553-575

Galanopoulos A G, 1967, The large conjugate fault system and the associated earthquake activity in Greece, Ann. Geol. Pays Helleniques (Athens), 18: 119-134

Gephatr J W and Forsyth D W, 1984, Am improvedm method for determining the regional stress tenson using earthquake focal mechanism data: Application to San Fernando earthquake sequence, J. Geophy. Res., 89: 9305-9320

Gough D I and Gough W I, 1970a, Load-induced earthquakes at Lake Kariba-Ⅱ, Geophysical Journal International, 21: 79-101

Gough D I and Gough W I, 1970b, Stress and deflection in the lithosphere near Lake Kariba-Ⅰ, Geophys, J., 21: 65-78

Guha S K, Gosavi P D, Varma M M, Agarwal S P, Padale J G and Marwadi S C, 1968, Recent Seismic disturbances in the Koyna Hydroelectric project, Maharashtra, India, 1. Rep. C. W. P. R. S. 16 pp

Gupta H K, 1985, The present status of reservoir induced seismicity investigations with special emphasis on Koyna Earthquakes, Tectonophysics, 118: 257-279

Gupta H K, 1992, Reservoir Induce Earthquakes, Ersevier Scientific Publishing Co., Amsterdam 355

Gupta H K, Narain H, Rastogi B K and Mohan I, 1969, A study of the Koyna earthquake of December 10, 1967, Bull. Seism. Soc. Am., 59: 1149-1162

Gupta H K, Rao C V R K, Rastogi B K et al., 1980, An investigation of earthquakes in Koyna region, Maharashtra, for the period October 1973 through December 1976 [J], Bull. Seismol. Soc. Am., 70 (5), 1838-1847

Gupta H K and Rastogi B K, 1976, Dams and Earquakes. Elsevier, Amsterdam, 229pp

Gupta H K, Rastogi B K and Narain H, 1972, Common features of reservoir associated seismic activities, Bull. Seism. Soc. Am., 62: 481-492

Harris R, 1998, Introduction to special section: strestrigger, Stress shadows and implication for seismic hazard, J. Geophys. Res., 103: 24347-24358

He L, Sun X, Yang H, Qin J, Shen Y and Ye X,, 2018, Upper crustal structure and earthquake mechanism in the Xinfengjiang Water Reservoir, Guangdong, China, Journal of Geophysical Research: Solid Earth, 123

Healy J H, Rubey W W, 1959, Role of fluid pressure in mechanics of overthrust faulting, Bull. Geol. Soc. Am., 70: 115-166

Hua W, Chen Z, Zheng S, 2012, Source Parameters and Scaling Relations for Reservoir Induced Seismicity in the Longtan Reservoir Area [J], Pure Appl. Geophys., doi: 10. 1007/s00024-012-0459-7

Hua Wei, Chen Zhangli, Zheng Sihua, 2013a, Source Parameters and Scaling Relations for Reservoir Induced Seismicity in the Longtan Reservoir Area, Pure and Applied Geophysics, 170 (5): 767-783, doi: 10. 1007/s00024-012-0459-7 (SCI)

Hua Wei, Chen Zhangli, Zheng Sihua, Yan Chunqing, 2013b, Reservoir-induced seismicity in the longtan reservoir, southwestern China. Journal of Seismology, 17 (2): 667-681

Hua Wei, Zheng Sihua, Yan Chunqing, Chen Zhangli, 2013c, Attenuation, Site Effects, and Source Parameters in the Three Gorges Reservoir Area, China, Bulletin of the Seismological Society of America, 103, 371-382, doi: 10. 1785/0120120076

Hubbert M H, Rubey W W, 1959, Role of fluid pressure in mechanics of overthrust faulting [J], Geological Society of America Bulletin, 70 (2): 115-166, doi: 10. 1130/0016-7606 (1959) 70

Ishikawa Y and Oike K, 1982, On reservoir-induced Earthquakes in China, Zishin, 35 (2): 1941-1979

Jain Jinghua S, Won-young and Richard R G, 1998, The Conner frequencies and stress drop of intraplate Earth, Bull. Seism. Soc. Am., 88 (2): 531-542

Kanamori Hiroo, Brodsky Emily E, 2004, The physics of earthquakes, Reports on Progress in Physics, 67 (8); 1429-1496, doi: 10. 1088/0034-4885/67/8/R03

Keieh C N, Simpson D W and Sobolev O V, 1982, Induced Seismicity and Style of deformation at Nurek Reservoir, Tadjik SSR. J. Geophys. Res., 87 (B6): 4609-4624

Langston C A, 1976, A body wave inversion of the Koyna, India, earthquake of December 10, 1967, and some implication foe body wave focal mechanisms, J. Geophys. Res., 81 (14): 2571-2529

McGarr A, Simpson D, Keynote lecture, 1997, A road looks at induced and riggered seismicity, Rockburst and Seismicity in mines, In: Gibowicz S J, Lasocki S (Eds), Proc. of 4th Int, Symp, On Rockburst and Seismicity in Mines, Poland, 11-14, Aug, 1997, A. A. Balkema: 385-396

Mekkawi M, Grasso J R and Schnegg P A, 2004, A Long-Lasting Relaxation of Seismicity at Aswan Reservoir, Egypt, 1982-2001, Bulletin of the Seismological Society of America, 94 (2): 479-492

Morrison P W, Stump B W and Uhrhammer R, 1976, The oroville earthquake sequence of August 1975, Bull. Seis. Soc. Am., 66: 1065-1080

Moya A, González J, Irikura K, 2000, Inversion of Source Parameters and Site Effects from Strong Ground Motion Records using Genetic Algorithms [J/OL], Bulletin of The Seismological Society of America-BULL SEISMOL SOC AMER, 90: 977-992, DOI: 10. 1785/0119990007

Nishigami K, 1991, A new inversion method of Coda waveforms to determine spatial distribution of Coda scatters in the crust and uppermost mantle, Geophys. Res. lett: 2225-2228

Nishigami K, 1997, Spatial distribution of Coda Scatters in the Crust around two active volcanoes and one active fault system in central Japan: Inversion analysis of Coda envelope, Phys. Earth Planet Inter, 104: 75-89

Nishigami K, 2006, Crustal heterogeneity in the source region of the 2004 mid niigate prefecture earthquake: inversion analysis of Coda envelopes, Pure and Applied Geophysics, 163: 601-616

Nur A and Booker J R, 1972, Aftershocks Caused by Pore fluid flow: science, 175: 885-887

Nuttli O W, 1983a, Average Seismic Source-Parameter relation for mid-plate earthquakes, Bull. Seism. Soc. Am., 73: 519-539

Nuttli O W, 1983b, Empirical magnitude and spectral scaling relation for mid-plate and plate-margin earthquakes, Tectonophysic, 93: 207-233

Packer D R, Cluff L S, Knuepfer P L and Wither R J, 1979, A Study of reservoir induced seismicity, Woodward-Clyde Consultants, U. S. Geol. Surv. Contract No. 14-08-0001-16809 (unpublished report)

Pavlin G B, Langston C A, 1983, An integrated study of reservoir induced seismicity and Landsat, imagery of Lake Kariba, Africa [J], Photogram. Eng. Remote Sensing, 49: 513-525

Rajendarn K, Gupta H K, 1986, Was the earthquake sequence of August 1975 in the vicinity of Laker Oroville, Califirnia, reservoir induced? Phys. Earth Planet. Inter, 44: 142-148

Raleigh C B, 1972, Underground waste management and environment implications, Am. Assoc. Pet. Geol. Mem, 18: 273-279

Raleigh C B, Healy J H and Bredehoeft J D, 1976, An experiment in earthquake control at Rangely, Colorado, Science, and 191: 1230-1237

Rastogi B K, 1976, Source mechanism studies of earthquakes and contemporary tectonics in the Himalayas and nearby regions, Bul. Int. Inst. Seismol. Earthq. Eng., 14: 99-134

Rastogi B K and Talwani P, 1980, Relocation of Koyna earthquakes, Bull. Seism. Soc. Am., 70, 1849-1868

Reoloff E A, 1988, Fault stability changes induces beneath a reservoir with cyclic variations in water level, J. Geophys. Res., 93 (83): 2107-2124

Richter C F, 1958, Elementart Seismology, W. H. Freeman and Co. Sam Francisco. Calif., 768pp

Richard Jain, Rastogi B K and Sarma C S P, 2004, Precursory changes in source parameters for the Koyna-Warna (India) earthquakes, Geophys. J. Int., 158: 915-921

Rietbrock A, 2001, P wave attenuation structure in the fault area of the 1995 Kobe earthquake, J. Geofhys. Res.,

106: 4141–4154

Rogers A M, Lee W H K, 1976, Seismic study of earthquakes in the Lake Mead, Nevada-Arizona region, Bull. Seismol. Soc. Am., 66 (5): 1657–1681

Ross A G R, Foulger and Julian B R, 1999, Source processes of industrially-induced earthquakes at The Geysers geothermal area, California, Geophysics, 64, 1877–1889

Rothé J P, 1970, The seismic artificiels (man-made earthquake), Tectonophysics, 9: 215–235

Ruiz M, Gaspa O, Gallart J, Diaz J and Pulgar J A, 2006, After shocks series monitoring of the september18, 2004 M=4.6 earthquake at western Pyrenees: A case of reservoir-triggered seismicity: Tectonophysics, 424: 223–243

Scholz C H, 1990, The Mechanics of Earthquakes and Faulting, Cambridge University Press, Cambridge, U. K

Scholz C H, Sykes L R and Aggarwal Y P, 1973, Earthquake Prediction physical basis, Sience, 181: 803–810

Secor D T Jr, Peck L S, Pitcher D M, Prowell D C, Simpson D H, Smith W A and Snoke A W, 1982, Geology of the area of induced seismic activity at Monticello reservoir, South Carolina, J. Geophys. Res., 877 (B8): 6945–6957

Shearer P H, 1999, Introduction to seismology, PRESS by University of California

Shi Jinhua, Kim W-Y, Richards P G, 1998, The corner frequencies and stress drops of intraplate earthquakes in the Northeastern United States, Bull Seism. Soc. Am., 88: 531–542

Simpson D W, 1976, Seismicity Changed associates with reservoir loading, Eng Geol., 10: 123–150

Simpson D W, 1985, Induced seismicity at Kariba Reservoir—a re-examination, EOS 66, 314

Simpson D W, 1986, Triggered earthake, Annu, Rev. Earth Planet. Sei., 14: 21–42

Simpson D W, Kebeasy R N, Maamoun M, Albert B and Boulos F K, 1982, Introduced Seismicity at Aswan Lake, Egypt, EOS, Trans, and Am. Geophys. Union, 63: 371pp

Simpson D W and Leith W S, 1988a, Introduced Seismicity at Toktogul Reservoir, Soviet Central Asia. US. Geol. Surv., No. 14–08–001–G1168, 32pp

Simpson D W and Leith W S and Scholz C H, 1988b, Two types of reservoir-induced seismicity, Bull. Seism. Soc. Am. 78 (6): 2025–2040

Simpson D W and Negmatullaev S K, 1981, Induced seismicity studies at Nurek Reservoir, Tadjikistan, USSR, Bull. Seism. Soc. Am., 71 (5): 1561–1586

Snow D T, 1972, Geodynamics of seismic reservoir, Proc. symp. Precoation through Fissured Rock, Ges. Erd-und Grundbau, Stuttgart, T2J: 1–19

Sobolev G A, 1984. Physical processes during the earthquake preparation period: experiment and theory, Earthquake Prediction, proccedings of international symposium on earthquake prediction (1979), Unessco, Paris, 281–310

Stcacy S and Comberg J, 2005, Introduction to special section : stress transfer, earthquake triggering, and time-dependent seismic hazard, J. Geophy. Res., 110, B05s01

Stuart-Alexander D E and Mark R K, 1976, Impoundment-induced seismicity associated with large reservoirs, U. S. Geol. Surv., Open File Rep., 760–770

Talwani P and Acree S, 1985, Pore pressure diffusion and the mechanism of reservoir-induced seismicity, Pageoph., 122: 947–965

Talwani P, 1997, On the nature of reservoir-induced seismicity, Pure and Applied Geophys, 150: 473–492

Talwani P, Rastogi B K and Stevenson D, 1980, Induced Seismicity and earthquake prediction studies in South Carolina, Loth Tech. Rep., U. S. Geol. Surv. contract 14–08–001–17670

Thurber C, 1981, Earth Structure and Earthquake Locations in the Coyote Lake Area, Central Californa, Ph. D thesis

Thurber C, 1993, Local earthquake tomography: Velocities and V_P/V_S—theory, in seismic Tomography by lyer Hirahara (editors), Technical report, Chapman, 82 Hall

Thurber C and Eberhart-Phillips D, 1999, Local earthquake tomography with flexible gridding, Computer 82 Geo-sciences, 25 (7): 809-818

Um J and Thurber C, 1987, A fast algorithm for two-point seismic ray tracing, Bull. Seismic. Soc. Am., 77 (3), 972-986

Withers R J and Nyland E, 1976, Theory for the rapid solution of ground subsidence near reservoir on layered and porous media, Eng. Geol., 10: 169-185

Wittlinger C, Haessler H and Granet M, 1983, Three-dimensional inversion of Q_P from low magnitude earthquake analysis=Inversion tri-dimensionnelle de à partir d'analyse de tremblements de terre the faible Magnitude, in Annales geophysicae, Vol. 1: 427-437, Gauthier-Villars

Yun-Sheng Yao et al., 2017, Influences of the Three Gorges Project on seismic activities in the reservoir area, Science, Bulletin 62 : 1089-1098

Zhou L, Zhao C, Chen Z and Zheng S, 2011, Inferring water saturation state in the Longtan reservoir area by three-dimensional attenuation tomography, Geophys. J. Int., 186, doi: 10. 1111/j. 1365-246X. 2011. 05124. x

Zhou Lianqing, Zhao Cuiping, Chen Zhangli, Zheng Sihua, 2012, Three-dimensional V_P and V_P/V_S structure around the Longtan reservoir area by local earthquake tomography, Pure and Applied Geophysics, 169 (1-2): 123-139, doi: 10. 1007/s00024-011-0300-8

Zhou Lianqing, Zhao Cuiping, Zheng Xian, Chen Zhangli, Zheng Sihua, 2011, Inferring water infiltration in the Longtan reservoir area by three-dimensional attenuation tomography, Geophysical Journal International, 186 (3): 1045-1063, doi: 10. 1111/j. 1365-246X. 2011. 05124. x

Zoback M D and Hickman S, 1982, Physical mechanisms controlling induced seismicity at Monticello reservoir, South Carolina, J. Geopfys. Res., 87: 6959-6974